U0281710

钛柱撑蒙脱石复合材料处理重金属离子

TREATMENT OF HEAVY METAL IONS BY TITANIUM PILLARED MONTMORILLONITE COMPOSITES

庹必阳　著

重庆大学出版社

内容提要

本书以钛柱撑蒙脱石复合材料处理重金属离子为主线，系统介绍了钛柱撑蒙脱石复合材料的制备，钛柱撑蒙脱石复合材料粉体的焙烧，钛柱撑蒙脱石复合材料吸附铜离子，钛柱撑蒙脱石复合材料吸附镍、锰离子，钛柱撑蒙脱石复合材料吸附锌离子，钛柱撑蒙脱石复合材料吸附铅离子，钛柱撑蒙脱石复合材料吸附钴离子，钛柱撑蒙脱石复合材料吸附镉离子，以及活性炭/钛柱撑蒙脱石复合材料吸附镉离子。本书可供环境工程、矿业工程等相关领域的科研人员、高校师生及相关技术人员阅读参考。

图书在版编目(CIP)数据

钛柱撑蒙脱石复合材料处理重金属离子 / 庹必阳著.
重庆 : 重庆大学出版社, 2024. 8. -- ISBN 978-7-5689-4729-9

Ⅰ. P578.967

中国国家版本馆 CIP 数据核字第 20244PU218 号

钛柱撑蒙脱石复合材料处理重金属离子

TAI ZHUCHENG MENGTUOSHI FUHE CAILIAO CHULI ZHONGJINSHU LIZI

庹必阳 著

策划编辑:荀荟羽

责任编辑:谭 敏 版式设计:荀荟羽

责任校对:谢 芳 责任印制:张 策

*

重庆大学出版社出版发行

出版人:陈晓阳

社址:重庆市沙坪坝区大学城西路 21 号

邮编:401331

电话:(023) 88617190 88617185(中小学)

传真:(023) 88617186 88617166

网址:http://www.cqup.com.cn

邮箱:fxk@cqup.com.cn (营销中心)

全国新华书店经销

重庆升光电力印务有限公司印刷

*

开本:720mm×1020mm 1/16 印张:15 字数:215 千

2024 年 8 月第 1 版 2024 年 8 月第 1 次印刷

ISBN 978-7-5689-4729-9 定价:88.00 元

前　言

钛柱撑蒙脱石复合材料是以天然矿物蒙脱石为原料，经提纯、钠化、柱撑后获得的产品。钛柱撑蒙脱石复合材料主要基于天然蒙脱石的结构性质，最大限度利用蒙脱石的优势结构和性能，开发能满足大多数重金属离子脱除的复合材料。蒙脱石矿物复合材料性能优异，在重金属铜、镍、锰、锌、铅、钴和镉等离子的吸附领域具有广泛的应用价值，在社会发展和科学技术方面发挥着越来越大的作用。

本书大部分研究内容来源于作者所在的贵州大学矿物加工工程实验室和贵州大学喀斯特地区优势矿产资源高效利用国家地方联合工程实验室长期从事矿物复合材料的制备及应用研究所取得的研究成果，同时也包含国内外蒙脱石矿物复合材料领域的最新研究成果。本书可供环境工程、矿业工程等相关领域的科研人员、高校师生和相关技术人员阅读参考。

本书的出版得到国家自然科学基金项目“钛柱撑蒙脱石材料深度处理污水重金属离子的机理研究”（51464007）和“铋钛插层蒙脱石材料深度处理染料废水的机理研究”（〔2020〕12045）的资助，其数据来源于国家自然科学基金项目的研究结果；同时也得到贵州大学各级领导的关怀和支持，在此表示衷心的感谢。本书介绍的研究成果汇集了姚艳丽、韩朗、杨俊杰、龙森、赵徐霞、宋祥、万里、向海春等研究生的辛勤研究工作，在此表示衷心的感谢。感谢湖南工业大学王建丽老师对全书的审阅。同时，作者对书中引用文献的所有著作权人表示感谢。

鉴于作者水平有限，书中难免存在疏漏之处，敬请读者予以指正。

作　者

2023 年 10 月

目 录

第 1 章　钛柱撑蒙脱石复合材料的制备

1.1　蒙脱石的概述

1.1.1　蒙脱石的晶体结构

蒙脱石是由颗粒极细的含水硅铝酸盐形成的层状黏土矿物，也是膨润土的主要成分。蒙脱石源于一种在碱性介质中所构成的外生矿物，是凝灰岩和火山岩风化分散的产物，通常包含于斑脱岩、膨润土以及漂白土中[1,2]。蒙脱石晶体为单斜晶系，呈晶体片状或毛毡状，在薄片中为负突起，平行消光，正延性、二轴负晶。蒙脱石通常为块状或土状，由中间的铝氧八面体结构和上下两层硅氧四面体组成的三层片状结构的黏土矿物。硅氧四面体片由同一平面的硅氧四面体的 3 个顶点氧与相邻硅氧四面体共用，连接成六方环形网状的硅氧片；铝氧八面体则由两层硅氧四面体提供 4 个氧原子和两个同一面的羟基提供的氧原子所形成的八面体共棱衔接形成了八面体片，铝离子则位于八面体内部[3,4]。

蒙脱石的晶体化学式为 $(1/2Ca, Na)_x(Al_{2-x}, Mg_x)(Si_4O_{10})(OH)_2 \cdot nH_2O$。蒙脱石的理想结构示意图如图 1.1 所示。在蒙脱石的结构中，由于柱撑蒙脱石具有良好的离子交换性，四面体和八面体中的铝离子和硅离子经常被铁、镁、锆、钛等离子取代，发生类质同象取代现象，故晶体化学式比较复杂。蒙脱石的水含量会因环境的湿度而发生很大的变化。蒙脱石层间依靠范德瓦耳斯力或静电力作用连接,硅氧四面体和铝氧八面体之间依靠作用力较强的共价键相连接,在晶面层内形成牢固的结构。

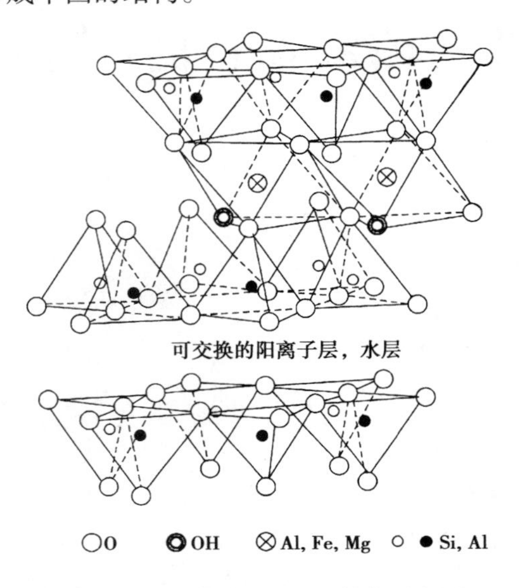

图 1.1　蒙脱石的理想结构示意图

蒙脱石的层间域存在可交换的阳离子,通常为钙离子和钠离子,此外还存在着钾离子和锂离子,所以蒙脱石有较高的离子交换性,还具备较高的吸水收缩作用。根据蒙脱石结构单元层间吸附的阳离子种类、含量和物化性质,可将其分为镁基、钠基、铝基、钙基和氢基蒙脱石[5]。自然界或膨润土矿床中的蒙脱石以钙基蒙脱石居多。与钙基蒙脱石相比,钠基蒙脱石具有膨胀倍数大、吸水率高、阳离子交换容量大和水中分散性能好的特点,因此,钠基蒙脱石具有更高的经济价值和应用价值。

蒙脱石是具有可交换离子的典型层状硅酸盐矿物,是制备层状无机物纳米复合材料的重要原料。其结构层为 2∶1 型层状硅酸盐,每个单位晶胞由两个硅氧四面体中间夹一层铝氧八面体构成,两者之间靠共用氧原子连接,结构极为牢固。每层的厚度约为 1 nm,长、宽各约 100 nm,层间距大约为 1 nm。由于蒙脱石铝氧八面体上部分三价铝被二价镁同晶置换,使层内表面具有负电荷,过剩的负电荷通过层间吸附的阳离子来补偿,如 Na^+、K^+ 等,它们很容易与无机或有机阳离子进行交换。有机阳离子交换后的蒙脱石呈亲油性,且层间的距离增大。有机改性蒙脱石能进一步在与单体或聚合物熔体混合的过程中,剥离为纳米尺度的结构片层,均匀分散在聚合物基体中,从而形成具有不同性能的有机/无机纳米复合材料。

1.1.2　蒙脱石的基本性质

蒙脱石的主要工艺特性如下[6]。

1)亲水性及吸水膨胀性

蒙脱石晶层与晶层之间以范德瓦耳斯力结合,键能很弱,易解离。水分子能够进入晶层中间,使晶层键断裂,层间距增加,引起晶格定向膨胀,同时晶胞带有许多金属阳离子和羟基亲水基,因此它表现出强烈的亲水性。

蒙脱石的吸水膨胀性,主要是由于蒙脱石吸水(或有机物质)后,层间距(d_{001})加大,表现为自身的膨胀性。有些蒙脱石能吸附 5 倍于自身质量的水,并且其体积能膨胀至吸附前的 20 ~ 30 倍。自然界产出的较稳定形式的蒙脱石,单位化学式有 $2H_2O$ 时,d_{001} 为 1.25 nm,有 $4H_2O$ 时,d_{001} 为 1.55 nm;高水化状态时,d_{001} 为 1.85 ~ 2.15 nm;吸附有机分子时,d_{001} 最大为 4.8 nm 左右。蒙脱石的吸水性很高,钠基蒙脱石吸水后的膨胀倍数超过 40 倍。钙基蒙脱石在水介质中的最终吸水率和膨胀倍数大大低于钠基蒙脱石。

2)分散性与悬浮性

蒙脱石在水中可解离为单位晶胞,其晶胞颗粒又极为细微(直径 0.02 ~ 0.2 μm),且每个蒙脱石晶胞都带有相同数目的负电荷,彼此同性相斥,在稀溶液中很难聚集成大颗粒,因而表现出极好的分散性、悬浮性。研究表明,3% 质量分数蒙脱石水悬浮溶液中分散解离成单一晶胞的能力表现为:钠基(26%)>氢基(3%)>钙基(1%)。性能好的高纯钠基蒙脱石等高膨胀倍黏土在水中可以形成永久性的乳浊液或悬浮体。

无机蒙脱石能与某些水溶性有机物协同配伍,在溶有有机物的水溶液中仍能表现出其分散性和悬浮性能。有机蒙脱石在某些有机溶液中同样具有优良的分散性和悬浮性能。

3)阳离子交换性

蒙脱石的结构单元层是由两个硅氧四面体中间夹一层铝氧八面体组成,靠共用的氧原子连接,在四面体和八面体内可以发生同晶置换,晶胞内高价硅离子(Si^{4+})、铝离子(Al^{3+})能部分或全部被其他低价阳离子置换,结果使蒙脱石单位晶胞带负电荷,使其成为一个大负离子团。其层间的阳离子也可以交换,可交换的阳离子包括钾、钠、钙、镁、铝、锂、钛等离子,并很容易地使颗粒分裂成带电粒子,晶层间被吸附的阳离子具有可交换性,常可将其改善性能扩展应用。

在 pH 值为 7 的水介质中,钠基蒙脱石的阳离子交换容量为 100 mmol/100 g,而低膨胀的钙基蒙脱石仅为 50 mmol/100 g 左右。

4)吸附性

蒙脱石的吸附性能主要与蒙脱石中的交换性阳离子的性质有关。蒙脱石为 TOT 型层状结构,具有很大的比表面积和孔容,从而对气体、水分以及溶液中某些色素和有机化合物等均具有很强的吸附性。同时,蒙脱石中的晶胞内含有高价硅离子和铝离子,因而能部分或全部被其他低价阳离子置换成一个大的负离子,这个大的负离子具有吸附某些阳离子或极性有机分子的作用。

5)稳定性

蒙脱石的性能稳定,它可耐 300 ℃以上的高温(140 ℃逸出自由水和吸附水,300 ℃逸出层间水,500 ℃失去结晶水),基本不溶于水,在强酸、强碱中微溶,常温下不被强氧化剂、强还原剂破坏,不溶于有机溶剂,具有良好的化学稳定性。

6)可塑性

蒙脱石具有较好的可塑性能,其塑限和液限值均大大高于高岭石和伊利石，而形变所需要的力则较其他黏土小。蒙脱石中的应力-应变值随蒙脱石交换阳离子种类不同而变化。

7）黏结性

蒙脱石与水混合后，由于蒙脱石亲水粒径小，晶体表面电荷多样化，颗粒不规则，层间的羟基与水形成氢键，对微量有机物具有吸附作用并以多种聚附形式形成胶束，在聚集、絮凝、凝胶时带来很大的黏结性。

8）触变性

蒙脱石悬浮液具有良好的触变性，是一种非牛顿流体，该性能在一定的浓度范围内表现突出。即在有外加搅动时悬浮液表现为流动性很好的溶胶液，停止外加搅动时，就会自行排列成具有立体网状结构的凝胶，不出现沉降分层。再施加外力搅动时，凝胶又能迅速被打破，恢复原有流动性。蒙脱石这种特性在油漆、涂料行业和钻井泥浆调制方面，具有特别重要的意义。

9）无毒性

蒙脱石无毒，对人体、畜、植物等无腐蚀、无毒害，可用于医药载体、饲料添加剂、土质改良剂及化肥等。

1.2　蒙脱石的钠化

选用的原料为赤峰市恒润工贸有限公司生产的蒙脱石，其钙基蒙脱石含量较高，难以直接作为制备钛柱撑蒙脱石材料的基质原料，必须对其进行提纯钠化。将蒙脱石原矿经烘干称取 15 g 浸于 350 mL 水中，使得蒙脱石颗粒充分地分散于水中，在这期间不溶于水的杂质沉淀下来，再加入焦磷酸钠 1.0 g 搅拌 15 min，静置后抽出上部浆液进行烘干，即可得高纯蒙脱石产品。图 1.2 为高纯钠基蒙脱石 XRD 图。

由图 1.2 可知，提纯后蒙脱石中的杂质峰减少，说明杂质的含量减少。蒙

脱石的 d_{001} 值为 1.24 nm，相比于原矿样有不同程度的减小，说明原矿样经过了一定的钠化改性后，其结晶度变差，活性和胶体性能增强。

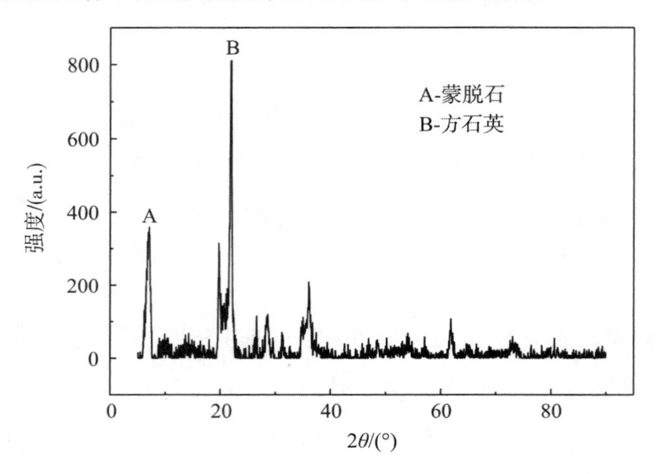

图 1.2　高纯钠基蒙脱石 XRD 图

对提纯后的蒙脱石进行分析，吸蓝量为 140 mmol/100 g，膨胀容为 76.125 mL/g，胶质价为 165 mL/15g 土，基本符合下一步蒙脱石柱撑反应的要求，因此将其作为柱撑蒙脱石的基质材料。

1.3　钛柱撑蒙脱石复合材料的制备

1.3.1　柱化剂的制备

柱化剂是指能通过离子交换进入蒙脱石层间形成支柱的化合物，最早的柱化剂是一些烷基胺、金属螯合物和一些无机大离子基团，因这类有机化合物较不稳定，不耐高温，应用范围小而逐渐被淘汰。目前，广泛研究的是聚合羟基多核金属阳离子一类的无机柱化剂，从有机物过渡到无机物是这种柱撑蒙脱石材料走向实用化的一个重大进展。

常用的柱化剂制备方法主要有[7]：一是聚合羟基金属离子法，这是最常用的方法,但只适用于少数集中能够形成聚合羟基离子的元素,如 Al、Zr、Cr、Fe 等;二是凝胶分散法,该法对多种元素具有普遍适用性,但制得的柱撑蒙脱石层间距大小不够均匀;三是金属离子的络合物法,此法适合那些能与 CO 或有机物形成络合物的金属元素,如 Ru、Rh 等。另外,还有杂多酸阴离子法等。

柱化剂离子的大小对柱撑蒙脱石的孔结构有很大的影响,而且它的化学性质也能影响柱撑蒙脱石的热稳定性能和催化性能等。当蒙脱石的层电荷密度固定时,柱化剂的分子体积越大,其层间距越大;柱化剂的电荷越高,其柱间距越大。为了获得大孔结构的柱撑蒙脱石,一般选择具有大体积和高电荷的化合物作为柱化剂。

1.3.2　插层柱化机理

蒙脱石类黏土在极性分子的作用下发生膨胀、层离,均匀地分散在极性介质中。其层间可交换性阳离子在电性力、伦敦力、范德瓦耳斯力等驱动下,与柱化剂发生离子交换,这种交换受到离子的价态、水化半径、活度系数以及离子的迁移、扩散传质、吸附等因素的影响。当蒙脱石与柱化剂溶液接触时,柱化剂阳离子与蒙脱石层间的可交换性阳离子进行可逆过程的交换反应[8]:

$$A^+M^- + B^+ \longleftrightarrow B^+M^- + A^+$$

式中,M^-为蒙脱石骨架;A^+为可交换阳离子;B^+为柱化剂。

整个交换过程可用交换度(交换下来的 A^+与蒙脱石原有 A^+总量的比)、交换容量(cation exchange capacity)(每 100 g 蒙脱石交换阳离子的量)以及残余阳离子量(未被交换下来的 A^+氧化物的含量)等来表示交换反应的结果,以交换效率表示溶液中柱化剂的利用率。离子交换最常用的方法是将柱化剂和蒙脱石按一定的比例在交换器中边搅拌边加热,在预定温度下交换一定时间,可反复交换已达到要求的交换度。柱化剂通过这种离子交换作用,进入蒙脱石层间域,把黏土的层与层撑开。经过干燥脱水、焙烧脱羟等物相反应,柱化剂转化为稳定的氧化物柱体,形成网孔状的多孔黏土复合材料。蒙脱石的柱撑柱化示意图如图 1.3 所示[9]。

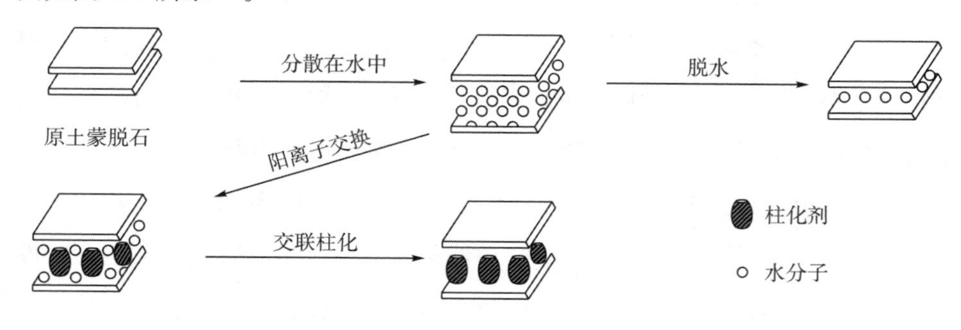

图 1.3　蒙脱石的柱撑柱化示意图

1.3.3　钛柱撑蒙脱石的合成

钛柱撑蒙脱石的形成可分为 3 个阶段:①蒙脱石吸附钛柱撑剂阶段。在柱撑过程中,蒙脱石对钛聚合羟基阳离子($[(TiO)_x(OH)_y(H_2O)_z]^{n+}$)表现出强烈的亲和性和选择性吸附,主要因为钛聚合羟基阳离子带有多余的正电荷与带有负电荷的蒙脱石表面表现出强烈的静电吸引,最终使蒙脱石颗粒之间产生了更强的聚集力,保证了液相中柱撑蒙脱石的稳定。②蒙脱石与柱撑剂的离子交换反应阶段。柱撑剂分子进入预先膨胀的蒙脱石层间后,由于其带有多价的正电荷,而且体积较大,所以更容易占据层间可交换性阳离子的位置,置换出蒙脱石层间竞争力弱的离子(Na^+),完成离子交换反应。③蒙脱石与柱撑剂的层间反应阶段。蒙脱石在发生柱撑反应后,分子骨架基本没有发生变化,说明柱撑剂与蒙脱石之间可能是靠静电力吸引。而在焙烧发生后,由于柱撑剂的脱水、脱羟基反应,柱撑剂与蒙脱石晶层间可能形成了 Ti—O—Si 或 Ti—O—Al 键。

结合以上柱撑蒙脱石形成过程,制订了实验方案。即以赤峰市的钙基蒙脱石为基质原料,对其进行提纯钠化,产品的纯度达到90%,其层间距达到1.24 nm,属于典型的钠基蒙脱石。通过预备实验发现,这种蒙脱石可以进行柱撑实验,且效果较好。以溶胶-凝胶法为基本实验方法,以钛酸正丁酯为钛源,制备钛柱撑蒙脱石,具体的实验步骤如下:

(1)称取 1.0 g 提纯的钠基蒙脱石,加入适量体积的蒸馏水和有机溶剂($V_{蒸馏水}:V_{溶剂}=1:2$),制成质量分数为 1% 的蒙脱石悬浮液,待用。

(2)在搅拌的同时,取适量 $Ti(C_4H_9O)_4$ 缓慢滴加到一定体积的浓度为 5 mol/L 的 HCl 溶液中,控制不同钛土比例,保持 H/Ti=2.0 mol/mol,滴完后继续搅拌 30 min,然后室温老化 3 h,待用。

(3)在不停搅拌的条件下,将钛柱撑剂逐滴滴加到蒙脱石悬浮液中,柱撑反应一段时间,停止搅拌,反应絮凝物静置过夜,然后用离心机进行离心分离,取出分离出的固体并进行洗涤,直至洗净 Cl^-($AgNO_3$ 溶液检验)。

(4)离心产物经不同温度干燥后,研磨、过筛,即得到钛柱撑蒙脱石。

1.3.4　钛柱撑蒙脱石的合成影响因素

1)溶剂种类对制备 Ti-PILCs 的影响

在交联过程中溶剂起着不可忽略的作用。图 1.4 为溶剂种类对制备 Ti-PILCs 的影响图。图中列出了采用不同溶剂制得的 Ti-PILCs 的 XRD 图谱。实验中分别采用蒸馏水/丙酮(1:2)、蒸馏水、蒸馏水/甲醛溶液(1:2)、蒸馏水/乙

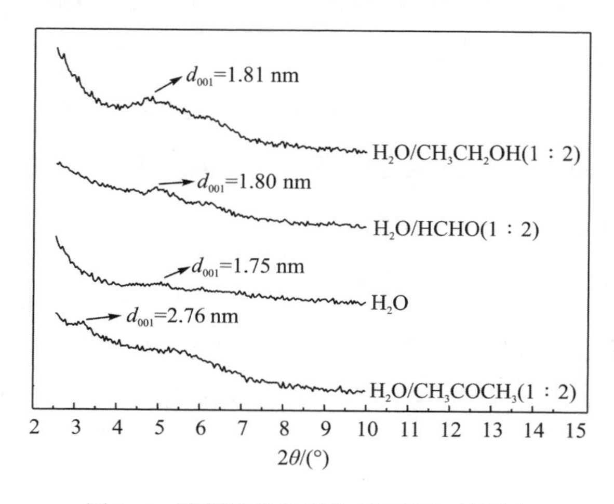

图 1.4　溶剂种类对制备 Ti-PILCs 的影响

醇(1∶2)作溶剂制得 Ti-PILCs 材料,其他实验条件相同:H/Ti 比为 2.0mol/mol,钛/土比为 20 mmol/g,柱化反应时间为 3 h,蒸馏水作为洗涤剂,烘干温度为 60 ℃。

未使用有机溶剂改性、活化的蒙脱石在水中的溶解度较低,不易在水中分散,因此含钛聚合阳离子不能充分与蒙脱石层间的可交换阳离子 Si^{4+}、Al^{3+}进行交换,蒙脱石的柱化效果较差。从溶剂的性质来看,甲醛溶剂是非极性有机物,极易在水中与水互溶发生乳化现象,从而导致蒙脱石在水中不能够充分分散,使钛酸正丁酯中的阳离子 Ti^{4+}不能与蒙脱石层间的可交换阳离子 Al^{3+}、Si^{4+}进行充分的离子交换。另外,甲醛毒性较强且易挥发,一般不选作溶剂使用;乙醇是质子类极性溶剂,将钠基蒙脱石加入蒸馏水和乙醇的混合溶液时,由于乙醇具有强烈的荧光效应和竞争性,从而抑制了溶液中 Ti^{4+}的活性,使离子交换过程和蒙脱石扩散过程受到一定的限制,导致钛酸正丁酯中的阳离子 Ti^{4+}不能与蒙脱石层间的可交换阳离子 Al^{3+}、Si^{4+}进行充分的离子交换,造成产物层间距 d_{001} 值较小;丙酮是非质子类极性溶剂,将蒸馏水和丙酮混合作为溶剂,当蒙脱石加入混合溶液后,丙酮不仅能够使蒙脱石充分分散于溶液中,而且丙酮还能够对蒙脱石进行改性,提高溶液中 Ti^{4+}的活性,使 Ti^{4+}与蒙脱石层间的可交换阳离子 Si^{4+}、Al^{3+}充分交换。

从图 1.4 可以看出,用蒸馏水和丙酮混合溶液(质量比 1∶2)作蒙脱石悬浮液的溶剂,所制备的 Ti-PILCs 复合材料层间距 d_{001} 值较大,在制备 Ti-PILCs 时采用丙酮作溶剂更利于制备 Ti-PILCs。

2)H/Ti 比对制备 Ti-PILCs 的影响

采用蒸馏水/丙酮(1∶2)为溶剂,钛/土比为 20 mmol/g,柱化反应时间为 3 h,蒸馏水作为洗涤剂,烘干温度为 60 ℃,H/Ti 摩尔比分别为 1、2、3、4 时,H/Ti 比对制备 Ti-PILCs 的影响如图 1.5 所示。

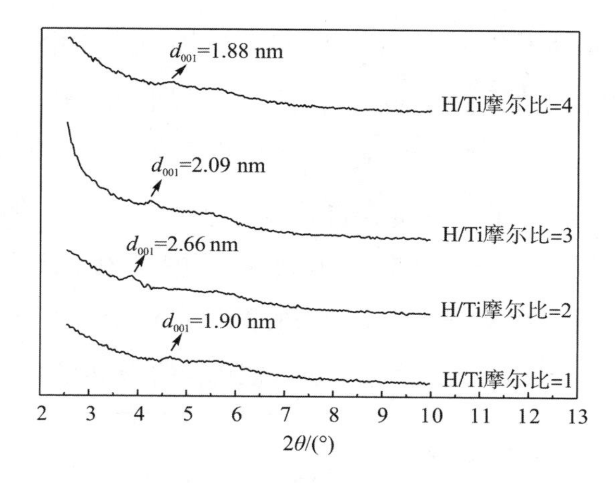

图1.5　H/Ti 比对制备 Ti-PILCs 的影响

从图1.5中可以看出,柱化实验产物所形成的层间距 d_{001} 值为1.8～2.7 nm。结果表明,相比于提纯后的钠基蒙脱石的层间距 d_{001} 值(1.24 nm),交联柱化后,蒙脱石的层间距明显增大,制备产物的 d_{001} 值最大达2.66 nm;从图中也可以注意到,随着 H/Ti 摩尔比的增加,Ti-PILCs 的 d_{001} 值先增加后减小,在 H/Ti 摩尔比为2时,产品的 d_{001} 值达到最大值,为2.66 nm。产生这一结果的原因是过多的 H^+ 会导致溶剂的 pH 过低,而 H^+ 过少又会导致溶剂的 pH 过高,不利于钛酸正丁酯的水解和凝结;适当的 H^+ 存在,使溶剂 pH 适中,能使钛酸正丁酯在溶液中充分水解,形成聚合羟基 Ti^{4+},因此,选取 H/Ti 摩尔比为2时更有利于制备 Ti-PILCs。

3)钛/土比对制备 Ti-PILCs 的影响

按照实验方法,采用蒸馏水/丙酮(1∶2)为溶剂,H/Ti 摩尔比为2,柱化反应时间为3 h,蒸馏水作为洗涤剂,烘干温度为60 ℃,钛/土比(mmol/g)分别取10、15、20、25时,钛/土比对制备 Ti-PILCs 的影响如图1.6所示。

从图1.6可以看出,钛/土比对制备的 Ti-PILCs 的层间距 d_{001} 值有一定的影响,低钛/土比时,产物 Ti-PILCs 的层间距 d_{001} 值较小,随着钛/土比的增大,产物的层间距 d_{001} 值随之增大。钛/土比从10 mmol/g 增大到20 mmol/g 时,产

物的层间距 d_{001} 值从 1.73 nm 增至 2.51 nm，这是因为溶液中钛含量的增加，导致形成的大体积的阳离子基团也增多，所以产品以形成大孔径 Ti-PILCs 为主，说明提高钛/土比有利于大层间距交联产物的生成；当投料比增加到 25 mmol/g 时，产物 Ti-PILCs 的层间距 d_{001} 值下降到 1.94 nm，此时，交联剂的浓度增大，其自身碰撞的机会增加，而且这类单体的活性高，因此不利于产物 Ti-PILCs 的形成，所以产率随交联剂的用量增加而增加的程度迅速减小，甚至略有降低，因此选择钛/土比为 20 mmol/g 更有利于制备性能优异的 Ti-PILCs。

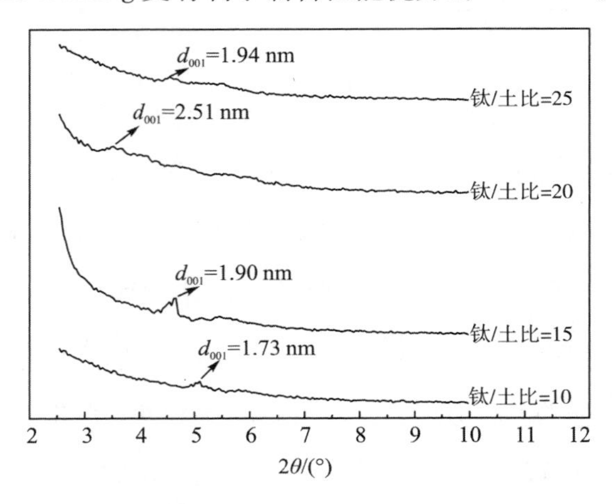

图 1.6　钛/土比对制备 Ti-PILCs 的影响

4）柱化反应时间对制备 Ti-PILCs 的影响

按照实验方法，采用蒸馏水/丙酮（1∶2）为溶剂，H/Ti 摩尔比为 2，钛/土比为 20 mmol/g，蒸馏水作为洗涤剂，烘干温度为 60 ℃，分别选取柱化反应时间 2 h、3 h、4 h、5 h 作为考察点，制得 Ti-PILCs 样品，柱化反应时间对制备 Ti-PILCs 的影响如图 1.7 所示。

从图 1.7 中可以看出，反应时间为 2 h 时，实验产物的层间距 d_{001} 值为 2.01 nm，这是因为反应时间较短，致使溶液中聚合羟基 Ti^{4+} 与钠基蒙脱石结构中可交换阳离子 Al^{3+} 和 Si^{4+} 没有充分交换，层间离子大小不均匀，产物层间距较小；反应时间为 3 h 时，实验产物的层间距 d_{001} 值达到最大的 2.43 nm，反应时间继续增加到4 h和5 h时，产品Ti-PILCs层间距也稍有减小，这表明适当的柱化反应时间能使钠基蒙脱石层间被钛聚合羟基阳离子充分填充，但柱化反应时间过长，并不能使它的进入量进一步增加，同时又造成钛聚合羟基阳离子非层间水解增多和蒙脱石片层间解离的产生，片层堆积度降低[10]，以至于产物的层间距变小。因此，在制备Ti-PILCs时，选择反应时间为3 h更利于制备出层间距大的钛柱撑蒙脱石。

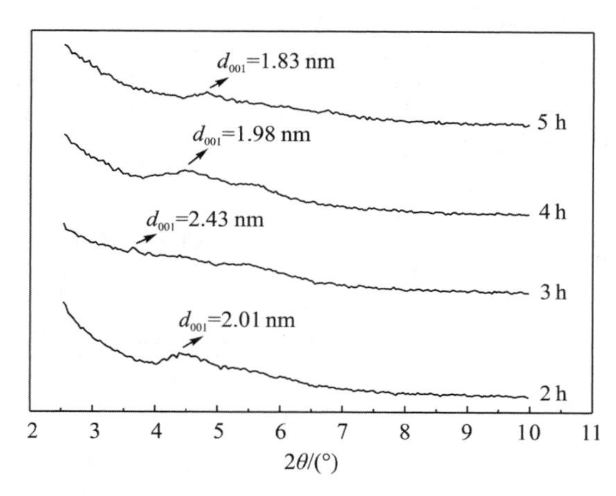

图1.7　柱化反应时间对制备Ti-PILCs的影响

5）洗涤剂种类对制备Ti-PILCs的影响

按照实验方法，采用蒸馏水/丙酮（1∶2）为溶剂，H/Ti摩尔比为2，钛/土比为20 mmol/g，烘干温度为60 ℃，进行实验。洗涤剂种类对制备Ti-PILCs的影响如图1.8所示。

从图1.8中可以看出，用体积比为9∶1的蒸馏水和乙醇作洗涤剂时，实验产物层面间距 d_{001} 值可达到2.35 nm；用体积比为9∶1的蒸馏水和丙酮作洗涤剂时，实验产物的 d_{001} 值为1.85 nm；用体积比为9∶1的蒸馏水和乙醚作洗涤剂时，实验产物的层面间距最小，只有1.79 nm；仅用蒸馏水作洗涤剂时，实验产物的层面间距 d_{001} 值为1.94 nm。从结果来看，用蒸馏水以及体积比为9∶1的蒸馏水和丙酮混合溶液作洗涤剂时效果较好，可以有效将产物表面覆盖的 Cl^-

清除,但丙酮在洗涤 Cl^- 的同时会造成大量的产物溶解,减少产物产量。用乙醚作洗涤剂时,乙醚极难溶于水,且乙醚为非极性物质,在洗涤产物时,极易将产物溶解,使产物减少,还有使用危险;乙醇作洗涤剂时,尽管洗涤 Cl^- 效果很好,但同样极易将蒙脱石溶解,使产物大量减少;综合考虑产物层间距、产物产量、制备成本以及实验安全等条件,在制备 Ti-PILCs 时选用蒸馏水作洗涤剂较好。

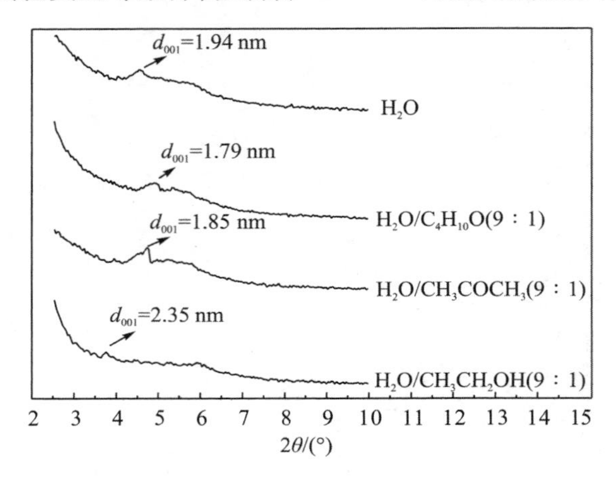

图 1.8 洗涤剂种类对制备 Ti-PILCs 的影响

6)干燥温度对制备 Ti-PILCs 的影响

按照实验方法,采用蒸馏水/丙酮(1 : 2)为溶剂,H/Ti 摩尔比为 2,钛/土比为 20 mmol/g,蒸馏水作为洗涤剂,烘干温度为 60 ℃,进行实验。干燥温度(分别为 50 ℃、60 ℃、70 ℃、80 ℃)对制备 Ti-PILCs 的影响如图 1.9 所示。

从图 1.9 中可以看出,干燥温度为 50 ~ 80 ℃时,实验产物的层面间距 d_{001} 值均大于 2.00 nm,在 60 ℃时,产品 Ti-PILCs 的 d_{001} 达到最高值 2.51 nm。产生此结果的原因可能是温度的升高会使产物中剩余的含钛聚合羟基阳离子进一步与蒙脱石中的可交换阳离子进行交换,但温度过高会导致其结构遭到破坏,但总体来看,烘干温度对制备 Ti-PILCs 的影响并不明显,综合考虑,选择在 60 ℃下干燥产物更为合理。

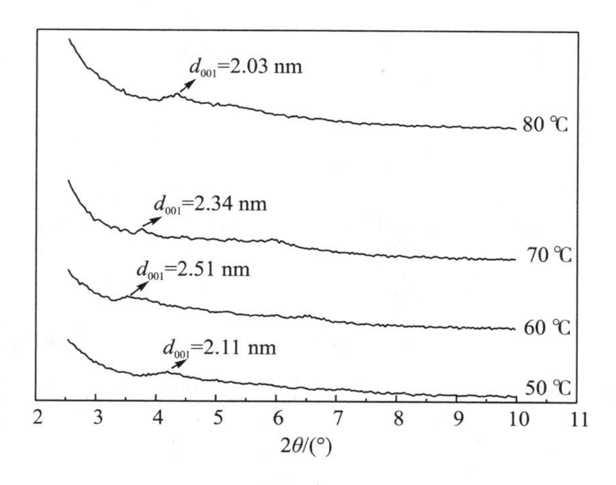

图 1.9　干燥温度对制备 Ti-PILCs 的影响

1.3.5　小结

综合以上实验结果分析，可得出以下结论：

(1)选用的赤峰市恒润工贸有限公司生产的蒙脱石，不满足作为制备钛柱撑蒙脱石材料的基质原料要求，必须对其进行提纯钠化。以焦磷酸钠为分散剂，采用湿法提纯工艺，制备出的性能优良的高纯钠基蒙脱石吸蓝量为 140 mmol/100 g，膨胀容为 76.125 mL/g，胶质价为 165 mL/15 g 土，符合本章制备钛柱撑蒙脱石对基质原料的要求，因此将其作为制备钛柱撑蒙脱石的基质材料，且取得了预期效果。

(2)采用 $V_{蒸馏水}/V_{丙酮}=1:2$ 的混合液为溶剂，在 H/Ti(mol/mol)= 2.0，钛/土=20 mmol/g，反应时间为 3 h，洗涤剂为蒸馏水，干燥温度为 60 ℃时，可制得较优的钛柱撑蒙脱石材料，将基质原料的层间距 d_{001} 值从 1.24 nm 提升到 2.76 nm，取得了预期成果。

1.4　钛柱撑蒙脱石复合材料的表征

本节采用了 XRD、FT-IRs、SEM、TEM、TG-DTA 及比表面积分析，以深入了解 Ti-Imt 与 Na-mt 材料之间的性能特征。

1.4.1 XRD 分析

原土蒙脱石、Na-mt 和 Ti-Imt 材料的 XRD 图谱如图 1.10 所示。原土蒙脱石经过提纯钠化后，晶面间距 d_{001} 值从 1.54 nm 降低为 1.26 nm，这表明提纯之后精土的 SiO_2 含量比原土低，而 $A1_2O_3$ 含量提高，即均更接近膨润土的理论值[11]。而 Na-mt 经聚合羟基阳离子 Ti^{4+} 插入层间后，Ti-Imt 的晶面间距有显著提高，由原来的 1.26 nm 增加到 2.94 nm，特征峰衍射角度 2θ 由 7.01°降低至 3.01°。这表明 Na-mt 经 Ti^{4+} 插层后，插层剂体系中主要形成以 Ti^{4+} 为主的大体积阳离子基团，这些大体积阳离子基团进入 Na-mt 层间，使得 Na-mt 的晶面层的间距增加到 2.94 nm，且焙烧过后聚合烃基 Ti^{4+} 均匀地支撑着蒙脱石的层间域，从而形成晶面间距大且稳定的 Ti-Imt 材料。

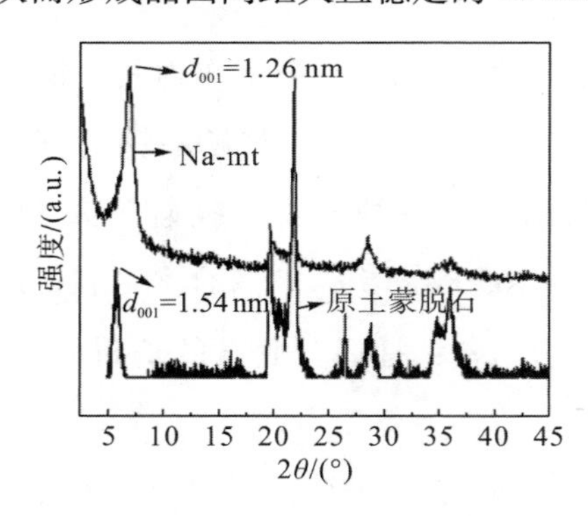

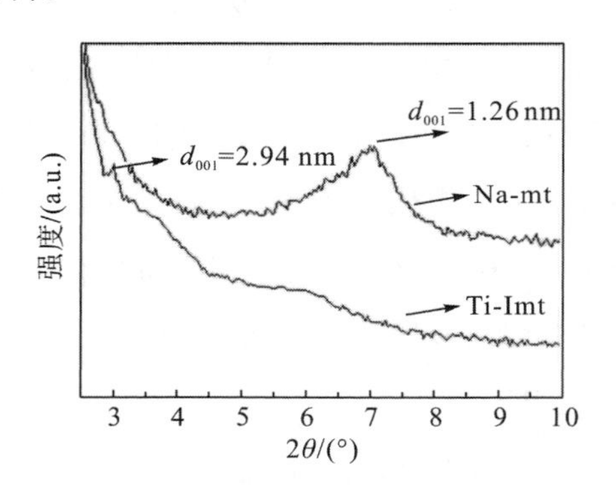

图 1.10 原土蒙脱石、Na-mt 和 Ti-Imt 的 XRD 图谱

从原土蒙脱石经提纯钠化，再经过聚合阳离子 Ti^{4+} 的插层改性，可以看出 XRD 图谱的峰型存在变化，表明在这一系列的离子交换过程中，原土蒙脱石的结晶性在不断地发生改变[12]；而 Ti-Imt 材料经过高温焙烧后，杂峰相对更少，表明合成的 Ti-Imt 结晶性较好。在 Ti-Imt 材料的制备过程中，Ti^{4+} 与土的比例决定了阳离子基团交换的效果，从而决定插层后材料晶面间距的大小，而钛酸正丁酯水解会形成网状结构的钛聚合物，从而在 Na-mt 的层与层之间均匀地分布

着 Ti^{4+} 阳离子基团[13]，且 d_{001} 值越大，表明 Na-mt 层间的大体积阳离子基团柱撑效果越好。

1.4.2　FT-IRs 分析

图 1.11 为 Na-mt 与 Ti-Imt 的红外光谱分析图。Na-mt 的红外图谱中，在 3 629 ~ 3 417 cm^{-1} 处分别为 Na-mt 结构中羟基振动和层间所吸附自由水及微量残余有机物基团的伸缩振动所引起，呈现出强而宽的吸收带。在 1 089 ~ 914 cm^{-1} 处则分别代表在 Na-mt 四面体 Si—O—Si 的面内对称伸缩振动和 Si—O 弯曲振动所引起，Na-mt 中的 Si—O 伸缩振动有两种模式，即垂直伸缩振动（$A_1{}^1$）及平行层的伸缩振动模式（$E_1{}^1$）[14]，Na-mt 层间经聚合羟基 Ti^{4+} 基团插入后，主要表现为平行层 Si—O 伸缩振动变化，其束缚力大，振动变强[15]。914 cm^{-1} 归属于蒙脱石八面体层 Al—O（OH）—Al 的对称平移振动，622 cm^{-1} 附近为 Si—O—Mg 弯曲振动吸收峰，521 cm^{-1} 为 Si—O—Fe 弯曲振动吸收峰。经柱撑以后 3 629 cm^{-1} 附近的—OH 伸缩振动吸收峰和 795 cm^{-1} 附近的—OH 弯曲振动谱峰变小；层间水伸缩振动移到 3 417 cm^{-1} 处，而 Al—O（OH）—Al 的对称平移振动则移到 914 cm^{-1} 处，表明钛插层剂可能与层间水形成了氢键[16]。而 521 cm^{-1} 附近的 Si—O—Fe 弯曲振动吸收峰和 622 cm^{-1} 附近的 Si—O—Mg 弯曲振动吸收峰减弱，其余的谱峰变化不大，这种插层前后图谱峰的变化表明 Na-mt 层间发生了反应，生成了 Ti—O—Si 键[17]。此外，插层前后两种材料的基本骨架并未发生显著变化，只是各谱峰的吸收强度发生了部分变化，表明在 Ti-Imt 制备的过程中，插层蒙脱石层间除了离子交换外，可能还形成了共价键，这些变化再结合 XRD 的谱峰，可以推断钛插层剂与 Na-mt 结构羟基发生了插层柱撑反应，合成了 Ti-Imt 材料且物化性能相当稳定。

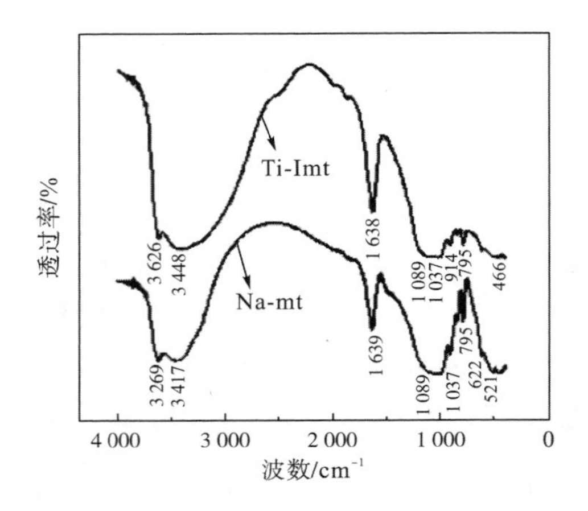

图 1.11 Na-mt 与 Ti-Imt 的红外光谱分析图

1.4.3 SEM 分析

图 1.12 为 Na-mt(a,b)与 Ti-Imt(c,d)材料的 SEM 图像。由图 1.12(a)、(b)可知,Na-mt 材料的片层间呈现折叠、棉絮状现象,多以片层状结构分布,且片层之间多以面-面相互结合在一起,符合典型的 Na-mt 材料的微观形貌特征[16],表明在原土蒙脱石经提纯钠化的过程中,发生了阳离子 Na^+ 与其他阳离子的置换,使 Na^+ 进入原土蒙脱石层间。而由图 1.12(c)(d)可知,经过聚合羟基阳离子 Ti^{4+} 插层柱撑后,Ti-Imt 材料出现了片层剥离现象,片层间距变大,表明聚合羟基阳离子 Ti^{4+} 插层柱撑进入 Na-mt 层中间,改变了晶面间距,一定程度上破坏了其原有的结构[18]。但是仍然保持一定的片层状结构,只是片层数变少,片层之间的距离增大,很多插层过后的蒙脱石片层还保持着较完整的层状结构及片状形态。此外,由图 1.12(c)(d)还可看出,经过插层柱撑反应后,蒙脱石矿物颗粒堆积较为松散,仍呈棉絮状,但插层蒙脱石的片层之间存在着较大且形状不均匀的孔洞及孔隙结构,表明在插层过程中聚合羟基阳离子 Ti^{4+} 已经成功柱撑进入 Na-mt 层间,这与 XRD 分析结果相一致,且二氧化钛柱体的大小及在 Na-mt 层间的分布都是不均匀的。

图 1.12　Na-mt(a,b)与 Ti-Imt(c,d)材料的 SEM 图像

1.4.4　TEM 分析

图 1.13 为 Ti-Imt 材料的透射电子显微镜分析图像。由图 1.13(a)可以看出,Ti-Imt 的分散性较好,表明经高温焙烧后 Ti-Imt 的结构较稳定,二氧化钛柱子在层间按 Ti—O—Si 键紧密地结合在一起形成热稳定性高的 Ti-Imt 材料。由图 1.13(b)、(c)、(d)可以看出 Ti-Imt 的微观形貌具有较清晰的层状结构,呈条子格纹状,Ti-Imt 的骨架按层状较为均匀地排列在一起,但方向性较差,表明二氧化钛柱体在蒙脱石层间的排列并不是定向顺序排列的[19]。而在图 1.13(c)、(d)中可见这些层状条纹之间存在一些黑色的小颗粒,有的在层状条纹的外面,有的则在层间,结合 XRD 分析结果,可确定这些黑色颗粒为锐钛矿型的二氧化钛[20]。

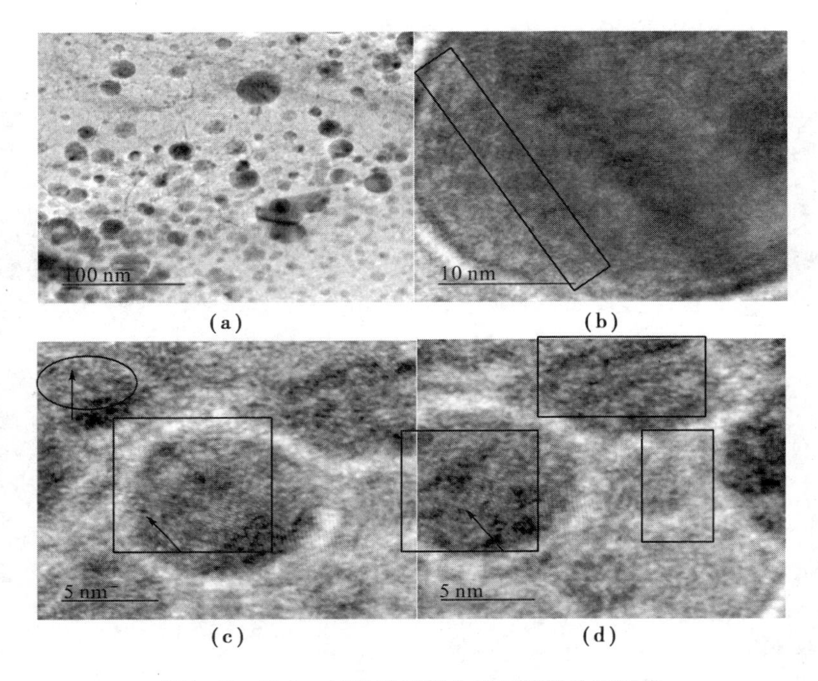

图 1.13 Ti-Imt 材料的透射电子显微镜分析图像

1.4.5 TG-DTA 分析

蒙脱石矿物的差热曲线主要有 3 个吸热效应和 1 个放热效应特征,而根据可变换性阳离子特性及材料相对湿度不同可将谷形分为单谷、复谷和三谷, Na-mt 在相对湿度低于 50% 时表现为单谷。第一吸热谷是逸出层间吸附水的反应,温度一般为 100 ~ 500 ℃。第二吸热谷发生在 550 ~ 750 ℃,表现为不对称的 V 形单谷,谷形平缓且宽化,主要是脱去结构羟基水。该范围的温度反映了蒙脱石热稳定性的大小,是评价其热稳定性能的重要尺度。第三个吸热谷出现的温度为 900 ~ 1 000 ℃,该阶段矿物的晶体结构极易被破坏,出现新的放热峰,使矿物重结晶形成新矿物[21]。

图 1.14 为 Na-mt 与 Ti-Imt 的 TG-DTA 分析图谱。由 TG 曲线可知,两种材料的热效应均较明显,Na-mt 在 20 ~ 900 ℃存在两个明显的失重过程。第一个

过程在 20 ~ 485 ℃,属于 Na-mt 的层间吸附水脱失过程,质量损失约 16.7%,其中在 80 ~ 200 ℃尤为明显;第二个过程从 485 ℃左右开始,直至 850 ℃左右完成,中心位于 690 ℃,质量损失约 3.81%,这主要是由于 Na-mt 层间脱结构羟基所导致[22]。经聚合羟基阳离子 Ti^{4+} 插层柱化后,Ti-Imt 材料中脱去层间吸附水的过程与脱羟基过程的界限变得较为模糊,整个失重过程直至 870 ℃左右基本完成,累计质量损失约为 25.61%,显著高于 Na-mt 的总质量损失(19.88%),这表明 Na-mt 经 Ti^{4+} 插层柱撑后,插层柱撑材料层间含有更多的聚合羟基阳离子 Ti^{4+}。插层柱撑材料的失重不仅包括 Na-mt 层间的吸附水和结构羟基的损失,还包含钛插层剂部分脱羟基形成二氧化钛晶体的质量损失[23]。

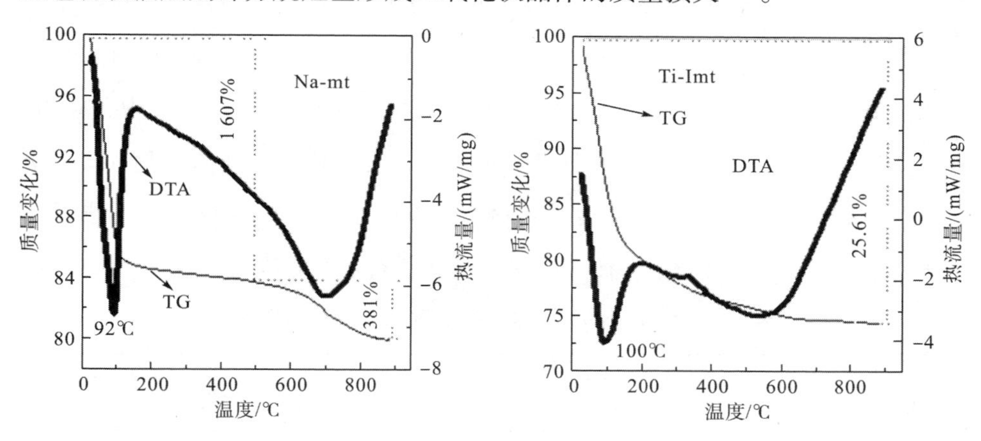

图 1.14　Na-mt 与 Ti-Imt 的 TG-DTA 分析图谱

另外,由 DTA 曲线可知,Na-mt 材料在 92 ℃附近的吸热谷属于蒙脱石脱层间吸附水的热效应,690 ℃附近的吸热谷为脱羟基所致,这与 TG 曲线分析的情况相一致。经聚合羟基阳离子插层柱撑后,Ti-Imt 材料的骨架脱羟基吸热谷已不明显,且层间脱水吸热谷宽大,吸热谷温度稍微后移,为 100 ℃,这说明 Na-mt 层间的可交换阳离子已与插层剂离子发生置换。另外,在 340 ℃附近出现了一个小的放热峰,该温度与溶胶-凝胶法中无定型二氧化钛向锐钛矿晶型转变温度相一致[24],表明该温度下层间开始形成锐钛矿晶型。Ti-Imt 的吸热谷峰形宽化,表明插层柱撑后的材料粒度变细,比表面积变大,吸附的水增多,脱除的水就越多,且柱撑柱体通过羟基和 Na-mt 片层发生了成键反应,使脱羟基变难。蒙脱石矿物材料的吸热峰和失重率主要是由于端面、“卡房状”孔里吸附的物理水,层间大离子基团的吸附水、结构水及羟基水在不同温度下脱失所致。由于柱撑蒙脱石所用的插层剂主要是水聚合离子,含水量相对比较大,因此 Ti-Imt 的失重率比 Na-mt 高很多,此外 Ti-Imt 的晶面间距变大,比表面积较大,吸附的水会增多,失重率相应增大,这也是 Ti-Imt 的失重率比 Na-mt 大的原因。

1.4.6 比表面积分析

比表面积是指单位质量物料所具有的总面积,是评价多孔黏土材料性能的重要指标之一。Na-mt 和 Ti-Imt 材料的比表面积及孔结构参数见表 1.1。经过聚合羟基 Ti^{4+} 插层柱撑后,S^B、S^S 及 S^L 均增大为 Na-mt 的 3 倍多,平均孔径 D^A 由 19.84 nm 转变为 4.81 nm,说明 Ti-Imt 材料的孔结构由大孔向中孔及微孔结构发生了改变,且微孔体积 V^M 也由 0.001 cm^3/g 增大到 0.04 cm^3/g,形成了比表面积较大的多孔结构材料,使得插层柱撑蒙脱石具有更高的活性。

表 1.1　Na-mt 和 Ti-Imt 材料的比表面积及孔结构参数

样品	S^B /($m^2 \cdot g^{-1}$)	S^S /($m^2 \cdot g^{-2}$)	S^L /($m^2 \cdot g^{-1}$)	S^E /($m^2 \cdot g^{-1}$)	D^A /nm	V^M /($cm^3 \cdot g^{-1}$)
Na-mt	39.2	38.3	55.9	37.6	19.84	0.001
Ti-Imt	118.7	115.2	165.2	28.4	4.81	0.04

注:S^B:BET 比表面积;S^S:单点比表面积;S^L:朗缪尔比表面积;S^E:外比表面积;D^A:吸附平均孔径;V^M:微孔体积。

图 1.15、图 1.16 分别是 Na-mt 与 Ti-imt 材料的 N_2 吸附-脱附曲线及孔径分布曲线。根据 BDDT 五类等温线类型,Na-mt 材料的吸附-脱附等温线属于第Ⅲ类,表明材料的孔径很大。当相对压力 $P/P_0<0.4$ 时,吸附量缓慢增加,并呈现一平台,说明 Na-mt 材料内基本不存在小于 2 nm 的微孔结构[25]。当相对压力

P/P_0>0.4 时,吸附量开始逐渐呈上升趋势,直至相对压力 P/P_0>0.9 时,吸附量急剧上升,表明材料发生了多层吸附及毛细孔凝聚,微孔及小孔被大量的 N_2 充满,存在较多的中孔及大孔结构。而脱附等温线表明材料孔道较集中,结构较均匀,并且吸附曲线与脱附曲线不相重合,存在窄长的滞后环,此滞后环根据 Bore 分类属于 B 型,说明材料孔径较大,这与测到的平均孔径值 19.84 nm 相符合。原因在于 Na-mt 在聚合羟基 Ti^{4+}插层柱撑前,层间不存在插层柱化剂,其内部的孔道主要以 Na-mt 晶片通过表面与端面、端面与端面相互堆砌形成的"卡房状"结构[11],也有部分是由 Na-mt 层间的 Na^+、Ca^{2+}等金属阳离子通过化学键与 Na-mt 键连接而成。在没有外加物质的条件下,这种堆砌形成的孔径结构经仪器检测分析后,反映出孔径的大小差别不大,且分布较均匀,这与 Na-mt 的孔径分布曲线(图 1.16)呈现的情况相一致。

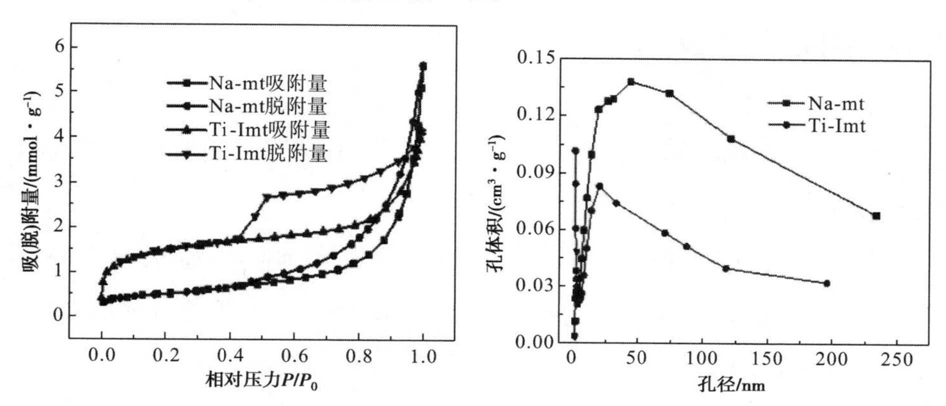

图 1.15　Na-mt 与 Ti-Imt 的 N_2 吸附-脱附曲线　图 1.16　Na-mt 与 Ti-Imt 的孔径分布曲线

由图 1.15 中 Ti-Imt 材料的吸附-脱附曲线可知,当相对压力 P/P_0<0.2 时,吸附量增加较快,表明 Ti-Imt 材料中有孔径小于 2 nm 的微孔或者较小的中孔结构;而当相对压力 P/P_0 为 0.2~0.9 时,吸附量上升趋势缓慢,但仍在继续增加,由图 1.15 可知,曲线中出现的平台不明显,表明此时小孔被吸附质气体填满,产生了多层吸附,小孔内同时发生毛细孔凝聚现象,说明此分压段微孔含量较少,存在中孔结构。Ti-Imt 材料的孔径分布曲线与 Na-mt 不相同,中孔结构主

要集中在 3 ~6 nm。根据 BDDT 五类等温线类型可知,Ti-Imt 材料的吸附-脱附等温线属于第Ⅱ类,吸附等温曲线呈反"S"形,吸附-脱附曲线同样不重合,存在明显的滞后环,属于"B"形吸附回线。这种第Ⅱ类型的等温线说明材料中一部分孔是较均一的平行板,而另一部分孔是一端几乎封闭且孔径变化范围较大的板状毛细孔,也表明了有狭窄裂缝型微孔存在[26,27]。这些孔在 Ti-Imt 材料中主要以两种类型形成:一种是由插层柱撑引起形成的二维孔道,孔径大小由蒙脱石的晶面间距决定,蒙脱石的晶面间距值大小与插层柱化剂种类及制备条件有关,目前研究表明晶面间距增大值一般在 0.6 ~1.2 nm,少数可增加 1.7 ~3 nm;另一种是蒙脱石的板与邻近的板相接触形成的"卡房状"楔形孔[21],该类型孔径的大小主要与制备条件有关。

1.5 小结与展望

本章节主要通过 XRD、FT-IRs、SEM、TEM、TG-DTA 及比表面积对 Na-mt 及 Ti-Imt 材料进行表征分析,主要结论如下:

(1)XRD 分析表明原土蒙脱石经过提纯钠化后,晶面间距 d_{001} 值从 1.54 nm 降低为 1.26 nm,而 Na-mt 经聚合羟基阳离子 Ti^{4+} 插入层间后,Ti-Imt 的晶面间距从 1.26 nm 增加到 2.94 nm,表明聚合羟基阳离子 Ti^{4+} 成功插层柱撑进入 Na-mt 层间,经过高温焙烧后形成晶面间距大且稳定的 Ti-Imt 材料。

(2)FT-IRs 分析表明 Na-mt 材料经 Ti^{4+} 插层柱撑后 3 629 cm^{-1} 附近的—OH 伸缩振动吸收峰和 795 cm^{-1} 附近的—OH 弯曲振动谱峰变小;层间水伸缩振动移到 3 417 cm^{-1} 处,而 Al—O(OH)—Al 的对称平移振动则移到 914 cm^{-1} 处,表明钛插层剂可能与层间水形成了氢键。521 cm^{-1} 附近的 Si—O—Fe 弯曲振动吸收峰和 622 cm^{-1} 附近的 Si—O—Mg 弯曲振动吸收峰减弱,其余的谱峰变化不大,这种插层前后图谱峰的变化表明 Na-mt 层间发生了反应,生成了 Ti—O—Si 键。

(3)SEM 图像分析表明,Na-mt 材料的片层间呈现折叠、棉絮状现象,多以片层状结构分布,且片层之间多以面-面相互结合在一起,表明在原土蒙脱石经提纯钠化的过程中,发生了阳离子 Na^+ 与其他阳离子的置换,使 Na^+ 进入原土蒙脱石层间,经过聚合羟基阳离子 Ti^{4+} 插层柱撑后,Ti-Imt 材料出现了片层剥离现象,片层间距变大,表明聚合羟基阳离子 Ti^{4+} 插层柱撑进入 Na-mt 层中间,改变了晶面间距,Ti-Imt 的片层之间存在着较大且形状不均匀的孔洞及孔隙结构。

(4)TEM 分析表明,Ti-Imt 的分散性较好,表明经高温焙烧后 Ti-Imt 的结构较稳定,二氧化钛柱子在层间按 Ti—O—Si 键紧密地结合在一起形成热稳定性高的 Ti-Imt 材料。Ti-Imt 的微观形貌具有较清晰的层状结构,但方向性较差,表明二氧化钛柱体在蒙脱石层间的排列并不是定向顺序排列的。

(5)TG-DTA 分析表明,Na-mt 在 20 ~ 900 ℃存在两个明显的失重过程,第一个过程在 20 ~ 485 ℃,属于 Na-mt 的层间吸附水脱失过程,损失约 16.7% 的质量;第二个过程从 485 ℃左右开始,直至 850 ℃左右完成,大约损失 3.81% 的质量,主要是由于 Na-mt 层间脱结构羟基所导致。Ti-Imt 材料整个失重过程从开始直至 870 ℃左右基本完成,累计质量损失约为 25.61% 。Ti-Imt 的吸热谷峰形宽化,表明插层柱撑后的材料粒度变细,比表面积变大,柱撑柱体通过羟基和 Na-mt 片层发生了成键反应。

(6)比表面积及孔径结构分析表明,经过聚合羟基 Ti^{4+} 插层柱撑后,比表面积均增大,平均孔径降低,微孔体积增大,说明 Ti-Imt 材料的孔结构由大孔向中孔及微孔结构发生了改变,形成了比表面积较大的多孔结构材料。由吸附-脱附曲线可知,根据 BDDT 五类等温线类型,Na-mt 材料的吸附-脱附等温线属于第Ⅲ类,表明材料的孔径很大,滞后环根据 Bore 分类属于“B”形,Ti-Imt 材料的吸附-脱附等温线属于第Ⅱ类,吸附等温曲线呈反“S”形,滞后环属于“B”形吸附回线。

参考文献

[1] 吴选军,余永富,袁继祖. 钠基蒙脱石的制备及有机改性研究[J]. 非金属矿,2008,31(5):1-2.

[2] 陈剑. 超细蒙脱石粉体的制备[D]. 北京:中国地质大学(北京),2009.

[3] 郭文姬. 蒙脱石制备插层复合材料及其性能研究[D]. 西安:陕西科技大学,2012.

[4] 徐培苍,张晓云,李如璧,等. 蒙脱石晶体结构和水结构的矿物物理特征[J]. 西北地质科学,1991(2):14-32.

[5] 孙红娟,彭同江,刘颖. 蒙脱石的晶体化学式计算与分类[J]. 人工晶体学报,2008,37(2):350-355.

[6] 马保国,李文华. 膨润土资源综合利用浅析[J]. 资源节约和综合利用,1997(3):50-52.

[7] 肖金凯,荣天君. 黏土矿物在催化裂化催化剂中的应用[J]. 高校地质学报,2000,6(2):282-286.

[8] 戴劲草,萧子敬,叶玲,等. 多孔黏土材料研究与进展[J]. 硅酸盐通报,1999,18(4):64-70.

[9] 张敏. 钛交联蒙脱石的制备与表征的研究[D]. 武汉:武汉科技大学,2005.

[10] 周春晖,李庆伟,葛忠华,等. 介孔硅层柱蒙脱石材料合成的新方法与表征[J]. 高等学校化学学报,2003,24(8):1351-1355.

[11] 庹必阳,张一敏,张覃. 鄂东 Ca 基蒙脱土制备大孔复合材料的研究[J]. 化工矿物与加工,2006,35(2):27-30.

[12] Liu X D, Lu X J, Qiu J, et al. Purification of low grade Ca-bentonite for iron ore pellets[J]. Advanced Materials Research, 2012, 454:237-241.

[13] Kun R, Mogyorósi K, Dékány I. Synthesis and structural and photocatalytic properties of TiO_2/montmorillonite nanocomposites[J]. Applied Clay Science, 2006, 32(1):99-110.

[14] 闻辂. 矿物红外光谱学[M]. 重庆:重庆出版社,1989.

[15] Garrone E, Bodoardo S, Onida B, et al. Ammonia interaction and reaction with Al-pillared montmorillonite: an IR study[J]. Microporous & Mesoporous Materials, 1998, 20(1):187-196.

[16] 王海东,汤育才,余海钊. 钛柱撑膨润土的制备及柱化影响因素[J]. 中国有色金属学报,2008,18(3):535-540.

[17] Yang S J, Liang G Z, Gu A J, et al. Synthesis of TiO_2 pillared montmorillonite with ordered interlayer mesoporous structure and high photocatalytic activity by an intra-gallery templating method[J]. Materials Research Bulletin, 2013, 48(10):3948-3954.

[18] 张一敏,黄晶,张敏. 钛交联蒙脱石的合成及表征[J]. 矿产综合利用,2007(1):6-10.

[19] Michalik-Zym A, Dula R, Duraczyńska D, et al. Active, selective and robust Pd and/or Cr catalysts supported on Ti-, Zr- or [Ti, Zr]-pillared montmorillonites for destruction of chlorinated volatile organic compounds [J]. Applied Catalysis, B. Environmental, 2015 (174):293-307.

[20] 梁凯. 二氧化钛柱撑蒙脱石对铅、铬和铜离子的吸附性能研究[J]. 矿物学报,2013,33(3):408-414.

[21] 刘荣添. 钛柱撑蒙脱石纳米多孔材料的制备、性能与表征[D]. 福州:福州大学,2002.

[22] Bahranowski K, Włodarczyk W, Wisła-Walsh E, et al. [Ti, Zr]-pillared montmorillonite—A new quality with respect to Ti- and Zr-pillared clays [J]. Microporous & Mesoporous Materials, 2015(202):155-164.

[23] 温勇,徐玲玲,杨南如. 柱撑黏土合成柱化机理及应用研究进展[J]. 南京工业大学学报(自然科学版),2003,25(5):95-100.

[24] 陈建军. 纳米 TiO_2 光催化剂的制备、改性及其应用研究[D]. 长沙:中南大学,2001.

[25] Binitha N N, Sugunan S. Preparation, characterization and catalytic activity of titania pillared montmorillonite clays[J]. Microporous and Mesoporous Materials, 2006, 93(1):82-89.

[26] S. J. 格雷格, K. S. W. 辛. 吸附、比表面与孔隙率[M]. 高敬琮,刘希尧,译. 北京:化学工业出版社,1989.

[27] 严继民,张启元. 吸附与凝聚:固体的表面与孔[M]. 北京:科学出版社,1979.

第2章　钛柱撑蒙脱石复合材料粉体的焙烧

2.1　引言

将表面活性剂分子引入黏土层间合成具有更大孔径的钛交联黏土,使这类材料的性能得到显著改善,Ti-PILCs 这类新型催化剂由于微粒尺寸小,表面原子所占体积百分数大,表面的键态与颗粒内部不同,表面原子的配位不全等导致表面的活性点增加,孔径可被控制在 0.6 ~ 5 nm 的任意所希望的数值。研究表明,随着纳米复合材料微粒粒径的减小,表面光滑程度变差,形成凹凸不平的原子台阶,这就增加了化学反应的接触面积,从而增加活性,提高催化性能。Ti-PILCs 的面世为石油化工的催化裂化开辟了新天地。

Ti-PILCs 作为一种新型的催化剂相对于其他氧化物层柱黏土,在国内外研究得很少,国内只有几篇关于 Ti-PILCs 制备方法的文献[1-3]。他们的研究也表明,由于钛在液相溶液中形成的物质相当复杂从而使其制备条件也相当苛刻。然而,Ti-PILCs 的各项性质都比较好,含钛多孔黏土材料一般孔径较大,并且有特殊的氧化还原催化活性,在光催化与非对称催化氧化反应中已有相关的研究报道,但这种材料的合成迄今仍不多见。据戴劲草等[4]和 Fenelonov 等[5]报道的研究结果,他们所研究出的钛交联蒙脱石材料焙烧后在 860 ℃以下都具有很好的热稳定性,且比表面积和酸性都有较好的结果。另据报道[6],钛聚合阳离子插入蒙脱石层间得到相当高的晶面间距，且 Ti-PILCs 相对于 Al^-、Cr^-、Zr^- 等交联黏土，还具有较好的热稳定性。

报道焙烧 Ti-PILCs 的文献更是寥寥无几，因为一旦经高温焙烧后，产品的结构综合性能指标呈直线下降甚至完全被破坏，而且像 Al^-、Cr^-、Zr^- 等交联黏土的催化复合材料热稳定性相当低，因此，很多研究员在报道自己研究的这些材料时都很少提，甚至不提，如何焙烧好 Ti-PILCs 使其结构和性能变化最小是焙烧 Ti-PILCs 的一大难题。

由于纳米复合材料具有极高的表面激活能，因而烧结温度会降低很多，同时粒子生长速度也会加快。因而纳米复合材料粉末烧结遇到的最大问题是粒子在烧结过程中的晶粒长大，以至于烧结后的复合材料的特性降低。因为纳米复合材料的晶界迁移同时控制着晶粒生长和材料致密化，所以在纳米复合材料的烧结过程中，控制晶粒长大和致密化程度是技术关键；获得结构稳定、孔径分布均匀、比表面积大、热稳定性高和抗压强度高的纳米复合材料是追求的目标[7]。

就目前而言，Ti-PILCs 要实现工业化还存在几个难题：①热稳定性的不理想限制了它在高温催化裂化和加氢裂化反应中的应用；②层间柱子分布不均导致比表面积、孔径和孔径分布不理想，降低 Ti-PILCs 的活性及选择性；③高活性导致 Ti-PILCs 焙烧中颗粒团聚增大，降低 Ti-PILCs 热稳定性等各项性能。

Ti-PILCs 焙烧的目的是针对以上提到的几大难点，解决催化裂化原料的重质化、劣质化所带来的生产工艺困难，推进催化裂化剂的更新换代，加快非金属矿物深加工的步伐，总结国内近几年来的钛交联蒙脱石纳米复合材料的研究现状，致力于钛交联蒙脱石纳米复合材料的开发研究，以天然蒙脱石为基质，采用钛交联剂制备大孔 Ti-PILCs 进行焙烧研究。在对焙烧前后 Ti-PILCs 层间柱体结构特征、柱体分布及孔洞尺寸以及层与柱体的结合的基础上，在调控柱体分布形态，制备出热稳定性高（$\geq$900 ℃）、层间距大（d_{001} 为 3.5～4.0 nm，甚至更大）、比表面积大（$S\geq350\ m^2/g$）、堆积密度小（0.4～0.6 g/mL）、静抗压强度高

(≥90 N/cm)和静态吸附量大(≥250 mg/g)的纳米复合材料。

2.2 焙烧方案设计与实验

2.2.1 Ti-PILCs 焙烧方案的确定

通过大量的焙烧探索性实验,考虑本实验室现有的仪器和设备以及经济上的因素,从课题的指标参数出发,发现直接焙烧法是一种简单、方便、经济实惠的方法。通过摸索实验对不同实验的影响因素,在不同条件下的单因素实验中,获得最优化条件进行实验,验证最佳结果的可重复性。

经过钠化柱撑后得到的含钛蒙脱石纳米复合材料(Ti-PILCs),XRD 检测其层间距为 3.74 nm,领先国内同领域水平,可见柱撑效果相当显著。通过大量的准备实验,综合各个方面因素的考虑,从实际出发,在现有的实验室条件下,将柱撑后的 Ti-PILCs 作为焙烧原料进行焙烧实验研究,同样对不同影响条件进行单因素实验,再对各个最佳单因素条件进行正交实验调整,最后得出焙烧 Ti-PILCs 的最佳工艺条件。

通过参考相关文献[8-10],以 Ti-PILCs(层间距 $d_{001}=3.74$ nm)为焙烧原材料,采用直接焙烧法进行烧结,室温 $T=25$ ℃,焙烧时间 $t=2$ h,升温速度 $v=12$ ~ 15 ℃/min,改变不同的单因素条件进行实验,其中焙烧温度分别为 500 ℃、600 ℃、700 ℃、800 ℃、900 ℃,升温速度为 10 ℃/min、15 ℃/min、20 ℃/min,焙烧时间为 1 h、2 h、4 h。

2.2.2 Ti-PILCs 焙烧实验步骤

(1)将交联好的 Ti-PILCs 置于电热风烘箱中,打开烘箱电源,调好升温速度,将温度设置在 60 ℃,烘干柱撑的 Ti-PILCs。

（2）在精密电子显示秤（精确度为 1×10^{-6}g）上，称取定量（1.0 g）烘干的 Ti-PILCs 产品，置于耐高温的陶瓷坩埚中。

（3）将坩埚再放入电子秤上记下总的质量 G_1，密封好（盖上坩埚盖），防止其他的尘土或杂物进入。

（4）将装好物料的坩埚置于电炉中，密封好，设置升温速度为 13～15 ℃/min，将温度分别设置为 500 ℃、600 ℃、700 ℃、800 ℃、900 ℃，当温度升到设置的温度时开始计时，保持温度不变焙烧 2 h，取出冷却。

（5）将冷却的坩埚去掉盖子，置于电子秤上称重记下总质量为 G_2，则烧损为 $L=G_1-G_2$。

（6）将焙烧后的 Ti-PILCs 进行磨细后进行 XRD 检测、红外检测、比表面、热重分析、电镜扫描和透射电镜分析研究。

2.3　焙烧影响因素

2.3.1　焙烧温度对 Ti-PILCs 的影响及结构探讨

Ti-PILCs 材料的化学成分以及粉末颗粒的尺寸和分布决定了需要的焙烧温度，表 2.1 为 Ti-PILCs 经不同温度焙烧 2 h 后的实验结果。在 60 ℃时柱撑蒙脱石纳米复合材料层间距 d_{001}=3.74 nm，而从以前的实验知道在 500 ℃内焙烧时层间距的变化很小，因此从 600 ℃开始焙烧，焙烧结果见表 2.1。

表 2.1　Ti-PILCs 经不同温度焙烧 2 h 后的实验结果

样品	d_{001}/nm					S^a/($m^2\cdot g^{-1}$)		
	60 ℃	600 ℃^{b}	700 ℃^{b}	800 ℃^{b}	900 ℃^{b}	60 ℃	500 ℃	700 ℃^{b}
Na-Mont	1.283	—	—	—	—	31.6	—	—
Ti-PILCs	3.743	3.666	3.577	3.338	3.338	409.1	374.3	362.5

注：a. 比表面积；b. 焙烧温度。

图 2.1 为 Ti-PILCs 在不同温度下焙烧的 XRD 图，从图中可以看出，随着焙烧温度的升高，Ti-PILCs 的层间距从 60 ℃时的 d_{001} = 3.743 nm 分别下降到 $d_{600℃}$ = 3.666 nm、$d_{700℃}$ = 3.577 nm、$d_{800℃}$ = 3.338 nm 和 $d_{900℃}$ = 3.338 nm，很明显的是随着温度的升高，层间距 d_{001} 先逐步下降，到 800 ℃后，继续升温，层间距 d_{001} = 3.338 nm 保持不变，说明温度升到 800 ℃时，Ti-PILCs 内的所有羟基已经全部脱完，Ti-PILCs 已经转化为非常稳定的 Ti—O—Si 的网络状结构的纳米复合材料。焙烧使层柱黏土的孔结构稳定下来，不易膨胀和水解。在焙烧过程中，会发生脱水和脱羟基、聚合羟基离子分解等反应。

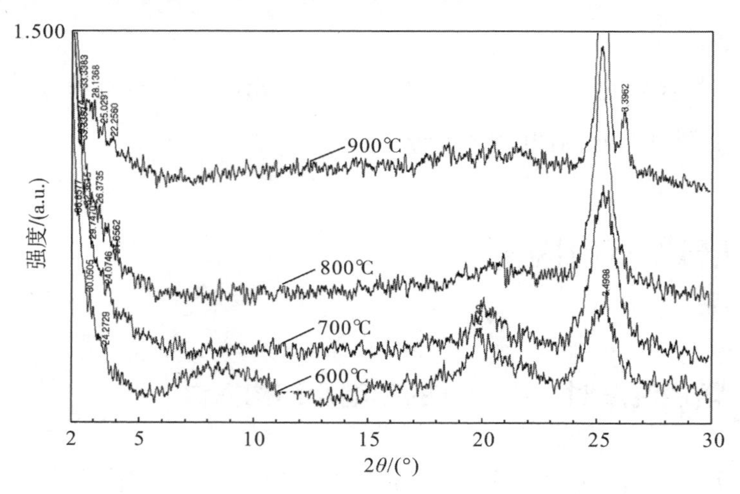

图 2.1　Ti-PILCs 在不同温度下焙烧的 XRD 图

在焙烧过程中，黏土层间的钛的聚合羟基阳离子基团会转化为坚固稳定的氧化物柱，而钛聚合羟基阳离子基团和蒙脱石层会发生反应生成 Ti—O—Si 的聚合氧化物，从而使钛离子柱和蒙脱石的层紧密地固结在一起。

2.3.2　焙烧气氛对 Ti-PILCs 的影响

烧结气氛一般分为氧化、还原和中性 3 种，在烧结过程中气氛的作用是非常明显的。气氛不仅能够影响表面扩散系数及表面能的大小，从而影响致密化速度，还能抑制 Ti-PILCs 颗粒的成长，使烧结材料颗粒细化，层间结合性能明显改善。对 SLS 烧结纳米材料，特别是有金属相的材料，气氛的作用甚至可以决定烧结的成败。

图 2.2 为 Ti-PILCs 在不同焙烧气氛下的 XRD 图，从图中可以看出，无论在敞开氧化还是密闭中性气氛中，Ti-PILCs 在 600 ℃焙烧后其主峰值 d_{001} = 3.666 nm 始终没有变化，后面的 4 个峰值都发生了不同的变化，尤其第 5 个峰值在氧化氛围下为 3.516 nm，在中性气氛为 3.499 nm，经对峰值进行元素分析，第 5 个峰主要对应氧元素，同时含有少量钛。因此我们推断出，Ti-PILCs 在氧化氛围下焙烧，由于氧充分，从而使焙烧过程中 Ti-PILCs 的物化反应更彻底、更完全；相反，在中性气氛下由于氧气不足，使 Ti-PILCs 在焙烧过程中物化反应不够彻底和完全，故 Ti-PILCs 焙烧比较适合在氧化气氛中进行。

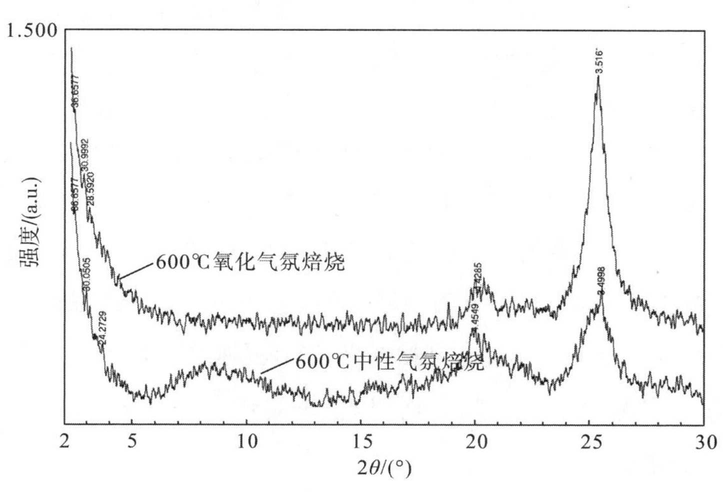

图 2.2　Ti-PILCs 在不同焙烧气氛下的 XRD 图

2.3.3　升温速度对 Ti-PILCs 的影响

图 2.3 为 Ti-PILCs 在 600 ℃焙烧时升温速度不同的 XRD 图。从图中我们可以清楚地看到，曲线 1 的升温速度是 10 ℃/min，此时经焙烧后 Ti-PILCs 的 XRD 图中，主峰 d_{001} = 3.651 3 nm，另一个角度的峰值为 d_{002} = 3.321 8 nm；曲线 2 的升温速度是 15 ℃/min，此时经焙烧后 Ti-PILCs 的 XRD 图中，主峰 d_{001} =

3.657 7 nm,另一个角度的峰值为 d_{002} = 3.296 5 nm;曲线 3 的升温速度是 20 ℃/min,此时经焙烧后 Ti-PILCs 的 XRD 图中,主峰 d_{001} =3.641 2 nm,另一个角度的峰值为 d_{002} =3.268 7 nm。

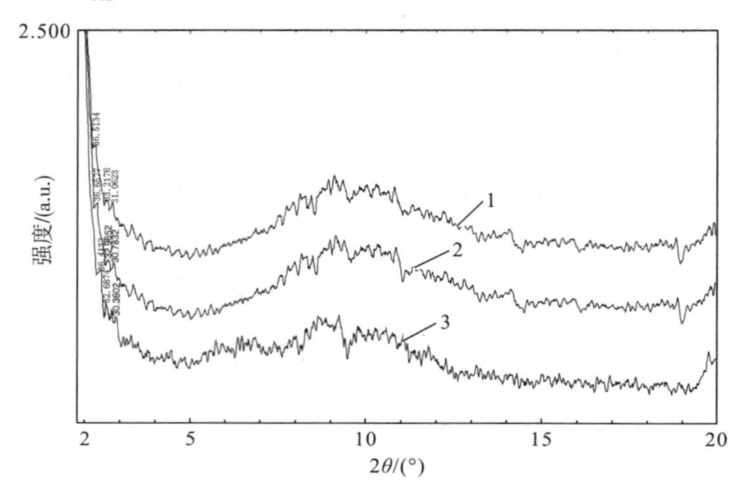

图 2.3 Ti-PILCs 在 600 ℃焙烧时升温速度不同的 XRD 图

1—升温速度 v=10 ℃/min;2—升温速度 v=15 ℃/min;3—升温速度 v=20 ℃/min

因此不难看出,随着升温速度的增加,焙烧后 Ti-PILCs 的 XRD 值初始逐渐增大,当升温速度 v=15 ℃/min 时,Ti-PILCs 的 XRD 值 d_{001} 达到最大;继续增加速度时,Ti-PILCs 的 XRD 值 d_{001} 开始减小,当升温速度增大到 v=20 ℃/min 时,主峰 d_{001} 减小到 3.64 nm,很明显 Ti-PILCs 的焙烧在升温速度为 v=15 ℃/min 时为最佳升温速度。

2.3.4 焙烧时间对 Ti-PILCs 的影响

图 2.4 为 Ti-PILCs 在 700 ℃分别焙烧 1 h、2 h、4 h 的 XRD 图。从图中我们可以清楚地看到,焙烧时间为 1 h 时 Ti-PILCs 的 d_{001} =3.451 nm;焙烧时间为 2 h 时 Ti-PILCs 的 d_{001} =3.577 nm;焙烧时间为 4 h 时 Ti-PILCs 的 d_{001} =3.505 8 nm。通过大量单因素实验得出:随着焙烧时间的增加 Ti-PILCs 的主峰 d_{001} 值由 3.451 nm 逐渐增大,当焙烧时间增加到 2 h,相对应的 Ti-PILCs 的主峰 d_{001} 值

增大到 3.577 nm，继续增加焙烧时间，相对应的 Ti-PILCs 的主峰 d_{001} 值逐渐降低，当焙烧变为 4 h 时 Ti-PILCs 的主峰 d_{001} 值降低到 3.506 nm，从而得出结论，即焙烧时间 t=2 h 时为 Ti-PILCs 的最佳焙烧时间。

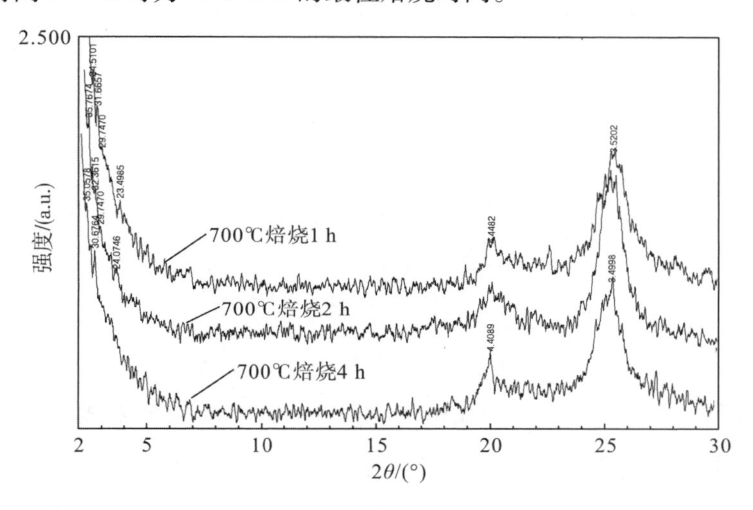

图 2.4　Ti-PILCs 在 700 ℃分别焙烧 1 h、2 h、4 h 的 XRD 图

2.4　焙烧前后的表征分析

2.4.1　Ti-PILCs 的 XRD 分析

图 2.5 为柱撑后 Ti-PILCs 的 XRD 图，从图中我们能明显地看出，柱撑后 Ti-PILCs 的层间距由高纯钠基蒙脱石的 d_{001} = 1.283 nm 撑高到 Ti-PILCs 的 d_{001} = 3.743 nm，由于体系中的钛/土形成以钛为主的大体积的阳离子基团，这些大体积阳离子基团进入精土蒙脱石层间，使得精土蒙脱石层与层的间距变大到 d_{001} = 3.743 nm，聚合羟基钛柱子均匀地支撑着蒙脱石的任何两个层与层之间，从而形成大孔而且稳定的 Ti-PILCs。

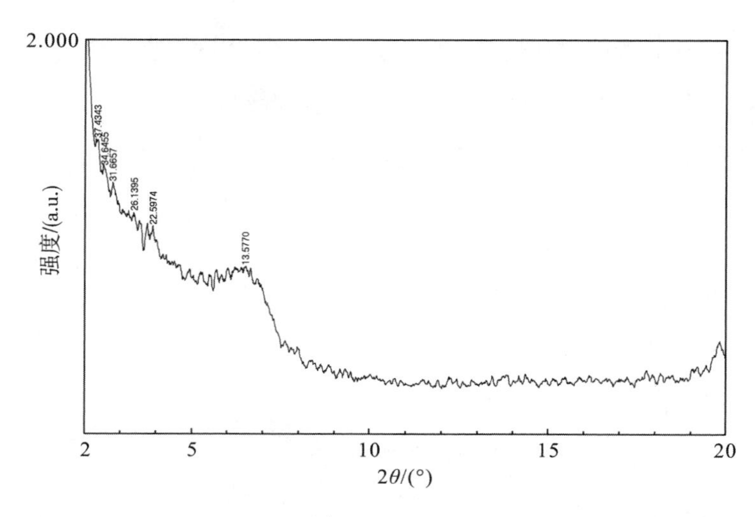

图 2.5　柱撑后 Ti-PILCs 的 XRD 图

图 2.5 进一步验证前面的柱撑实验，钛/土比例决定了阳离子基团交换效果的好坏，而阳离子基团交换的好坏决定了柱撑后主峰（层间距）高低，而钛酸酯水解形成网状结构的钛聚合物，从而使大金属阳离子基团均匀稳定地分布在蒙脱石的层与层之间，从而决定了 Ti-PILCs 材料的稳定性。从图中的峰值最高的 d_{001} = 3.743 nm 对应的峰可知，d_{001} 峰越强，表明蒙脱石层间的大体积阳离子基团柱子分布得越均匀[11]。

图 2.6 为焙烧后 Ti-PILCs 的 XRD 图。结合图 2.5 和图 2.6 可以看到，经焙烧后 Ti-PILCs 材料中，层间距由焙烧前的 d_{001} = 3.743 nm 降低到焙烧后的 d_{001} = 3.383 nm，有明显的降低，其主要原因为焙烧前的 Ti-PILCs 材料的检测是用湿法制片检测，而经过 900 ℃焙烧后用干粉制片来检测，因此，湿法制片是检测 XRD 的最佳制片方案，又因为高温载玻片缺乏，因此我们总结认为高温载玻片缺乏是造成焙烧后 XRD 下降很快的原因之一。

尽管如此，Ti-PILCs 能够在 900 ℃高温煅烧 2 h 而结构不被烧坏，从热稳定来说是非常高的，而且从差热分析来看，估计在 900 ~ 970 ℃焙烧结构也可能不会被烧坏。

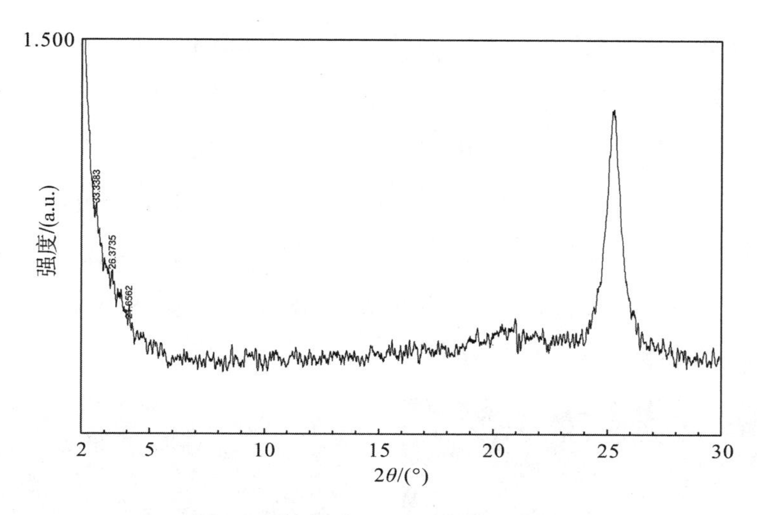

图 2.6　焙烧后 Ti-PILCs 的 XRD 图

在焙烧的过程中，随着温度的升高，Gil 等[12]认为焙烧使蒙脱石内表面与 $[(TiO)_x(OH)_y(H_2O)_z]^{n+}$ 离子间发生脱水反应，结果蒙脱石晶层与交联剂之间生成稳定的 Ti—O—Si 键，从而形成稳定网状结构，进一步决定了 Ti-PILCs 的稳定性。

而后面一个很高的峰出现的原因，可能是在焙烧过程中，由于柱撑蒙脱石纳米复合材料逐渐脱水而使其结构逐渐形成 Ti—O—Si，随着温度的升高，Ti—O—Si 网络状结构逐渐形成，当到达某一温度时，由于 Ti-PILCs 所有的水及羟基全部脱完，其结构相应由焙烧前的离子化合物完全转化为共价键的 Ti—O—Si 聚合网络状结构，根据三轮定位的原理，Ti-PILCs 材料变得非常稳定。

2.4.2　Ti-PILCs 的 SEM 分析

图 2.7 为表面形貌焙烧前后 Ti-PILCs 的扫描电镜图，图(a)中可以模糊地看出未经过焙烧的 Ti-PILCs 出现团聚在一起的现象，这是由于 Ti-PILCs 的表面活性能很大，微粒非常易团聚，导致形成的分散体系不稳定。从下面扫描电镜图像可以观察到 Ti-PILCs 颗粒有层剥离现象[13]，这可能是因为聚合羟基钛离子经离子交换进入蒙脱石的层中间，撑大蒙脱石层间距离，破坏了蒙脱石的层

状结构，使其剥离成更细的颗粒，但剥离后的 Ti-PILCs 仍保持一定的层状结构，但是片层数已减少，片层间距增大，这表明柱化剂已经成功地交换到蒙脱石片层之间。从图(b)可以看出经 700 ℃焙烧后，颗粒团聚长大。这可能是因为有机物在焙烧过程中快速挥发脱出，使无机骨架没有足够时间均匀收缩以形成较高强度的 Ti-PILCs，造成孔径分布不均。而从比表面分析我们也可以看出，Ti-PILCs 经焙烧后，颗粒间进一步团聚，这主要是由于粒子比表面很大，表面能较高，微粒趋于团聚而降低表面能。

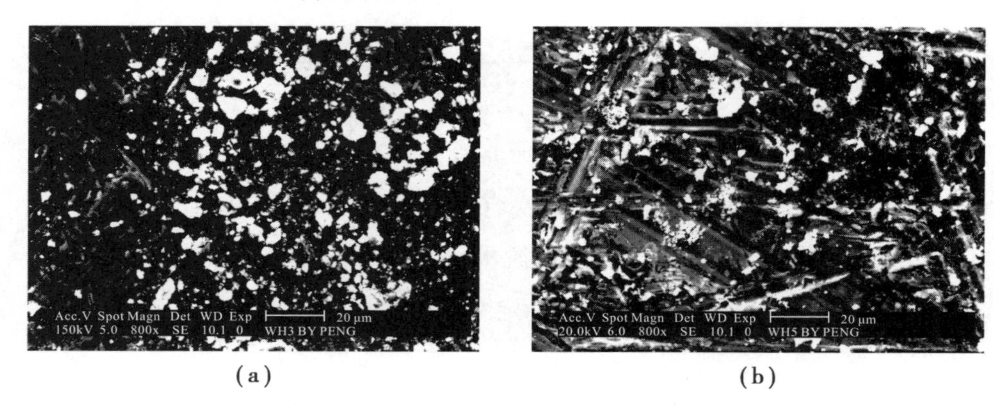

图 2.7　表面形貌焙烧前后 Ti-PILCs 的扫描电镜图

2.4.3　FT-IR 检测结果分析

图 2.8 为钠基蒙脱石、Ti-PILCs 和 Ti-PILCs(700 ℃、2 h)的 FT-IR 图谱。图中曲线(a)的 3 622.91 cm^{-1}、3 443.93 cm^{-1} 分别为蒙脱石结构中羟基振动和层间所吸附自由水及微量残余有机物基团的伸缩振动所引起，1 033.24 cm^{-1}、466.04 cm^{-1} 则分别为钠基蒙脱石四面体 Si—O—Si 的面内对称伸缩振动和 Si—O 弯曲振动所引起，915.55 cm^{-1} 归属于蒙脱石八面体层 Al—O(OH)—Al 的对称平移振动；曲线(b)中，经交联后 Ti-PILCs 的波数下降了 7 cm^{-1}，结构羟基振动迁移到 3 615.50 cm^{-1} 趋于消失，层间自由水及微量残余有机物基团的伸缩振动移到 3 396.29 cm^{-1}，波数也下降了 7 cm^{-1}，而 Al—O(OH)—Al 的对称平

移振动则移到913.13 cm^{-1} 处，波数下降了 2 cm^{-1}，同时出现了代表 Ti—O—Si 不对称的振动峰1 036.21 cm^{-1}[14]；曲线(c)中，700 ℃焙烧后 Ti-PILCs 的层间水伸缩振动消失，Al—O(OH)—Al 平移振动也基本消失，Ti—O—Si 的振动峰移到1 045.36 cm^{-1}，波数上升了近8 cm^{-1}，并出现了代表 Ti—O 键的振动峰465.65 cm^{-1}、472.63 cm^{-1}。

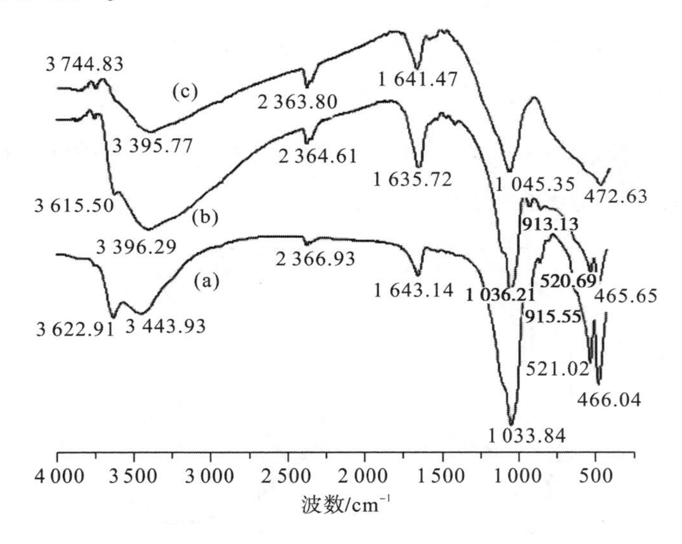

图2.8　钠基蒙脱石、Ti-PILCs 和 Ti-PILCs(700 ℃、2 h)的 FT-IR 图

以此红外图谱参照 XRD 的谱峰进行分析，可以推断在 Ti-PILCs 的合成中，钛交联剂与蒙脱石结构羟基发生了交联反应合成了 Ti-PILCs，同时经 700 ℃焙烧后形成网络状的聚合 Ti-PILCs 催化材料且物化性能相当稳定。

2.4.4　TG-DSC 检测结果分析

图2.9为高纯钠基蒙脱石的 TG-DSC 图谱，图2.10为 Ti-PILCs 的 TG-DSC 图谱。从图2.9可以看出，蒙脱石黏土在25～1 000 ℃存在3个明显的失重过程，第一个发生在约200 ℃以前，属于蒙脱石脱层间吸附水的失重行为，这是由于蒙脱石层间吸附的物理水、空气脱附和正丁醇吸热所致，失重量与沉淀干燥情况有关；第二个过程约从200 ℃开始到490 ℃结束，TG 曲线所对应的吸热峰

由于 Ti-PILCs 进一步脱去结晶水所引起,第一过程和第二过程总的失重约占 6.37%;第三过程从 490 ℃左右开始,到 810 ℃左右基本完成,中心位于 640 ℃,失重为 3.72%,这主要是蒙脱石的结构羟基脱羟所致。形成多孔材料后,蒙脱石的层间吸附水过程与黏土脱羟过程界限已变得十分模糊,整个失重过程接近 800 ℃即已基本完成,累计失重 17.99%,明显高于高纯蒙脱石的总失水量(10.09%),这说明蒙脱石在经交联柱化后,Ti-PILCs 中含有更多的羟基,即层间存在大量的聚合羟基阳离子。Ti-PILCs 的失重不仅为蒙脱石层间的吸附水和结构羟基的损失,还包含钛交联剂部分脱羟形成氧化物柱子的质量损失以及有机物在高温下的分解挥发。

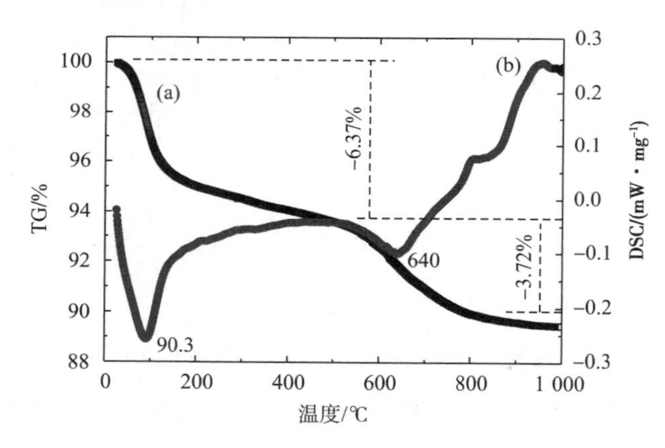

图 2.9 高纯钠基蒙脱石的 TG-DSC 图

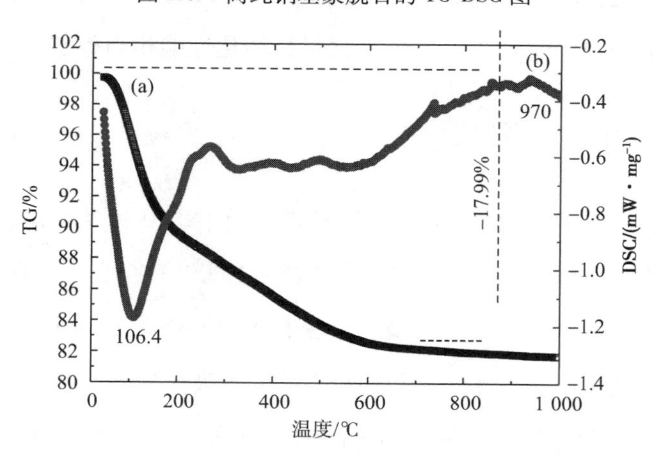

图 2.10 Ti-PILCs 的 TG-DSC 图

从图2.9的DSC曲线可以看出，钠基蒙脱石在90.3 ℃附近的吸热峰属于蒙脱石脱层间吸附水的热效应，640 ℃附近的吸热峰为脱羟基所致，而在图2.10中Ti-PILCs的DSC与钠基蒙脱土的基本相似，但骨架脱羟吸热峰已不明显，且层间脱水峰顶温度稍微后移，为106.4 ℃。DSC曲线上490～640 ℃处的放热峰，表明了Ti-PILCs开始由晶相在发生转变，TG曲线上对应着较少的失重是由于晶相转变而继续失去结构水而引起的；640 ℃以后Ti-PILCs继续晶化，没有较明显失重，到800 ℃时Ti-PILCs晶相已完全发生转变。另外，Ti-PILCs在970 ℃附近有一个小的吸热峰，可能是TiO_2柱倒塌损耗热量所致，除此之外，其他地方均未出现明显的变化，可以说明所形成多孔材料的热稳定性较好，在970 ℃以前比较稳定。

2.4.5　TEM检测结果分析

图2.11(a)(b)分别为Ti-PILCs焙烧700 ℃后放大25 000X和150 000X的TEM图，图中非常黑的部分是网状物的网丝，而黏在网丝上的发白边缘是焙烧700 ℃的Ti-PILCs，从焙烧700 ℃后的Ti-PILCs的形貌可以观察到Ti-PILCs骨架按层状较为均匀地排列着，其层间距仅为几个纳米，如图2.11(b)中标出这几个层的总厚度为12.4 nm，在层间均匀存在一些黑色的小点，支撑着层与层，

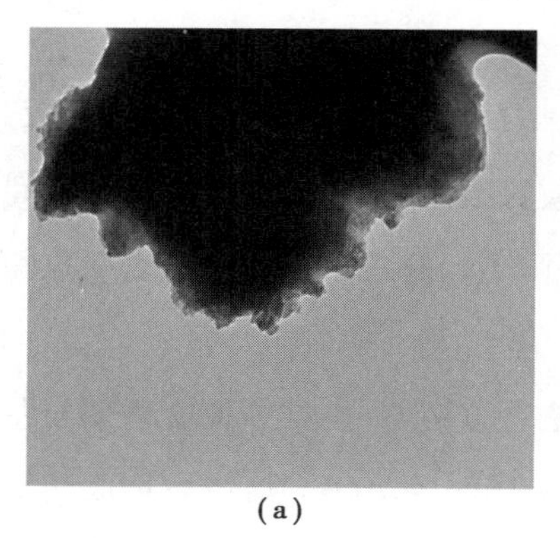

(a)

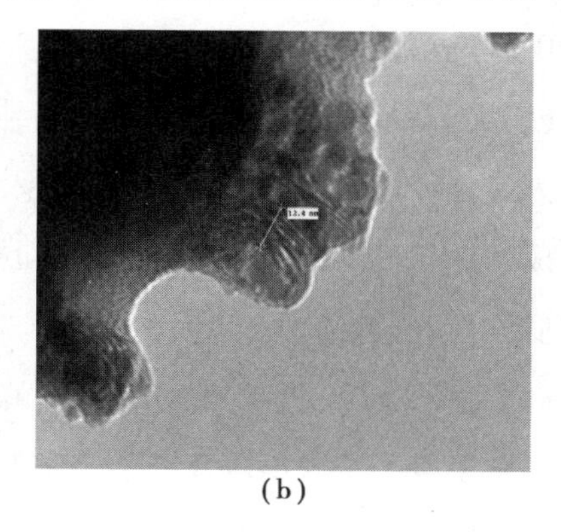

(b)

图2.11　Ti-PILCs焙烧700 ℃的TEM图

结合 X 射线衍射谱,可以推断,此小黑点为聚合羟基钛离子,经高温焙烧后晶型转变为锐钛矿结构的 TiO_2,在 Ti-PILCs 基质中锐钛矿结构的 TiO_2 无聚集,分散性仍很好,上述表明 Ti-PILCs 焙烧 700 ℃后结构稳定,交联柱子 TiO_2 均匀地分布在 Ti-PILCs 的层间支撑层与层,层与柱子 TiO_2 间按 Ti—O—Si 键紧密结合在一起形成孔径及柱子均匀分布的高热稳定性 Ti-PILCs 材料。

2.4.6 小结

(1)通过柱撑得到的 Ti-PILCs 层间距 d_{001} 超过 3.743 nm,经 TG-DSC 分析得出柱撑得到 Ti-PILCs 热稳定性超过 900 ℃,热稳定性良好。

(2)随着焙烧温度的升高,Ti-PILCs 的 d_{001} 由 3.743 nm 下降到 3.383 nm,继续升高温度 Ti-PILCs 的层间距保持不变,说明 Ti-PILCs 羟基已经全部脱完并且形成 Ti—O—Si 聚合网络状结构的稳定材料。

(3)焙烧中,在 800 ℃前随着温度的升高,Ti-PILCs 的 d_{001} 由 3.743 nm 逐步下降,800~900 ℃时 Ti-PILCs 的 d_{001}=3.383 nm 保持不变。

(4)升温速度 v=15 ℃/min 为最佳焙烧速度,此时 d_{001}=3.651 3 nm。随着升温速度由 v=10 ℃/min 逐步升高到 v=15 ℃/min,Ti-PILCs 的层间距 d_{001} 相应由 3.651 3 nm 升高到 3.657 7 nm,继续把升温速度提高到 v=20 ℃/min,Ti-PILCs 的层间距 d_{001} 相应由 3.657 7 nm 下降到 3.641 3 nm。

(5)经扫描电镜分析可以看出,高纯钠基蒙脱石被剥离成更细的颗粒,可能是因为聚合羟基钛离子经离子交换进入蒙脱石的层中间,撑大蒙脱石层间距离而造成的;而焙烧后 Ti-PILCs 由于表面能降低,颗粒团聚增大,比表面积和层间距降低。

(6)对 FT-IR 图谱参照 XRD 的谱峰进行分析,可以推断钛交联剂与蒙脱石结构羟基发生了交联反应合成了 Ti-PILCs,同时经 700 ℃焙烧后形成网络状的聚合 Ti-PILCs 催化材料且物化性能相当稳定。

(7)TG-DSC 检测分析图进一步证明:钛交联剂与蒙脱石结构羟基发生交联

反应合成了 Ti-PILCs,同时形成的多孔材料热稳定性较好。

2.5　Ti-PILCs 孔径分布和形成机理

2.5.1　Ti-PILCs 的孔径分布

比表面积、孔及孔径的分布都是评价 Ti-PILCs 的重要的指标,比表面积的大小、孔径及孔的分布决定了催化剂材料的催化活性,甚至可能导致整个催化反应活化能和反应级数的变化;在作为吸附剂材料时,决定了吸附材料吸附性能的好坏。众所周知,就催化材料而言,如果比表面积越大、孔径及孔分布越均匀,空隙越小,则催化活性和吸附性能就越强,因此比表面积、孔及孔径的分布对 Ti-PILCs 的物理化学性能以及在其上面进行的物理化学过程具有十分重要的影响。

本实验的样品在美国康塔电子仪器公司生产的 Omnisorp100CX 型比表面与孔隙率分析仪(物理吸附仪)上测定孔径。He 为载气,样品事先在加热(120 ℃)条件下经 He 气流吹扫以除尽表面吸附水,300 ℃脱气 3 h 后,77 K 下进行氮气的吸附,其中比表面采用连续流动色谱法测定,采用 BET 法计算;采用双气路色谱法测定样品的全程吸附等温线后,以圆筒孔等效模型通过计算机程序计算孔径分布。

2.5.2　Ti-PILCs 的吸附理论

氮气在 Ti-PILCs 上的吸附以物理吸附为准,主要靠分子间的范德瓦耳斯力,吸附量的大小主要取决于表面积。在吸附中主要有两个方面的问题:一是吸附量如何随着气体压力而变化;二是吸附分子在表面上的行为。因此,吸附量的大小除取决于固体本身的性质外,还取决于固体的比表面积和孔的结构。

固体 Ti-PILCs 对气体的物理吸附是范德瓦耳斯力造成的,又因为分子之间也有范德瓦耳斯力,所以当气体分子碰撞在已经被吸附的分子上时,也有可能被吸附,在多层分子吸附的第二层及以上各层中分子的蒸发-凝聚性质与其液体一样,进一步说明将第二层以上的各层看成液体是一种合理的近似。图 2. 12 为半径为 r 的圆筒毛细孔的多孔固体的理想吸附等温线。

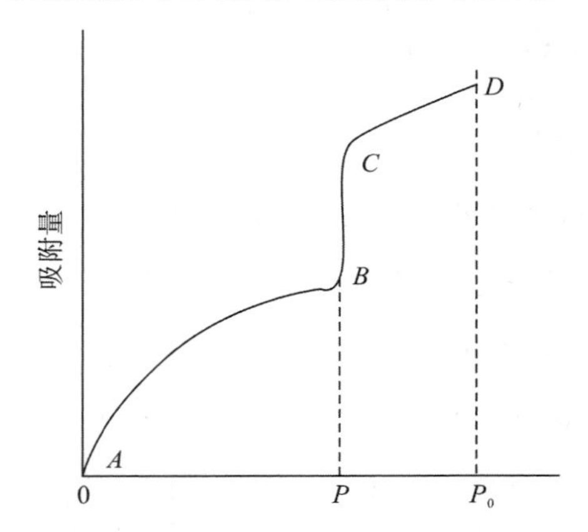

图 2. 12　半径为 r 的圆筒毛细孔的多孔固体的理想吸附等温线

设多孔固体的孔都是一段开口半径为 r 的圆筒,r 的大小在中孔范围,因此可用 Kelvin 公式,同时液体对孔壁是完全润湿的,这样吸附等温线如图 2. 12 所示。

从图 2. 12 中可以看出,图中 AB 段代表低压下的吸附,可以用 Langmuir 公式或 BET 公式表示,通常认为在 AB 段固体如果有微孔的话将会被吸附分子填满。当压力达到 P 时就会发生毛细凝聚,这时 r 与 P 的关系服从下面公式:

$$\ln \frac{P}{P_0} = -\frac{2V\gamma}{(r-t)RT} \tag{2.1}$$

式中,P 为吸附气体的平衡蒸气压;P_0 为吸附气体的饱和蒸气压;r 为临界孔半径;t 为孔壁吸附层厚度($t \ll r$);V 为吸附气体的摩尔体积;γ 为吸附气体表面张力;R 为常数;T 为温度。

因孔的大小是一样的,故在 P_0 处等温线垂直上升;在 Ti-PILCs 中由于这一垂直上升的 BC 段不明显,这说明 Ti-PILCs 中微孔相当少,而当相对压力 P/P_0

增加到0.4时，吸附上升趋势变缓和，变成逐渐上升，表明在Ti-PILC中存在大量的孔径2～4 nm的中孔，在Ti-PILC中发生了多层吸附，并产生了凝聚现象。

2.5.3　孔径分布计算的方法及发展

早在1914年Anderson就曾用Kelvin公式自吸附等温线数据估算过吸附剂毛细管的大小，得到正确的数量级，但在测孔径的分布时由于没考虑吸附作用本身对吸附量的贡献，因此所得结果在定量上并不正确。

Wheeler[15]同时考虑毛细凝聚与多层吸附，将孔径的计算方法做了重要的改进，她假定在脱附支线上的任何一点的吸附量是两部分贡献之和，一是小于此压力相对应的半径的孔中充满的凝聚液体，二是大于此半径的孔的孔壁上有厚度为t的多分子吸附层，由于有未被液体填充的孔的孔壁上有厚度为t的吸附层，因此Kelvin公式所涉及的半径r并不是真正的孔半径，而应该是$r-t$。此外，还应该考虑t是压力函数。

Dollimore和Heal提出简化计算方法，并利用Halsay公式$\ln P/P_0=-B/\Gamma^n$计算出所需要的t值。但现在更趋向于使用多孔固体相近的非孔性固体的吸附等温线，以求得不同压力下孔壁的t值。

严继民和张启元[16]发展了一种在某种程度上不依赖于孔模型的所谓“无模型”法，是近年来一个有意义的进展。

为了利用Kelvin方程来测毛细凝聚现象中孔径的大小及分布，我们将气态的氮转化为液态的氮，在液氮温度下测定Ti-PILCs对氮的吸脱附等温线，可以计算Ti-PILCs的孔径分布。通常固体的孔隙可以视为许多一端开口的、半径不同的圆筒形毛细孔，在液氮温度下圆筒形毛细孔对氮气的吸附和凝聚视为毛细管的作用，当达到某组孔径相应的临界相对压力时，便会发生毛细管凝聚现象。

根据Kelvin方程：

$$\ln P/P_0=-2\gamma V_L\cos\varphi/(r_K RT) \tag{2.2}$$

将式(2.2)变形得

$$r_K = -2\gamma V_L \cos\varphi / [RT\ln(P/P_0)] \tag{2.3}$$

$$r = r_K + t \tag{2.4}$$

式(2.3)和式(2.4)中,r_K 为材料的孔半径;V_L 为凝聚液的摩尔体积;r 为临界孔半径;γ 为凝聚液表面张力;φ 为气液接触角;t 为孔壁吸附层厚度。

由于液氮温度下 T=77.3 K,V_L=34.65 mL/mol,γ=8.85×10^{-5}N/cm,φ=0°,而 R=8.315×10^{-7}J/(K · mol),则式(2.3)可化为

$$r_K = -4.14(\log_{10}P/P_0)^{-1} \tag{2.5}$$

对于氮吸附质,Halsey 方程可写成:

$$t = -5.57/(\log_{10}P/P_0)^{-1/3} \tag{2.6}$$

式(2.4)和式(2.5)便是计算孔径分布的基本关系式。根据这些基本关系式,若假设:ΔV_i 为第 i 组孔的体积(mL/g),Δv_i 为第 i 次脱附及解除凝聚释放出吸附质的量(换算为液态体积,mL/g),P_i/P_0 为第 i 次脱附及解除凝聚时对应的相对压力,r_i 为临界半径,t_i 为对应于相对压力 P_i/P_0 的吸附层厚度,则:

$$R_i = \left(\frac{\bar{r}_i}{\bar{r}_i - \bar{t}_i}\right), \bar{r}_i = \frac{1}{2}(r_{i-1} - r_i), \bar{t}_i = \frac{1}{2}(t_{i-1} + t_i), \Delta t_i = -t_i$$

则可推导出一个便于实际应用的孔径分布计算公式:

$$\Delta V_i = R_i\left(\Delta v_i - 2\Delta t_i \sum_{j=1}^{i-1} \frac{1}{\bar{r}_j}\Delta v_i + 2\bar{t}_i \Delta t_i \sum_{j=1}^{i-1} \frac{1}{\bar{r}_j^2}\Delta v_i\right) \tag{2.7}$$

式中,i=1,2,3,…。式(2.7)是一个递推公式,式中 r_i 可以按预定要求编组,Δv_i 可以从实验测定的吸脱附等温线获得,其他如 R_i、Δt_i 等项可事先计算成表,便可以通过逐项计算求得孔体积 ΔV_i,从而得到样品的孔径分布。

2.5.4 Ti-PILCs 焙烧前后孔径分布特征探讨

图 2.13 为 Ti-PILCs 的吸附-脱附曲线,从吸附等温线可见,随着相对压力 P/P_0 从零开始增加时,Ti-PILCs 吸附量急剧上升,且吸附-脱附线不重合(存在

明显的吸附滞后现象)，此分压段从文献[16]所知，主要对应于材料的中孔结构，反映出 Ti-PILCs 结构中除含有 2 nm 以下的微孔外，还含有大量的 2 ~ 4 nm 的中孔，说明吸附空间虽然可以容纳多层吸附，但不是无限的，故当相对压力 $P/P_0 \to 1$ 时吸附量趋于饱和值，这个饱和值相当于吸附剂的孔充满了吸附质液体，从而可以求出吸附剂的孔体积。因此，图 2.13 的等温线应属于第Ⅳ类。当发生多层吸附时，小孔内同时发生毛细孔凝聚，使吸附量急剧增加，一旦小孔被填满，吸附量便极其缓慢地增加，并出现一平台，图中吸附等温线平台不太明显，表明微孔含量较少。当相对压力增加到 0.4 以上时，吸附量的上升趋势变缓和，表明试样中存在大量 2 ~ 4 nm 的中孔。

图 2.14 为焙烧后 Ti-PILCs 的吸附-脱附曲线，将图 2.13 和图 2.14 相对照分析并利用 BET 法计算可知，Ti-PILCs 的比表面积由焙烧前的 409.1 m^2/g 下降到焙烧后的 374.3 m^2/g，而临界孔半径 r 由焙烧前的 2.775 nm 增加到焙烧后的 3.185 nm。

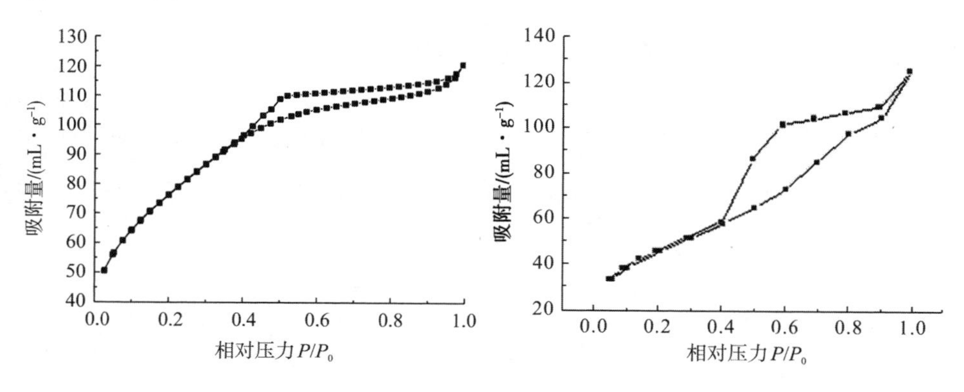

图 2.13　Ti-PILCs 的吸附-脱附曲线　　图 2.14　焙烧后 Ti-PILCs 的吸附-脱附曲线

由图 2.15 知，Ti-PILCs 的孔径分布曲线呈现不规则的几个小峰，主要为集中在 3 ~ 4 nm 的中孔，4 nm 附近的峰是原土蒙脱石的堆砌孔道，3.6 nm 附近的峰则使交联柱撑形成中孔，2.5 nm 附近的峰也是交联形成的孔道。这 3 种类型的孔道在材料中占很大比例，且呈最可几分布。

图 2.16 为焙烧后 Ti-PILCs 的孔径分布曲线，孔径主要为集中在 3 ~ 5 nm

的中孔,而孔的临界孔半径 r、在 4 nm 处的堆砌孔道都略有增大,主要是因为在焙烧过程中 Ti-PILCs 脱去水分的缘故。由上述分析进一步证实 Ti-PILCs 材料中存在大量的中孔,孔的体积已大大提高,热稳定性很好。

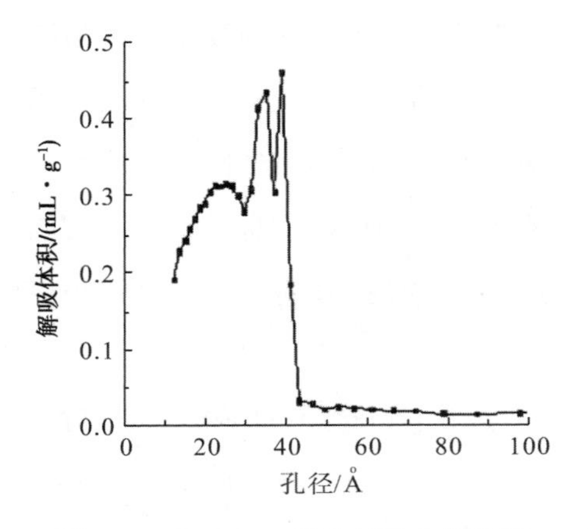

图 2.15 Ti-PILCs 的孔径分布曲线图

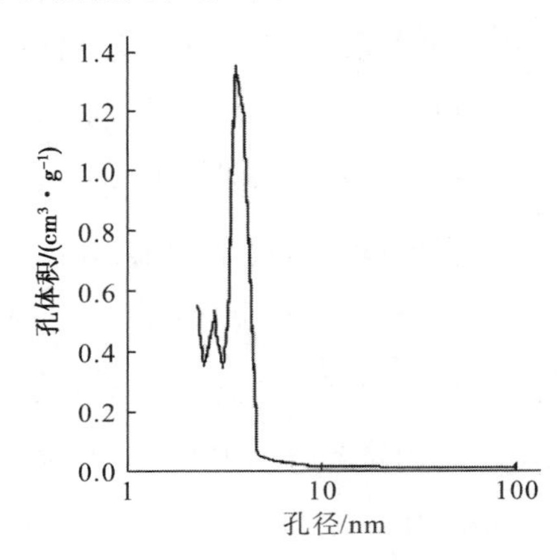

图 2.16 焙烧后 Ti-PILCs 的孔径分布曲线

2.5.5 影响 Ti-PILCs 孔结构特征的因素

表 2.2 是根据实验的吸脱附等温线数据采用计算机编程计算出的一些多孔黏土材料的孔体积、比表面及 XRD 所测的材料晶面间距 d_{001} 结果。

表 2.2 Ti-PILCs 的孔体积、比表面及晶面间距

样品	V_p^a /(mL·g^{-1})	d_{001}/nm				D/nm		S^d/(m^2·g^{-1})	
		60 ℃^{b}	500 ℃^{c}	700 ℃^{c}	900 ℃^{c}	25 ℃^{b}	700 ℃^{c}	60 ℃^{b}	700 ℃^{c}
Na-MTS	0.083	1.28				7.65	9.10	31.6	
Ti-PILCs	0.187	3.74	3.69	3.58	3.34	2.94	3.86	409.1	362.5

注:a. 孔体积;b. 室温;c. 煅烧温度;d. 比表面积。

1)柱撑中影响 Ti-PILCs 孔结构特征的因素

Ti-PILCs 的孔结构、孔径分布和吸附性能受到许多因素的影响,其中交联剂的种类主要制约材料的层间开孔大小，即 Ti-PILCs 的孔径大小，而其孔结构的规则性、孔径分布状况等则主要受交联剂水解特点、水解过程等交联剂制备条件及材料合成技术的影响，因而制备一定孔结构和孔径分布的 Ti-PILCs 必须选择合适的交联剂，并控制相应的材料合成条件，特别是交联物的水解过程等合成条件。

其次，干燥方法对 Ti-PILCs 的孔结构也有重要影响。Ti-PILCs 的干燥方法有空气干燥、冷冻干燥和喷雾干燥等。事实上，选择干燥絮凝黏土的方法比选择交联剂和黏土的层电荷对最终产品的孔结构具有更重要的意义。由于条件的限制，我们没有做这一方面的深入研究，在实验中，均采用 60 ℃空气干燥，结果较为理想。

2）焙烧中影响 Ti-PILCs 孔结构特征的因素

在焙烧的过程中，随着温度的升高柱撑的 Ti-PILCs 开始脱水，在 200 ℃时自由水和吸附水基本上完全脱除，当温度升高到 400 ℃时层间水也脱完，然后开始脱结晶水，从焙烧 XRD 图中我们清楚看到，800 ℃时结晶水已经完全脱除，因此随着温度进一步升高，Ti-PILCs 的层间距已在逐步降低，当温度升高到 800 ℃，再继续升高温度对纳米复合材料的层间距变化影响不大，如在 800 ~ 900 ℃段 Ti-PILCs 的层间距 $d_{001}=3.383$ nm，但是当温度升高到 970 ℃以上时，纳米复合材料的结构就会被完全破坏，因此适当的温度是保证 Ti-PILCs 孔结构稳定、孔径分布的重要因素。

在 Ti-PILCs 焙烧中升温速度是至关重要的，当升温速度太慢时，耗费时间长、耗电量大，严重影响生产的经济效益，同时焙烧的产品层间距、孔径分布、热稳定性和吸附性都达不到良好效果；相反，当升温速度过快时，Ti-PILCs 还未来得及预热就经受高温，使其结构被烧坏、柱子被烧塌。因此，经大量焙烧实验得出只有当升温速度在 15 ℃/min 左右（波动范围小于 1 ℃）时烧结的 Ti-PILCs 材料是最理想的。

2.6 Ti-PILCs 焙烧形成机理及晶粒增长对策

2.6.1 Ti-PILCs 焙烧理论模型

在烧结 Ti-PILCs 中纳米晶粒的生长可通过阻止晶粒边界的迁移来实现,如在纳米材料中增加第二相物质来降低驱动力粒子生长的热驱动力(thermo dynamic driving for grain growth),减少边界的可动性,从而降低粒子边界的迁移能力[17]。根据李景新等[18]的研究,不断向 Ti-PILCs 中加入第二相物质可以有效降低纳米复合材料中晶粒的生长能力,Ti-PILCs 压实后的粒子之间的微孔同样具有限制粒子在烧结过程中长大的作用。在 Ti-PILCs(Ti-PILCs)中,单晶的纳米粒子表面张力的作用使纳米晶粒相互吸附在一起,形成了比较大的团聚颗粒(agglomerates/aggregates),烧结之后,这些团聚颗粒不再是纳米尺寸的粒子组合,同时它也会使烧结温度提高,晶粒生长加快。关于此方面的机理还有待研究。

关于 Ti-PILCs 的烧结理论[19],Brook 的晶粒增长的理论在实践中得到了应用和验证。Brook 晶粒生长动力学模型在等温过程中可表示为

$$D^n - D_0^n = Kt \tag{2.8}$$

式中,D 和 D_0 分别为 t 时刻和 0 时刻的晶粒尺寸;n 和 K 为常数,$n=1\sim4$(根据不同的情况),$K=A\exp[-Q/(RT)]$,A 是与原子跃迁有关的比例常数,Q 是晶粒生长的表面激活能(activation energy),R 为气体常数,T 为绝对温度。

纳米复合材料在通常的烧结中,微孔要比材料尺寸收缩(critical size shrink)小得多;相比而言,较大的微孔生长需要更多的扩散能量(diffusion)来排除(如更高的温度或更长的烧结时间)。根据与微孔尺寸有关的烧结动力学,Mayo[20]简化了纳米烧结理论:

$$\frac{1}{\rho(1-\rho)}\left[\frac{\mathrm{d}\rho}{\mathrm{d}t}\right] \propto \frac{1}{\sqrt[\frac{2}{n}]{d}}\frac{1}{r}\exp\left[\frac{-Q}{RT}\right] \tag{2.9}$$

式中，ρ 是烧结材料的密度；d 是粒子的尺寸；n 是与烧结机理有关的常数，$n=1\sim4$；r 是微孔半径；Q 是晶粒生长的表面激活能；R 为气体常数；T 为绝对温度。

目前，对纳米复合材料烧结模型的分析，都是建立在平衡烧结模型的基础上。而目前应用的纳米复合材料的烧结方法实际上是非平衡的，因此建立纳米复合材料烧结非平衡的烧结模型理论是烧结理论分析的方向。

2.6.2　焙烧 Ti-PILCs 形成机理

基质蒙脱石与交联剂如何交联柱化是交联蒙脱石材料形成的关键。交联机理的确定对于制备出优质的交联蒙脱石材料具有很重要的指导作用。交联剂进入黏土层间，在未焙烧前与黏土之间只存在简单的静电引力，但对于焙烧中结构及机理变化，现在学者持有两种不同的意见。一种观点[21]认为焙烧后黏土层与柱子之间不反应，柱子脱水后由两者之间的内聚力结合；另一种观点[4]认为高温焙烧后，黏土的部分硅氧四面体发生翻转，由 Hofmann 结构转为 Edelman 结构，发生翻转的硅氧四面体与交联柱子发生脱羟基反应，形成 Si—O—M（M 为金属原子）共价键，从而使多孔性网络结构得到稳定。柱子与黏土之间的化学键变化主要是根据交联黏土的 MAS-NMR 和 IR 光谱数据所得的结论。戴劲草等[22]通过研究 ^{29}Si 和 ^{27}Al MAS-NMR 谱线认为 Al^{13} 交联贝得石（含 Al）经焙烧后四面体 Al 翻转与柱子上的八面体 Al 连接，从而形成稳定的“层柱”结构。这种重排可以解释 ^{29}Si 谱中 Si—O—Al 谱线强度不变而谱线位置因环境变化而略有位移。通过实验现象和检测结果表明：基本上与第二种观点吻合。目前这一方面的研究工作仍在深入地进行。

焙烧交联蒙脱石是为了考察其热稳定性。焙烧时，蒙脱石层间发生了复杂的化学反应。Robert 等认为钛交联剂焙烧时发生以下反应：

$$[(TiO)_x(OH)_y(H_2O)_z]^{n+} \rightarrow TiO_2 + H_2O + H^+ \tag{2.10}$$

交联蒙脱石层间的交联物经焙烧后，焙烧前的$[(TiO)_x(OH)_y(H_2O)_z]^{n+}$离子转变为$TiO_2$，使交联蒙脱石的层间具有更好的微孔结构。郝玉芝等[23]认为焙烧使蒙脱石内表面与$[(TiO)_x(OH)_y(H_2O)_z]^{n+}$离子间发生脱水反应，结果蒙脱石晶层与交联剂之间生成稳定的 Ti—O—Si 键。戴劲草和黄继泰[24]认为焙烧时，蒙脱石四面体层中一些由于交联剂脱氢而活性增加的铝氧四面体发生倒置，通过顶端氧原子与交联剂生成 Al—O—Ti 键。

焙烧交联蒙脱石除考察其热稳定性外，还有就是为了获得多孔状物质。交联蒙脱石的微孔结构由层间距与柱间距来表征。层间距取决于交联剂分子的高度和化学性质；柱间距主要与层间交联剂数量、层间电荷密度与分布，以及交联剂分子尺寸有关。层间距与柱间距可以通过焙烧来改变[25]。

Ti-PILCs 经焙烧后，孔体积和比表面积均变小，这与交联剂的脱水反应有关；而 Bahranowski 等[26]认为在焙烧过程中，钛交联剂的结构和位置均发生变化，重新排列，导致生成更多均匀的微孔或中孔结构。比表面积减小的原因一方面是因为交联剂的结构发生变化，交联剂分子高度变小；另一方面是因为 Si—O—Ti 键中 Ti 的水解和蒙脱石结构的改变破坏了交联蒙脱石的稳定性。

2.6.3 焙烧中控制 Ti-PILCs 焙烧中晶粒生长的对策

Ti-PILCs 粉末的烧结过程是指按机械和物理方式毗邻的微粒组成的物质向致密体转化的过程，即表面自由能减小的过程。根据烧结的基本规律，在 Ti-PILCs 粉末固相烧结中，固相烧结通过减少烧结体的比表面积来降低烧结体的表面能。利用比表面积减小引起的表面自由能减少的关系可用式(2.11)表示：

$$\Delta F_s = \sigma \Delta A = \frac{3\sigma M}{\rho}\left[\frac{1}{r} - \frac{1}{R}\right] \tag{2.11}$$

式中，F_s 为表面自由能的变化量；σ 为材料的比表面能；ΔA 为表面积的变化；ρ 为物质的密度；M 为物质的分子量；r 为烧结前粉末颗粒的半径；R 为烧结后粉末颗粒的半径。

根据式(2.11)计算可知,粒径为10 nm的粒子烧结长大为30 nm的粒子所减少的表面能只能使0.5 nm的粒子烧结长大为0.51 nm,即表明固相烧结时相同的能量更容易使大颗粒发生较明显的晶粒增长,小颗粒的增长相对较难。

在焙烧中,克服颗粒的团聚,使其充分地均匀混合是获得高性能Ti-PILCs的前提,控制Ti-PILCs在烧结中晶粒的生长是烧结过程的关键。目前主要的方法有:对烧结过程施加外力,即施压;在纳米材料中加入第二相物质;利用快速烧结抑制纳米晶粒生长。

1)烧结施压法

烧结施压法(use of applied pressure)是通过施加外部的压力,并没有改变纳米晶粒的可动性和纳米晶粒生长的速率,而是通过使Ti-PILCs材料致密化的驱动力(driving force for densification)加大,导致纳米材料烧结速率的加快。快速烧结是以极高的升温、降温速率和很短的保温时间,来减少Ti-PILCs纳米晶粒在烧结过程中的生长。根据实验结果分析获得:在无压力烧结中,表面激活能与纳米材料晶界扩散激活能相近;在热压烧结中,由于外压对扩散的促进作用,激活能比无压力烧结更低;在超高压烧结中,激活能大幅度降低,使烧结温度大大降低。Ti-PILCs的烧结应力(sintering stress)可以表示为

$$\sigma_s = \frac{2Q}{r} + \sigma_a \tag{2.12}$$

式中,σ_s是总的烧结应力;Q是表面激活能;σ_a是施加的静压应力(hydrostatic stress);r为微孔半径。

2)快速烧结的方法

快速烧结是以极高的升温、降温速率和很短的保温时间,来减少纳米晶粒在烧结过程中的生长。快速烧结一般在梯度炉中进行,如快速热压烧结。现在也发展了许多新的方法,如微波烧结和放电等离子烧结(spark plasma sintering,SPS)。

3)在纳米相中加入第二相物质

在 Ti-PILCs 的焙烧中,由于纳米粉末中颗粒数量多、比表面积大,表面自由能大,在烧结过程中易发生粗化,因此抑制晶粒长大是 Ti-PILCs 粉末烧结的关键所在。加入的第二相物质,在纳米材料的晶界中起到隔离晶粒边界的作用,抑制纳米晶粒增长,具体的机理有待研究。

2.7 小结与展望

2.7.1 结论

通过大量的实验研究探讨,在大量实验数据的基础上,得到以下结论:

(1)以高纯钠基蒙脱石(d_{001}=1.283 nm)为基质,醇钛[$Ti(n\text{-}C_4H_9O)_4$]为钛源,在钛/土=20 mmol/g,H/Ti=2.0 mol/mol,[HCl]=5 mol/L 条件下,室温交联可制得层间距 d_{001}=3.743 nm 的大孔结构 Ti-PILCs,且比表面积可达 $S_{60\,℃}$=409.1 m^2/g,$S_{500\,℃}$=374.3 m^2/g,$S_{700\,℃}$=362.5 m^2/g,在 900 ℃前热稳定性良好,与国内目前的新水平($S_{60\,℃}$=351.0 m^2/g,$S_{300\,℃}$=350.4 m^2/g,$S_{500\,℃}$=348.8 m^2/g)相比,均有较大的提高。

(2)随着焙烧温度的升高,Ti-PILCs 的 d_{001} 由 3.743 nm 下降到 800 ℃的 3.338 nm,继续升高温度到 900 ℃时,Ti-PILCs 的层间距保持不变,说明 Ti-PILCs 羟基已经全部脱完并且形成 Ti—O—Si 聚合网络状结构的稳定材料。

(3)层间距随着升温速度的加快有先升高然后再降低的趋势,升温速度 v=15 ℃/min 为最佳焙烧速度,此时 d_{001}=3.651 3 nm。

(4)经单因素实验研究表明,焙烧时间为 2 h、升温速度为 15 ℃/min、氧化气氛下更有利于 Ti-PILCs 形成稳定的网络柱撑结构。

(5)经 SEM 和 TEM 测定结果分析,交联柱子 TiO_2 均匀地分布在 Ti-PILCs

的层间，层与柱子 TiO_2 间按 Ti—O—Si 键紧密结合在一起形成孔径及柱子均匀分布的高热稳定性 Ti-PILCs 材料。

（6）经 XRD、FT-IR 和比表面、SEM 及 TEM 测定结果分析，所得 Ti-PILCs 产品的层间距和比表面等主要指标良好，均超过预定的目标，且在国内同领域中处于领先水平。同时进一步证实 Ti-PILCs 材料内存在大量的中孔，孔体积大大提高，使形成的多孔材料具有良好的应用前景。

2.7.2 展望

Ti-PILCs 作为一种具有高选择性、高活性的高温催化裂化剂，无论从材料的制备、结构探讨及性能机理都还处于起步阶段，尤其 Ti-PILCs 的焙烧在国内外更是一片空白，有待进一步的理论研究。从目前的研究现状来推断，在今后研究者的工作中，应将重点放在以下几点上：

（1）进一步研究交联蒙脱石内部组织结构（如晶界中的含杂量、形貌、厚薄、孔结构及孔径分布等）与交联蒙脱石的表面酸性和热稳定性之间关系规律。

（2）进一步研究原料、工艺、内部组织结构与交联蒙脱石立体性能间的规律，为高性能含 Ti 多孔蒙脱石材料合成提供新的烧结工艺参数和理论依据。

（3）进一步搞清楚 Ti-PILCs 焙烧过程中的热力学与动力学原理。

（4）进一步制备出工艺简单、孔径大且分布均匀、比表面积大、热稳定性好及晶粒细小均匀的 Ti-PILCs。

参考文献

[1] 易发成，戴淑霞，侯兰杰，等. 钙基膨润土钠化改型工艺及其产品应用现状[J]. 中国矿业，1997，6(4)：65-68.

[2] 于道永. 交联黏土：层柱分子筛[J]. 石油知识，1999(5)：34-35.

[3] 李松军，罗来涛，郭建军. 交联黏土催化剂的研究进展[J]. 工业催化，2000，8(6)：3-7.

[4] 戴劲草，萧子敬，黄继泰. 多孔黏土复合材料的孔结构和孔径分布[J]. 复合材料学报，

2001,18(2):18-21.

[5] Fenelonov B, Derevyankin A Y, Sadykov V A. The characterization of the structure and texture of pillared interlayer materials[J]. Microporous & Mesoporous Materials, 2001, 47 (2): 359-368.

[6] 肖志东,张一敏,强敏. 含 Ti 蒙脱石纳米复合材料制备[J]. 化工矿物与加工,2003,32(6):1-4.

[7] Zhang Y M, Qiang M, Liu Z W, et al. Synthesis of a large basal spacing of Ti-pillared montmorillonite[J]. Materials Technology,2005,20(3):149-152.

[8] 曹顺华,林信平,李炯义,等. 纳米晶 WC-10Co 复合粉末的烧结致密化行为[J]. 中国有色金属学报,2004,14(5):797-801.

[9] 张志杰,刘艳红,苏达根. 铝柱蒙脱石的高温热变化[J]. 化工矿物与加工,2003(9):17-18.

[10] 潘超,李琪,乔庆东. 焙烧过程对 TiO_2 纳米晶型参数的影响[J]. 化工科技,2004,12(1):26-28.

[11]《水和废水监测分析方法指南》编委会. 水和废水监测分析方法指南:上册[M]. 北京:中国环境科学出版社,1990.

[12] Gil A, DEL Castillo H L, Masson J, et al. Selective dehydration of 1-phenylethanol to 3-oxa-2,4-diphenylpentane on titanium pillared montmorillonite[J]. Journal of Molecular Catalysis A Chemical,1996,107(1-3):185-190.

[13] 郝向阳,刘吉平,田军,等. 聚合物基纳米复合材料的研究进展[J]. 高分子材料科学与工程,2002,18(4):38-41.

[14] 张坚,徐志锋,郑海忠,等. 选择性激光烧结法制备聚合物/Al_2O_3 纳米复合材料[J]. 材料工程,2004,32(5):36-39.

[15] Wheeler A. Reaction rates and selectivity in catalyst pores[J]. Advances in Catalysis,1951,3(6):249-327.

[16] 严继民,张启元. 吸附与凝聚:固体的表面与孔[M]. 北京:科学出版社,1979.

[17] Averback R S, Höfler H J, Tao R. Processing of nano-grained materials [J]. Materials Science & Engineering: A,1993,166(1-2):169-177.

[18] 李景新,黄因慧,沈以赴. 纳米材料的加工技术[J]. 材料科学与工程,2001,19(3):117-121.

[19] 李蔚,高濂,归林华,等. 纳米 Y-TZP 材料烧结过程晶粒生长的分析[J]. 无机材料学报,2000,15(3):536-540.

[20] Mayo M J. Processing of nanocrystalline ceramics from ultrafine particles[J]. International Materials Reviews,1996,41(3):85-115.

[21] 戴劲草,肖子敬,吴航宇,等. 纳米多孔性材料的现状与展望[J]. 矿物学报,2001,21(3):284-294.

[22] 戴劲草,肖子敬,叶玲,等. 纳米多孔黏土材料[J]. 非金属矿,1998,21(4):1-2.

[23] 郝玉芝,陶龙骧,郑禄彬. 分散法制备大孔的硅交联层柱分子筛[J]. 催化学报,1989,10(4):383-389.

[24] 戴劲草,黄继泰,萧子敬. 交联黏土催化剂的结构、性质和应用[J]. 材料导报,1995,9(4):39-44.

[25] Song S X,Zhang Y M,Liu T,et al. Beneficiation of montmorillonite from ores by dispersion processing[J]. Journal of Dispersion Science & Technology,2005,26(3):375-379.

[26] Bahranowski K,Kielski A,Serwicka E M,et al. Influence of doping with copper on the texture of pillared montmorillonite catalysts[J]. Microporous & Mesoporous Materials,2000,41(1):201-215.

第3章　钛柱撑蒙脱石复合材料吸附铜离子

3.1　引言

天然蒙脱石是由极细的含水铝硅酸盐矿物颗粒组成的层状黏土矿物，其表面呈负电性[1]，具有很强的阳离子交换性、吸附性、吸水膨胀性及分散悬浮性。通过离子交换作用、配合作用及沉淀作用可去除污水中的重金属离子[2]。利用其良好的分散性可大量吸附废水中的有机污染物[3]。蒙脱石对有机物及重金属离子的吸附方式主要有物理吸附和交换吸附2种，其中交换吸附能使共价键断裂。

天然蒙脱石通过柱撑处理后形成的柱撑蒙脱石具有较大的比表面积、晶面间距和较好的热稳定性，因而在石油化工、环境保护方面应用较为广泛[4]。柱撑蒙脱石一般采用不同聚合阳离子柱撑所得，具有多种不同的理化性质，且满足环保材料、催化剂、催化剂载体及吸附剂等多方面的需求。

铜是人体必需的一种微量元素，然而人体摄入铜过量会刺激消化系统，引起腹痛、呕吐，长期过量摄入可造成肝硬化、易诱发癌症，被认为是对哺乳动物危害最高的3种元素之一[5-7]。含铜离子的重金属废水的处理方法主要有沉淀法、离子交换法等[8]。这些方法均存在一定局限，不能满足实际生产的需求，尤其是对低浓度的重金属废水，如果处理不当，容易造成重金属的二次污染。

近年来,蒙脱石等黏土矿物在处理废水方面表现出来的独特性质正引起广泛关注,其使用成本低、吸附效率高、资源丰富,使其成为吸附水体中重金属离子的常用材料[9]。本章将探讨钛柱撑蒙脱石吸附废水中铜离子的情况,以期为处理废水中的铜离子提供理论支撑。

3.2　吸附实验

3.2.1　Cu^{2+}的吸附实验

Cu^{2+}的标准曲线绘制过程如下[10]:

(1)移取 1 000 mg/L 的 Cu^{2+}标准液体 10 mL 至 100 mL 容量瓶定容,得到质量浓度为 100 mg/L 的 Cu^{2+}溶液,备用。

(2)铜离子显色剂。称取 0.01 g 的二乙基二硫代氨基甲酸钠三水,用 100 mL 容量瓶定容,得到质量浓度为 100μg/mL 的溶液。

(3)标准液的配制步骤:将 100 mg/L 的 Cu^{2+}标液,分别稀释为 1 mg/L、3 mg/L、5 mg/L、7 mg/L、9 mg/L、12 mg/L 的工作液,再依次加入与 Cu^{2+}溶液体积相同的二乙基二硫代氨基甲酸钠三水溶液,用氨水调节混合溶液的 pH 值在 9 左右,用蒸馏水定容。利用紫外分光光度计在 450 nm 测吸光度,绘制标准曲线,得到拟合曲线方程为 $A=0.05C-0.03$,线性相关系数 $R^2=0.99$。Cu^{2+}标准曲线如图 3.1 所示。

实验在不同质量浓度、pH 值、吸附时间及温度条件下,在一系列烧杯中分别加入一定量的 Na-mt 及 Ti-Imt,再加入一定体积不同质量浓度的 Cu^{2+}溶液,用 0.1 mol/L 的 HCl 和 NaOH 溶液调节 Cu^{2+}溶液的 pH 值,在恒温振荡仪器上振荡、吸附一定时间后过滤,取其滤液在紫外分光光度计 450 nm 波长下测量吸光度,计算 Ti-Imt 对 Cu^{2+}溶液的吸附量和去除率。

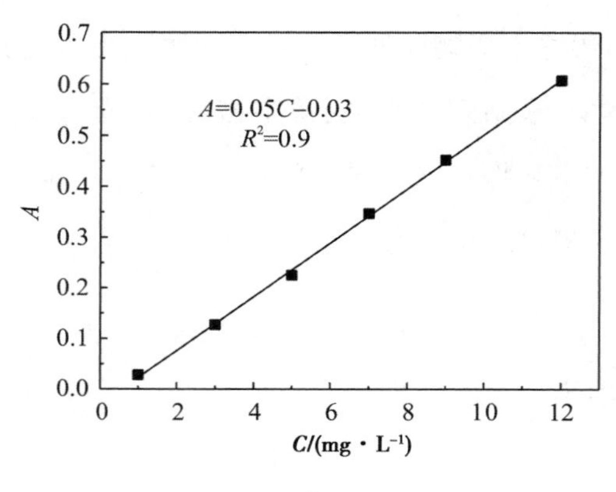

图 3.1　Cu^{2+}标准曲线

3.2.2　吸附量和去除率计算

实验过程中，Ti-Imt 吸附 Pb^{2+} 与 Cu^{2+}溶液后，过滤取下清液，用紫外分光光度计在特定波长下测其下清液吸光度，采用标准曲线方程计算吸附后的残留质量浓度，再根据下列公式计算吸附量 Q(mg/g)和去除率 η(%)。

$$Q = \frac{(C_0 - C)V}{M} \tag{3.1}$$

$$\eta = \frac{C_0 - C}{C_0} \times 100\% \tag{3.2}$$

式(3.1)和式(3.2)中，V 表示溶液的体积，L；M 表示吸附剂用量，g；C_0 表示处理前金属离子的质量浓度，mg/L；C 表示处理后金属离子的质量浓度，mg/L。

3.3　pH 的影响

实验在温度为 20 ℃、质量浓度为 100 mg/L、体积为 50 mL 的 Cu^{2+}溶液中，在一系列烧杯中分别加入 0.1 g 的 Na-mt 及 Ti-Imt，用 0.1 mol/L 的 HCl 和 0.1 mol/L 的 NaOH 溶液调节溶液初始不同 pH，恒温振荡吸附 360 min 后过滤，取其滤液在紫外分光光度计 450 nm 波长下测量吸光度，计算 Ti-Imt 及 Na-mt 对 Cu^{2+}溶液的吸附量和去除率,溶液 pH 对 Ti-Imt 和 Na-mt 吸附 Cu^{2+}的影响如图 3.2 所示。

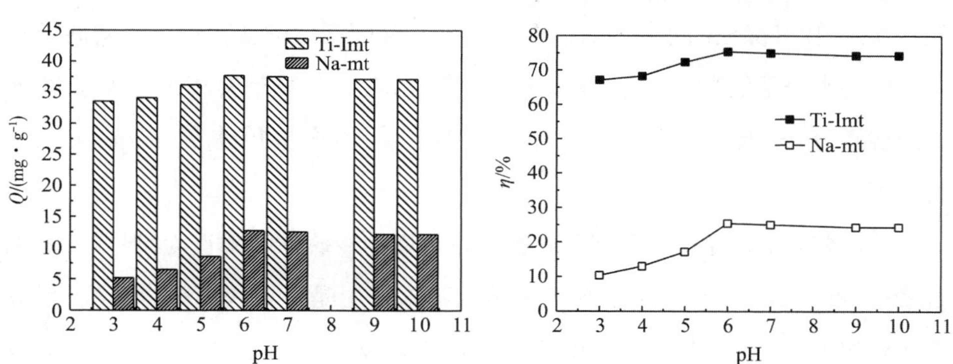

图 3.2 溶液 pH 对 Ti-Imt 和 Na-mt 吸附 Cu^{2+}的影响

从图 3.2 可以看出,pH 值为 6 ~ 7 时,吸附量最高,去除率也达到最大,此时 Ti-Imt 对 Cu^{2+}的吸附量为 37.69 mg/g,去除率为 75.39%,Na-mt 对 Cu^{2+}的吸附量为 12.69 mg/g,去除率为 25.39%。在不同 pH 的重金属离子溶液中,蒙脱石层状黏土矿物在与重金属离子发生吸附反应时,一般会存在离子交换反应、表面配合作用、水解反应、层间配合作用及溶液中共存离子的竞争吸附作用,其中最主要的有离子交换反应、表面配合作用及共存离子的竞争吸附作用。

蒙脱石是由两层 Si—O 四面体片及一层 Al—O 八面体片形成的 2∶1 型层状黏土矿物,其 Si—O 四面体及 Al—O 八面体中 Si^{4+}、Al^{3+}可被低价的 Mg^{2+}、Zn^{2+}、Fe^{2+}等代替,造成层间电荷亏损,形成层电荷。为了平衡这些电荷差,蒙脱石颗粒会吸附周围存在的阳离子,产生表面交换吸附。其吸附量取决于中和表面电荷所需的离子量,吸附能力取决于被吸附离子的作用力场。吴平宵[11]等研究表明蒙脱石结构层间的阳离子和水分子可以与各种阳离子进行交换,其交换能力主要取决于各种离子与蒙脱石的亲和力,而亲和力主要受离子与电荷数及其水化能控制,阳离子水化能越小,电荷数越低,与黏土矿物层间的亲和力就越强。本实验中 Pb^{2+}与 Cu^{2+}的电荷数相等,但 Pb^{2+}的水化能为 1 481 kJ/mol,水合离子半径为 0.8 nm,Cu^{2+}的水化能为 2 100 kJ/mol,水合离子半径为 0.84 nm[12],因此两种吸附剂材料在同种条件下对 Pb^{2+}的吸附能力大于 Cu^{2+}。此外,Ti-Imt

材料的吸附性能高于 Na-mt,结合 XRD 分析是因为 Na-mt 经过聚合羟基 Ti^{4+} 插层柱撑后,使其晶面间距增大,层间域变大,其晶面间距的变化是由层间离子水化形成的水分子层数引起的,而水分子层数又取决于离子势,离子势大于 2,形成双层水分子,晶面间距较大;离子势小于 2,形成单层水分子,晶面间距较小[13]。

表面配合作用是用来描述氧化物颗粒表面的专属性吸附行为,根据表面配合模式,重金属离子在吸附剂颗粒表面的吸附作用是一种表面配合反应,反应趋势随溶液 pH 或羟基基团浓度的增加而增加,因此表面配合反应主要受溶液 pH 影响。Davis 研究表明硅酸盐矿物中存在大量的 SiO_4^{4-}、AlO_5^{4-} 基团,在固液体系环境中,硅酸盐矿物颗粒表面可与水形成水合氧化物盖层,使该表面呈负电性,利于配合作用的发生,硅酸盐矿物颗粒表面的羟基基团(SiOH)离子反应可表示如下:

$$SiOH = SiO^- + H^+$$

$$SiOH + H^+ = SiOH^+$$

若用 M 代表 Cu、Pb、Zn 等二价离子,则硅酸盐矿物颗粒表面的 SiOH 与重金属离子反应可表示如下:

$$SiOH + M^{2+} = SiOM^+ + H^+ \text{或} SiO^- + M^{2+} = SiOM^+$$

$$SiOH + MOH^+ = SiOMOH + H^+ \text{或} SiO^- + MOH^+ = SiOMOH$$

$$SiOH + M^{2+} = SiOM^+ + H^+ \text{或} 2SiO^- + M^{2+} = (SiO)_2M$$

从以上方程可知,H^+ 浓度直接影响着蒙脱石对重金属离子的吸附量。Stadler 和 Schindler 研究报道了 pH 对蒙脱石吸附 Cu^{2+} 的影响,当 pH 值为 4.5 ~ 6.5 时,吸附量急剧增加,当 pH>6.5 时,Cu^{2+} 已经完全结合到蒙脱石矿物上,吸附量随 pH 升高急剧增大是 Cu^{2+} 与蒙脱石表面 ═SOH 相互作用的结果[14],反应如下:

$$\equiv SOH + Cu^{2+} + H_2O = SOCuOH + 2H^+$$

式中,═SOH 为黏土矿物的表面反应位,是蒙脱石八面体表面上的 Al—O 位,而不是四面体上的 Si—O 位。

当溶液中共存离子 H^+过多时，会减少阳离子交换容量(CEC)，重金属离子会与 H^+之间产生竞争吸附，由图 3.2 可知，在酸性环境中，H^+数量较多，竞争吸附作用增强，减弱了吸附剂对 Cu^{2+}的吸附，因此吸附量较低。

3.4　吸附动力学研究

为进一步探索吸附时间对 Ti-Imt 和 Na-mt 材料对 Cu^{2+}的吸附影响，进行了吸附动力学实验探究。实验条件：在温度为 20 ℃、质量浓度为 100 mg/L，体积为 50 mL 的 Cu^{2+}溶液中，在一系列烧杯中分别加入 0.1 g 的 Na-mt 及 Ti-Imt，调节溶液初始 pH 值为 6 ~ 7，恒温振荡吸附 1 ~ 360 min 后过滤，取其滤液在紫外分光光度计 450 nm 波长下测量吸光度，计算 Ti-Imt 及 Na-mt 对 Cu^{2+}溶液的吸附量和去除率，吸附时间对 Ti-Imt 和 Na-mt 吸附 Cu^{2+}的影响如图 3.3 所示。

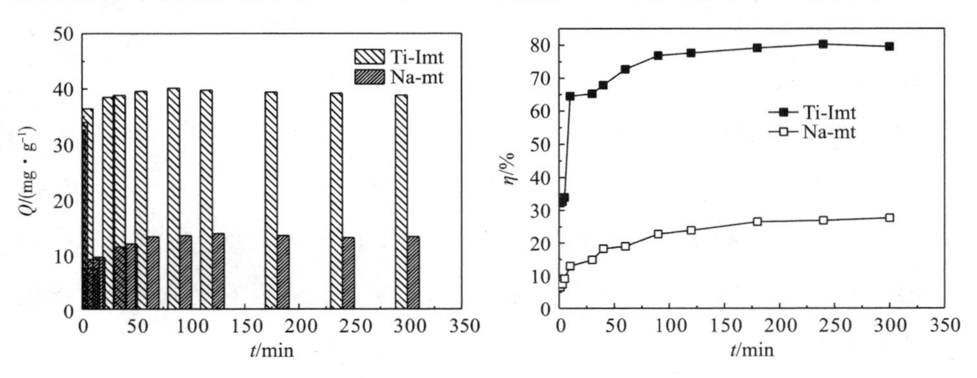

图 3.3　吸附时间对 Ti-Imt 和 Na-mt 吸附 Cu^{2+}的影响

从图 3.3 可以看出，在吸附反应刚开始的 1 ~ 10 min，Ti-Imt 材料对 Cu^{2+}的吸附量由 32.24 mg/g 提高至 36.39 mg/g，去除率从 64.48% 提高至 72.76%，而 Na-mt 材料对 Cu^{2+}的吸附量由 6.49 mg/g 提高至 9.5 mg/g，去除率从 12.99% 提高至 19%。相比 Ti-Imt 而言，Na-mt 材料在一开始的吸附速率要低很多，结合 SEM 分析可知，Na-mt 经过聚合阳离子 Ti^{4+}插层柱撑后，片层间存在着较大且形状不均匀的孔洞及孔隙结构，利于更多的 Cu^{2+} 溶液流入层间，被 Ti-Imt 材料吸附固定。当吸附时间大于 10 min 后，吸附速率变缓慢，直至吸附时间为 90 min 时，Ti-Imt 材料对 Cu^{2+} 的吸附量达到饱和，其值为 40.14 mg/g，去除率为 80.27%，此后吸附量和去除率基本保持不变，吸附达到平衡状态；而 Na-mt 材料对 Cu^{2+} 的吸附平衡时间为 120 min，饱和吸附量和去除率分别为 13.83 mg/g、27.65%。

为更好地理解吸附时间对两种吸附剂材料吸附 Cu^{2+} 的影响，分别采用吸附动力学模型对其实验数据进行拟合分析，采用的动力学模型有拟一级、拟二级和颗粒内扩散模型。

拟一级动力学方程：

$$\lg(Q_e - Q_t) = \lg Q_e - k_1 t/2.303 \tag{3.3}$$

式中，k_1 为拟一级吸附速率常数，mg/(g · min)；Q_e 为平衡吸附量，mg/g；Q_t 为吸附时间 t 时刻的吸附量，mg/g。以 $\lg(Q_e-Q_t)$ 对 t 作图进行拟合得到直线，截距为 $\lg Q_e$，斜率为 $k_1/2.303$，通过拟合直线方程计算得到斜率和截距，进而求出 Q_e 和 k_1 参数值。

拟二级动力学方程：

$$t/Q_t = t/Q_e + 1/(k_2 \cdot Q_e^2) \tag{3.4}$$

式中，k_2 为拟二级吸附速率常数，g/(mg · min)。以 t/Q_t 对 t 作图进行拟合得到直线，截距为 $1/(k_2 Q_e^2)$，斜率为 $1/Q_e$，通过拟合直线方程的斜率和截距求出 Q_e 和 k_1 参数值。

颗粒内扩散模型：

$$Q_t = k_p t^{0.5} + C \tag{3.5}$$

式中，k_p 为颗粒内扩散速率常数，mg/(g · $\min^{0.5}$)；C 为常数。以 Q_t 对 $t^{0.5}$ 作图进行拟合得到直线，截距为 C，斜率为 k_p，进而得到 k_p 参数值。

Ti-Imt 及 Na-mt 吸附 Cu^{2+} 的拟一级动力学曲线如图 3.4 所示。

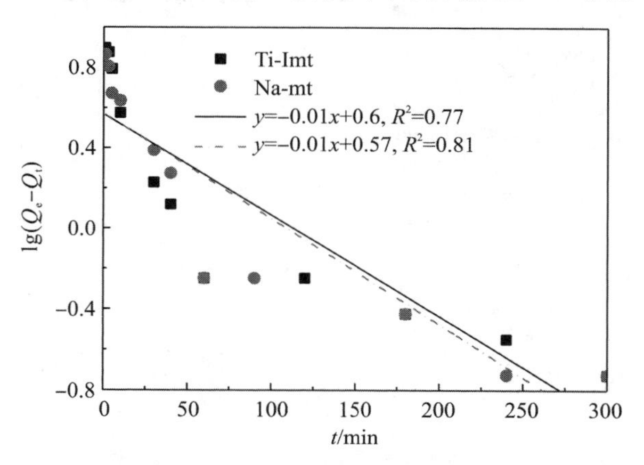

图 3.4　Ti-Imt 及 Na-mt 吸附 Cu^{2+} 的拟一级动力学曲线

Ti-Imt 及 Na-mt 吸附 Cu^{2+} 的拟二级动力学曲线如图 3.5 所示。

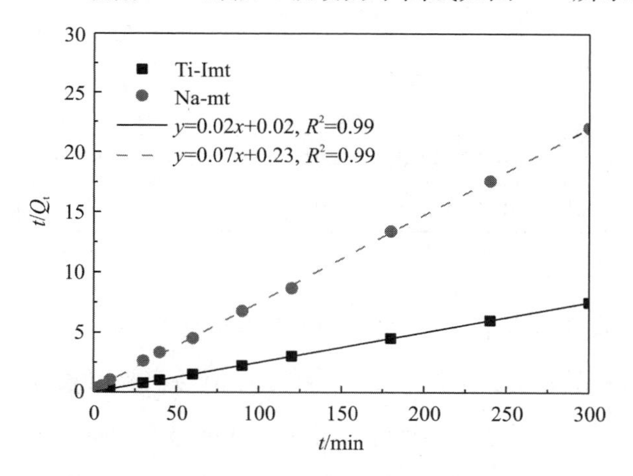

图 3.5　Ti-Imt 及 Na-mt 吸附 Cu^{2+} 的拟二级动力学曲线

Ti-Imt 及 Na-mt 吸附 Cu^{2+} 的颗粒内扩散方程曲线如图 3.6 所示。

Ti-Imt 及 Na-mt 吸附 Cu^{2+} 的动力学方程相关参数见表 3.1。

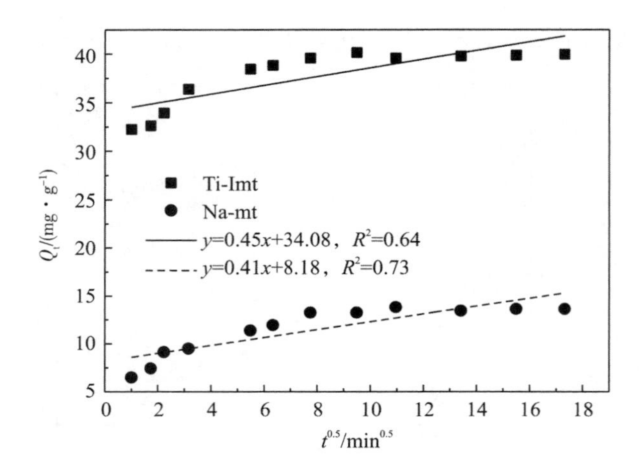

图 3.6　Ti-Imt 及 Na-mt 吸附 Cu^{2+} 的颗粒内扩散方程曲线

表 3.1　Ti-Imt 及 Na-mt 吸附 Cu^{2+} 的动力学方程相关参数

吸附剂	拟一级动力学			拟二级动力学			颗粒内扩散		
	Q_e	k_1/[mg·(g·min)$^{-1}$]	R^2	Q_e	k_2[g·(mg·min)$^{-1}$]	R^2	C	k_p[mg·(g·min$^{0.5}$)$^{-1}$]	R^2
Ti-Imt	3.71	0.01	0.77	40.02	0.03	0.99	34.08	0.45	0.64
Na-mt	3.73	0.01	0.81	13.81	0.02	0.99	8.18	0.41	0.73

由图 3.4—图 3.6 及表 3.1 分析可知，Ti-Imt 及 Na-mt 材料对 Cu^{2+} 的吸附实验数据更符合拟二级动力学模型，且拟合的 Q_e 值与实验值较接近，拟合相关系数也高于其他动力学模型。由此可以推出 Ti-Imt 及 Na-mt 材料对 Cu^{2+} 的吸附过程更适合用拟二级动力学模型来描述。从表 3.1 还可看出，拟二级动力学方程中 Ti-Imt 材料的吸附速率常数 k_2 要高于 Na-mt 材料的吸附速率常数 k_1，进一步证实了 Ti-Imt 材料在开始阶段的吸附速率要比 Na-mt 快。

二级吸附动力方程包含外部液膜的扩散、表面吸附和颗粒内部扩散等吸附过程。且由图 3.6 可知，Ti-Imt 及 Na-mt 对 Cu^{2+} 的拟合直线同样不过原点，且整个吸附过程的拟合线性系数也不高。因此，可推知这两种吸附剂材料在吸附 Cu^{2+} 的过程中，颗粒内扩散模型同样并不是唯一的控速步骤，同时还受到液膜扩散及表面吸附的控制，因此同样对图 3.6 进行分段拟合研究，进一步探究 Ti-Imt 及 Na-mt 对 Cu^{2+} 的吸附机理。Ti-Imt 及 Na-mt 对 Cu^{2+} 的吸附按内扩散模型分段拟合结果见表 3.2。

表 3.2　Ti-Imt 及 Na-mt 对 Cu^{2+} 的吸附按内扩散模型分段拟合结果

吸附剂	吸附时间	参数	R^2
Ti-Imt	0 ~ 10 min	C=29.77, k_{p1}=1.98 mg/(g · min$^{0.5}$)	0.89
	10 ~ 120 min	C=35.78, k_{p2}=0.42 mg/(g · min$^{0.5}$)	0.79
	120 ~ 300 min	C=38.95, k_{p3}=0.06 mg/(g · min$^{0.5}$)	0.98
Na-mt	0 ~ 10 min	C=5.14, k_{p1}=1.48 mg/(g · min$^{0.5}$)	0.89
	10 ~ 120 min	C=8.28, k_{p2}=0.55 mg/(g · min$^{0.5}$)	0.91
	120 ~ 300 min	C=13.93, k_{p3}=−0.02 mg/(g · min$^{0.5}$)	0.13

由表 3.2 可知，Ti-Imt 及 Na-mt 材料对 Cu^{2+} 的吸附整个过程中，拟合结果均是 $k_{p1}>k_{p2}>k_{p3}$，这说明在吸附过程一开始的 0 ~ 10 min 是吸附速率较快的膜扩散控制阶段，紧接着经历了较为缓慢的颗粒内扩散控制阶段，最后达到平衡。而 Na-mt 在 120 ~ 300 min 拟合的 k_{p3} 值为负值，且值较小，表明在该阶段内达到吸附平衡后，在 Na-mt 表面吸附的一部分 Cu^{2+} 开始解吸。此外，两种吸附剂材料的 k_{p1} 值均远大于其他两个阶段的模型动力学系数，表明在整个吸附过程中，该阶段占据主导地位，平衡吸附量的大小由该阶段控制，Ti-Imt 的 k_{p1} 值大于 Na-mt，进一步说明了 Ti-Imt 在开始阶段的吸附速率要比 Na-mt 快，这与以上拟二级动力学模型分析结果一致。

3.5　吸附等温线研究

实验分别在 20 ℃、30 ℃、40 ℃，Ti-Imt 和 Na-mt 的用量分别为 0.1 g，吸附剂时间为 300 min，调节溶液 pH 值为 6 ~ 7，Cu^{2+} 质量浓度 100 mg/L，体积 50 mL

条件下,研究了两种材料对 Cu^{2+} 的吸附影响,图 3.7 为不同温度、质量浓度下 Ti-Imt 和 Na-mt 对 Cu^{2+} 的吸附量影响。

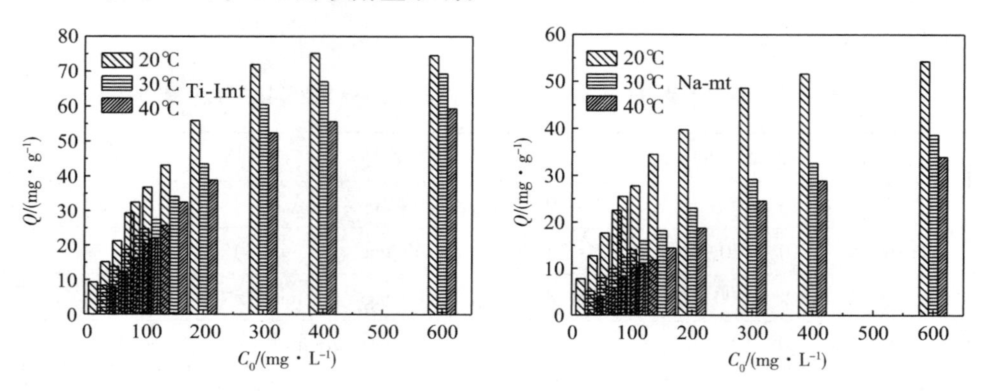

图 3.7 不同温度、质量浓度下 Ti-Imt 和 Na-mt 对 Cu^{2+} 的吸附量影响

图 3.8 为不同温度、质量浓度下 Ti-Imt 和 Na-mt 对 Cu^{2+} 的去除率影响。

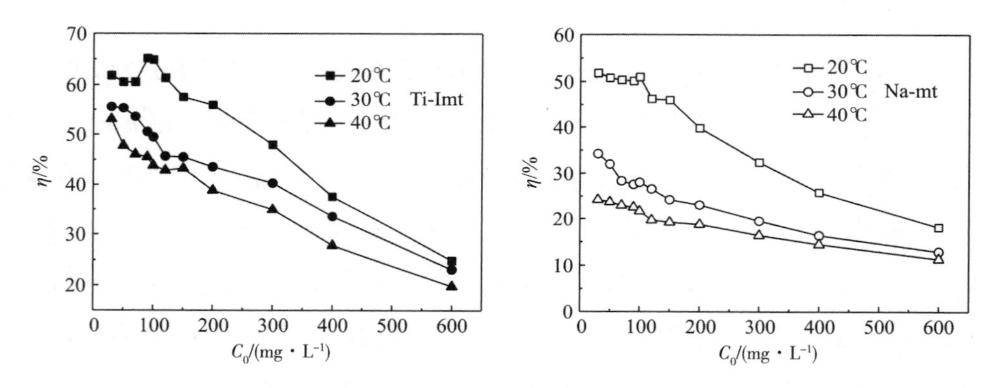

图 3.8 不同温度、质量浓度下 Ti-Imt 和 Na-mt 对 Cu^{2+} 的去除率影响

由图 3.7、图 3.8 可知,在不同质量浓度的 Cu^{2+} 溶液中,随着质量浓度的不断增加,吸附量均逐渐上升然后趋于平衡,而去除率却随浓度的增加而逐渐降低。在 20 ℃条件下,Cu^{2+} 溶液的质量浓度从 30 mg/L 增大到 600 mg/L 时,Ti-Imt 对 Cu^{2+} 的平衡吸附量从 9.27 mg/g 升高至 74.57 mg/g,去除率从 61.81% 下降至 24.86%;而 Na-mt 对 Cu^{2+} 的平衡吸附量则从 7.76 mg/g 升高至 54.27 mg/g,去除率从 51.78% 下降至 18.09%。结果表明在吸附剂用量一定的情况下,初始质量浓度值越低,在吸附过程中就会有更多的吸附位点将 Cu^{2+} 吸附,随着初

始质量浓度的不断增大,单位质量浓度的 Cu^{2+} 获得的吸附位点逐渐减少,因此去除率降低。此外,在本实验研究的温度条件下,随着温度的升高,吸附量和去除率均降低,说明 Ti-Imt 和 Na-mt 材料对 Cu^{2+} 的吸附过程是一个放热反应,升高温度不利于吸附反应的进行。

为了更好地理解 Ti-Imt 及 Na-mt 材料对 Cu^{2+} 吸附过程中的动态平衡状态,对图 3.7 实验数据分别进行吸附平衡等温线研究,采用 Langmuir 模型和 Freundlich 模型分别对其进行拟合,两种吸附等温模型方程见式(3.7)、式(3.9)。

Langmuir 模型:

$$Q_e = \frac{Q_m C_e}{1/b + C_e} \tag{3.6}$$

对其进行线性转化,表达式为

$$\frac{C_e}{Q_e} = \frac{C_e}{Q_m} + \frac{1}{Q_m b} \tag{3.7}$$

式中,Q_m 为最大吸附量,mg/g;Q_e 为吸附平衡时的吸附量,mg/g;C_e 为吸附平衡时溶液的质量浓度,mg/L;b 为吸附平衡常数,与吸附热相关,L/mg。

Freundlich 模型:

$$Q_e = K_f C_e^{1/n} \tag{3.8}$$

对其进行线性转化,表达式为

$$\lg Q_e = \frac{1}{n}\lg C_e + \lg K_f \tag{3.9}$$

式中,K_f 为 Freundlich 亲和系数,n 为 Freundlich 模型常数。

图 3.9 为不同温度条件下 Ti-Imt 吸附 Cu^{2+} 的 Langmuir 曲线。

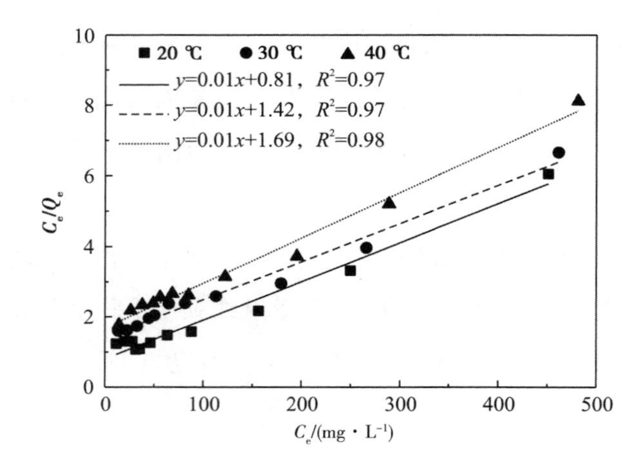

图 3.9　不同温度条件下 Ti-Imt 吸附 Cu^{2+} 的 Langmuir 曲线

图 3.10 为不同温度条件下 Ti-Imt 吸附 Cu^{2+} 的 Freundlich 曲线。

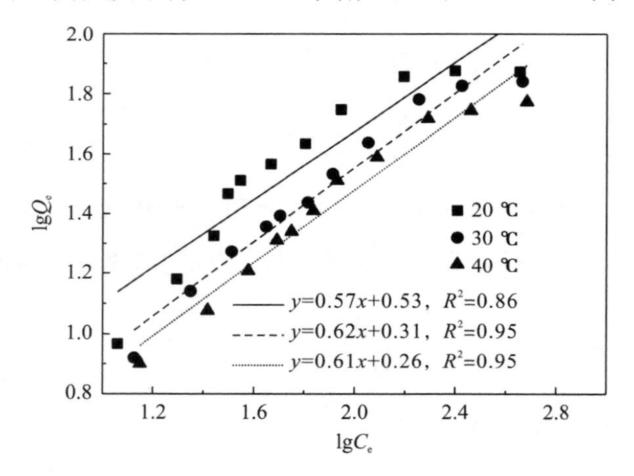

图 3.10　不同温度条件下 Ti-Imt 吸附 Cu^{2+} 的 Freundlich 曲线

图 3.11 为不同温度条件下 Na-mt 吸附 Cu^{2+} 的 Langmuir 曲线。

图 3.12 为不同温度条件下 Na-mt 吸附 Cu^{2+} 的 Freundlich 曲线。

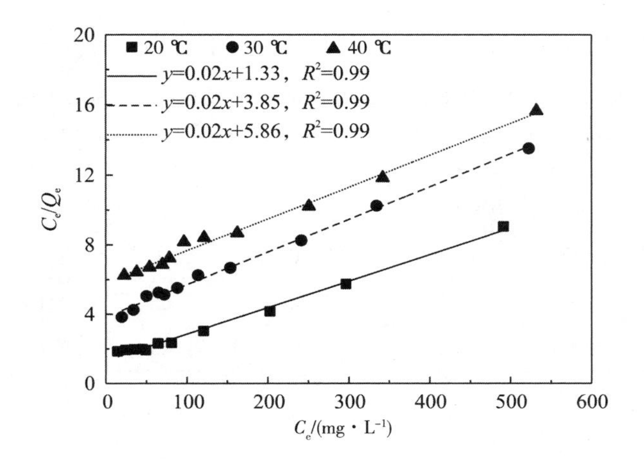

图 3.11　不同温度条件下 Na-mt 吸附 Cu^{2+}的 Langmuir 曲线

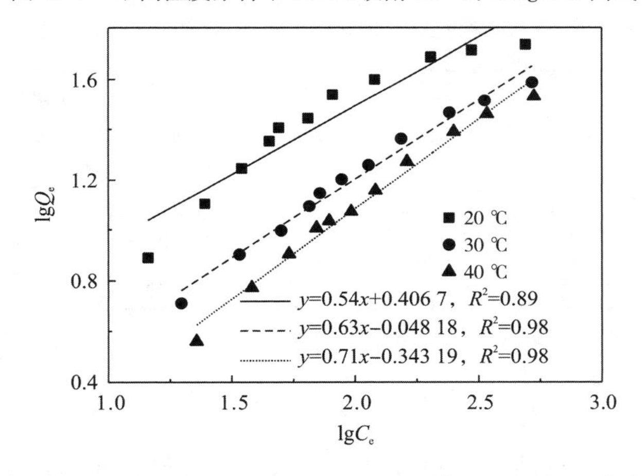

图 3.12　不同温度条件下 Na-mt 吸附 Cu^{2+}的 Freundlich 曲线

由图 3.9—图 3.12 的拟合结果可知，两种吸附等温模型拟合均呈良好的线性关系。根据拟合方程，计算得到 Ti-Imt 及 Na-mt 材料对 Cu^{2+} 的吸附等温模型，Ti-Imt 吸附 Cu^{2+} 的 Langmuir 和 Freundlichr 相关参数见表 3.3，Na-mt 吸附 Cu^{2+}的 Langmuir 和 Freundlichr 相关参数见表 3.4。两种吸附剂材料对 Cu^{2+} 的吸附过程中，Freundlich 模型拟合得到的常数 n 均大于 1，说明两种材料均能有效地吸附 Cu^{2+}，而 Langmuir 模型拟合得到的相关系数 R^2 更好，因此 Langmuir 等温模型更适合描述 Cu^{2+} 在两种吸附剂材料上的分布形式。据此还可推测 Ti-Imt

及 Na-mt 材料对 Cu^{2+}的吸附是一个单分子层吸附过程。

表 3.3　Ti-Imt 吸附 Cu^{2+}的 Langmuir 和 Freundlichr 相关参数

t/℃	Langmuir			Freundlich		
	b	R^2	R_L	K_f	n	R^2
20	0.014	0.97	0.11 ~ 0.71	3.4	1.75	0.86
30	0.008	0.98	0.18 ~ 0.81	2.06	1.61	0.95
40	0.008	0.98	0.18 ~ 0.82	1.83	1.64	0.95

注：R_L 表示分离系数。

表 3.4　Na-mt 吸附 Cu^{2+}的 Langmuir 和 Freundlichr 相关参数

t/℃	Langmuir			Freundlich		
	b	R^2	R_L	K_f	n	R^2
20	0.011	0.99	0.13 ~ 0.74	2.55	1.84	0.89
30	0.005	0.99	0.25 ~ 0.87	0.89	1.59	0.98
40	0.003	0.99	0.35 ~ 0.91	0.45	1.4	0.98

注：R_L 表示分离系数。

由吸附平衡等温线研究可知 Ti-Imt 及 Na-mt 材料对 Cu^{2+}的吸附更符合 Langmuir 模型，因此，进一步探讨两种吸附剂材料吸附 Cu^{2+}的无量纲分离系数 R_L 值。分离系数 R_L 是一个无量纲常数，是判断 Langmuir 等温线基本特征的重要依据，其表达式见式(3.10)，分别计算实验数据，见表 3.3、表 3.4。两种吸附剂材料对 Cu^{2+}吸附过程中计算得到的 R_L 值均在 0 ~ 1，表明吸附过程易进行。

$$R_L = \frac{1}{1 + bC_0} \tag{3.10}$$

式中，b 是不同温度下 Langmuir 吸附平衡常数，L/mg；C_0 是 Cu^{2+}的初始质量浓度，mg/L。

3.6　吸附热力学分析

为了探清吸附过程中温度对 Ti-Imt 和 Na-mt 材料吸附 Cu^{2+} 的影响，分别对其进行热力学参数计算分析，热力学参数吸附焓（ΔH）、吸附自由能（ΔG）及熵变（ΔS）的计算式(3.11)—式(3.13)，表 3.5 为 Ti-Imt 吸附 Cu^{2+} 的热力学参数，表 3.6 为各种作用力的吸附热范围，表 3.7 为 Na-mt 吸附 Cu^{2+} 的热力学参数。

$$\Delta G = - RT \ln K_d \tag{3.11}$$

$$\Delta G = \Delta H - T\Delta S \tag{3.12}$$

$$\ln K_d = \Delta S/R - \Delta H/(RT) \tag{3.13}$$

式(3.11)—式(3.13)中，K_d 是 Langmuir 模型常数，相当于 Langmuir 模型中的 b，L/mol；R 是摩尔气体常数，8.31 J/(mol·K)；T 是热力学温度，K；ΔS 和 ΔH 根据 Van't Hoff 方程中 $\ln K_d$ 对 $1/T$ 的截距和斜率计算得到，ΔH、ΔS 和 ΔG 计算结果见表 3.5、表 3.6。

表 3.5　Ti-Imt 吸附 Cu^{2+} 的热力学参数

ΔH /(kJ·mol^{-1})	ΔS /[J/(mol·K)]	ΔG/(kJ·mol^{-1})		
		293 K	303 K	313 K
−22.92	−22.74	6.64	6.87	7.09

表 3.6　各种作用力的吸附热范围

作用力	范德瓦耳斯力	偶极间作用力	氢键力	化学键力	配位基交换力	疏水键力
吸附热 /(kJ·mol^{-1})	4～10	2～29	2～40	>60	40	5

由表 3.5 可知，Ti-Imt 吸附 Cu^{2+} 的过程中，吸附自由能 ΔG 是正值，吸附焓 ΔH 是负值，表明该吸附过程是一个非自发的放热过程；表 3.6 可知，在不同的温度下吸附自由能 ΔG 为 4～10 kJ/mol，吸附作用力以范德瓦耳斯力为主，无化学键力、配位基交换力等其他强作用力，吸附过程主要为物理吸附，而物理吸附可以是单分子层吸附，又可以是多层吸附，结合吸附等温线模型分析，Ti-Imt 吸附 Cu^{2+} 的过程符合 Langmuir 模型，因此可推测 Ti-Imt 吸附 Cu^{2+} 的过程是一个以单分子层吸附为主的物理吸附过程，其中吸附机理需进一步深入研究。熵变 ΔS 为负值，表明 Ti-Imt 吸附 Cu^{2+} 是一个熵减小的过程，降低了吸附过程中固液界面的混乱度。

同理，由表 3.7 可知，Na-mt 吸附 Cu^{2+} 的过程中，ΔH 是负值，ΔG 是正值，且在不同的温度下计算得到的 ΔG 接近 40 kJ/mol，可推测作用力主要以配位基交换力为主，可能存在氢键力作用，说明该吸附过程也是一个非自发的放热过程，且吸附过程是一个化学吸附过程，在本研究的实验条件下，Ti-Imt 及 Na-mt 在吸附 Cu^{2+} 的过程中均需要借助恒温振荡仪的振荡作用才能发生。熵变 ΔS 为负值说明 Na-mt 吸附 Cu^{2+} 也是一个熵减小的过程。

表 3.7　Na-mt 吸附 Cu^{2+} 的热力学参数

ΔH /(kJ·mol^{-1})	ΔS /[J/(mol·K)]	ΔG/(kJ·mol^{-1})		
		293 K	303 K	313 K
-50.13	-116.72	34.15	35.32	36.48

3.7　小结

本章采用 Na-mt 及 Ti-Imt 材料对模拟污水中的 Cu^{2+} 进行吸附，从溶液 pH、吸附时间、吸附质质量浓度、温度等因素研究吸附剂对 Cu^{2+} 的吸附影响，并采用吸附动力学模型、吸附等温线模型及热力学参数分析对实验数据进行分析，进一步推断其吸附机理，主要结论如下：

（1）在温度为 20 ℃、质量浓度为 100 mg/L、体积为 50 mL 的 Cu^{2+} 溶液中，分别加入 0.1g 的 Na-mt 及 Ti-Imt，当 pH 值为 6 ~ 7 时吸附量最高，去除率也达到最大，Ti-Imt 对 Cu^{2+} 的吸附量为 37.69 mg/g，去除率为 75.39%；Na-mt 对 Cu^{2+} 的吸附量为 12.69 mg/g，去除率为 25.39%。Ti-Imt 及 Na-mt 材料对 Cu^{2+} 的吸附过程包括离子交换反应、表面配合作用及 H^+ 离的竞争吸附作用。

（2）在反应开始 10 min 内，Ti-Imt 的吸附速率大于 Na-mt，当吸附时间大于 10 min 后，吸附速率变缓慢，直至吸附时间为 90 min 时，Ti-Imt 材料对 Cu^{2+} 的吸附量达到饱和，其值为 40.14 mg/g，去除率为 80.27%，此后吸附达到平衡状态；而 Na-mt 材料对 Cu^{2+} 的吸附平衡时间为 120 min，饱和吸附量和去除率分别为 13.83 mg/g、27.65%。

（3）Ti-Imt 及 Na-mt 材料对 Cu^{2+} 的吸附过程更适合用拟二级动力学模型来描述。两种吸附剂材料在吸附 Cu^{2+} 的过程中，颗粒内扩散模型同样并不是唯一的控速步骤，同时还受到液膜扩散及表面吸附的控制。

（4）在不同质量浓度的 Cu^{2+} 溶液中，随着质量浓度的不断增加，吸附量均逐渐上升然后趋于平衡，而去除率却随质量浓度的增加而逐渐降低。Langmuir 模型拟合得到的相关系数 R^2 更好，Langmuir 等温模型更适合描述 Cu^{2+} 在两种吸附剂材料上的分布形式。

（5）热力学参数吸附自由能 ΔG、吸附焓 ΔH 值表明 Ti-Imt 吸附 Cu^{2+} 是一个非自发的放热过程，吸附作用力以范德瓦耳斯力为主，吸附过程是一个以单分子层吸附为主的物理吸附过程。Na-mt 吸附 Cu^{2+} 的过程中，作用力主要以配位基交换力为主，可能存在氢键力作用，该吸附过程也是一个非自发的放热反应，且该吸附是一个化学吸附过程。Ti-Imt 及 Na-mt 吸附 Cu^{2+} 的熵变 ΔS 均为负值说明吸附是一个熵减小的过程。

参考文献

[1] 苏凯，贺玉龙，杨立中. 改性蒙脱石吸附降解硝酸根离子的研究[J]. 矿物岩石，2013，33

(3):7-12.

[2] 张浩,王燕华. 蒙脱石对溶液中镍和铜的吸附特性研究[J]. 环保科技,2014,20(5):15-18.

[3] 朱一民,王忠安,苏秀娟,等. 钙基膨润土对水相中铜离子的吸附[J]. 东北大学学报(自然科学版),2006,27(1):99-102.

[4] 冯新,宋波,吴平霄,等. 柱撑蒙脱石改性磷铵及其增效机理研究[J]. 矿物岩石地球化学通报,2002,21(4):238-241.

[5] 仲凯凯,黄张根,韩小金,等. 柠檬酸钠改性的活性炭对铜离子的吸附性能[J]. 新型炭材料,2013,28(2):156-160.

[6] 许智华,张道方,陈维芳. 纳米铁/活性炭新型材料的制备及其对铜离子的吸附性能研究[J]. 水资源与水工程学报,2015,26(2):7-11.

[7] 李芳,丁纯梅. 壳聚糖微粒对水中铜离子吸附性能研究[J]. 环境与健康杂志,2010,27(9):794-796.

[8] 林松柏,欧阳娜,柯爱茹,等. 接枝改性羧甲基纤维素对铜离子的吸附研究[J]. 离子交换与吸附,2008,24(5):442-450.

[9] Fan H W, Zhou L M, Jiang X H, et al. Adsorption of Cu^{2+} and methylene blue on dodecyl sulfobetaine surfactant-modified montmorillonite [J]. Applied Clay Science, 2014, 95: 150-158.

[10] 胡宁,段炼,张建明,等. 交联壳聚糖/聚羟基铝改性蒙脱土的制备及其对水中 Cu^{2+} 的吸附性能研究[J]. 山西大学学报(自然科学版),2014,37(1):98-105.

[11] 吴平霄. 污染物与蒙脱石层间域的界面反应及其环境意义[J]. 环境污染治理技术与设备,2003(5):37-41.

[12] 王玉军,周东美,孙瑞娟,等. 土壤中铜、铅离子的竞争吸附动力学[J]. 中国环境科学,2006,26(5):555-559.

[13] 季桂娟,张培萍,姜桂兰. 膨润土加工与应用[M]. 2 版. 北京:化学工业出版社,2013.

[14] Stadler M, Schindler P W. Modeling of H^+ and Cu^{2+} adsorption on calcium-montmorillonite [J]. Clays & Clay Minerals, 1993, 41(3):288-296.

第4章　钛柱撑蒙脱石复合材料吸附镍、锰离子

4.1　引言

近年来,工业迅速发展的同时,排放了大量含有各种有毒物质的废水,其中,重金属因其具有流动性、毒性,肆意排放有着极其严重的生态风险[1]。由于重金属不可生物降解,可逐渐通过食物链富集,使得其排放到环境中的毒性远远超过所有放射性和有机废物的总毒性[2,3]。镍离子和锰离子是有毒的重金属,镍进入人体后会损害大脑、脊髓及内脏,其毒性主要是抑制酶的活性,同时镍具有致癌作用,在受镍污染严重的地区,鼻腔癌和肺癌发病率较高[4]。锰会影响神经系统的功能,甚至可能导致不可逆的帕金森综合征[5]。世界卫生组织规定锰的最大可接受限量为0.1 mg/L,当人类摄入超过允许限度的镍和锰,对人类健康有不同程度的影响[6,7]。因此,从废水中去除这些重金属对于人类健康及生态环境具有重要意义。传统的去除方法有:化学沉淀、蒸发浓缩、离子交换、电化学处理、吸附和膜过滤等[8]。而吸附法在处理效率和成本上,相较于其他方法有着巨大的优势,因此,制备价格低廉、去除率高的吸附剂成了环境、材料等领域的热点问题[9]。

目前,用于处理含重金属废水的低成本吸附剂包括土壤[10],生物炭[11],黏土[12]和沸石[13]等。其中,由硅氧四面体和铝氧八面体构成的层状硅酸盐矿物

蒙脱石[14]，储量丰富，经济成本低，将无机金属聚合羟基阳离子引入蒙脱石层间，形成的柱撑蒙脱石具有较优的微孔结构和较高的阳离子交换能力，对废水处理有巨大的潜力，引起了众多学者的关注[15,16]。本章以 Na-MMT、钛酸四丁酯作基质材料，通过溶胶-凝胶法制备 Ti-MMT 材料，用以去除模拟废水中的镍、锰离子，并探究 pH、Ti-MMT 用量、重金属离子质量浓度、吸附时间和吸附温度等因素对吸附性能的影响，同时对其吸附过程的等温线、动力学和热力学进行分析，探究 Ti-MMT 对镍、锰离子的吸附及脱除机制，有望为柱撑蒙脱石对含镍、锰离子废水的净化提供一定的理论基础。

4.2 实验

4.2.1 原料、试剂与仪器

蒙脱石原料，为钙基蒙脱石（Ca-MMT），其化学成分见表 4.1，购买于内蒙古赤峰市恒润工贸有限公司；钛酸四丁酯、六偏磷酸钠、无水乙醇、冰乙酸、NaOH、HCl、H_2SO_4，AR，购买于国药集团化学试剂有限公司；实验用水均为蒸馏水。

表 4.1 钙基蒙脱石的主要成分

质量分数/%											烧失量
SiO_2	CaO	MgO	Fe_2O_3	Al_2O_3	Na_2O	TiO_2	F	O	SrO	P_2O_5	/%
64.59	1.61	3.11	1.2	13.12	1.848	0.129	0.94	0.08	0.008	0.092	13.44

注：烧失量为 Ca-MMT 在 XRF 测试灼烧过程中其晶体结构中所含的吸附水、层间水、结晶水以及有机杂质被排除后质量的损失。

Axios mAx4KW 型 X 射线荧光光谱仪（XRF）测定原矿成分，购买于荷兰 PANalytical 公司；X' Pert PRO-X 型 X 射线衍射仪（XRD）检测材料晶面间距

(d_{001}),购买于荷兰 PANalytical 公司;Nicolet6700 型傅里叶变换红外光谱仪(FTIR)检测材料化学官能团,购买于美国 Thermo Electron Scientific Instruments Corp 公司;ΣIGMA+X-Max20 型扫描电子显微镜(SEM)分析材料微观形貌,购买于德国蔡司公司;Delsa NanoC 型 Zeta 电位分析仪测定 Ti-MMT 的 Zeta 电位,购买于美国贝克曼库尔特公司;240FS 型火焰原子吸收仪(AAS)测定镍离子、锰离子的质量浓度,购买于美国 Agilenf 公司。

4.2.2 Ti-MMT 的制备

1)提纯钠化

称取 20 g Ca-MMT,置于烧杯中,加入 500 mL 蒸馏水,再加入 2.5 g 六偏磷酸钠,搅拌 3 h,静置 1 h,然后取上清液离心,离心后取上清液烘干,烘干后研磨,制得 Na-MMT。

2)制备钛柱化剂

将 10 mL 无水乙醇、10 mL 钛酸四丁酯、2 mL 冰乙酸混合均匀配成Ⅰ液。将 24 mL 盐酸(0.1 mol/L)和 5 mL 无水乙醇混合均匀配成Ⅱ液。将Ⅱ液搅拌滴入Ⅰ液中,出现黄色透明溶胶时立刻加入 8 mL 的 NaOH 溶液(1 mol/L),搅拌 30 min 后静置 6 h,得到钛柱化剂。

3)交联反应

将钛柱化剂缓慢搅拌滴加到质量分数为 1% 的 Na-MMT 悬浮液中,并加入 8 mL 2 mol/L 的 NaOH,搅拌 6 h,离心,洗去 Cl^-,烘干,研磨,过 200 目筛后 573 K 焙烧 3 h,焙烧后研磨,过 200 目筛,得到 Ti-MMT。

4.2.3 吸附实验

为考察 Ti-MMT 对 Ni^{2+}、Mn^{2+}的吸附,在 pH 的单因素实验中,Ni^{2+}和 Mn^{2+}的质量浓度都为 200 mg/L,Ti-MMT 投加量为 5 g/L,温度为 298 K,吸附时间为

120 min,使用0.01 mol/L的NaOH和H_2SO_4调节pH。为探索Ti-MMT对Ni^{2+}、Mn^{2+}的最佳吸附效果,除第一轮单因素实验两种离子条件完全一致以外,后续的吸附实验,均采用该离子经上一轮实验探索出的最佳实验条件。在吸附剂用量的单因素实验中,Ti-MMT的投加量范围为2.5～10 g/L。在等温吸附实验中,Ni^{2+}、Mn^{2+}的质量浓度范围为10～250 mg/L。在吸附动力学实验中,时间范围为15～240 min,在吸附热力学实验中,温度范围为298～328 K。详细步骤为:在一系列烧杯中加入20 mL一定质量浓度的重金属离子模拟废水,加入一定质量的Ti-MMT,一定温度下,振荡吸附一定时间后,测定残留的Ni^{2+}、Mn^{2+}质量浓度,根据式(4.1)和式(4.2)分别计算吸附量和去除率。

$$Q_e = (\rho_0 - \rho_t)V/m \tag{4.1}$$

$$R_e = (\rho_0 - \rho_t)/\rho_0 \times 100\% \tag{4.2}$$

式(4.1)和式(4.2)中,Q_e表示吸附量,mg/g;ρ_0表示吸附前离子的质量浓度,mg/L;ρ_t表示吸附后离子质量浓度,mg/L;V表示初始体积,L;m表示Ti-MMT质量,g;R_e表示去除率,%。

4.2.4 结构表征与性能测试

XRD测定条件:靶材Cu,管电压40 kV,管电流40 mA,对Ca-MMT进行广角测定,扫描范围为5°～90°,因改性后特征衍射峰前移,故对Na-MMT和Ti-MMT进行小角测定,扫描范围为2.5°～10°。FTIR:采用溴化钾压片法在室温下进行FTIR测试。波数范围:4 000～400 cm^{-1}。SEM:工作电压200 kV。Zeta电位:粒径范围5 nm～10μm。Ti-MMT质量浓度为1 g/L。

4.3　Ti-MMT 的性能分析

4.3.1　XRD 分析

Ca-MMT、Na-MMT 和 Ti-MMT 的 XRD 图谱如图 4.1 所示，Ca-MMT 图谱与 Montmorill onite-15A 的标准卡片（JCPDS 13-0135）一致，在 $2\theta = 5.8°$、19.7°、34.8°、36.0°、48.5°、54.1°、61.9°、73.2°、76.6°时均出现了明显的衍射峰，对应于蒙脱石晶体的（001）、（100）、（110）、（006）、（008）、（210）、（0010）、（221）和（310）晶面，而在 $2\theta = 21.9°$、29.1°时对应于石英（JCPDS 39-1425）的（211）和（310）晶面，在 $2\theta = 26.6°$时对应于石英（JCPDS 46-1045）的（101）晶面。衍射峰清晰且尖锐，表明所使用的蒙脱石原料具有较高的结晶度，为典型的钙基蒙脱石。Ca-MMT、Na-MMT 和 Ti-MMT 的特征衍射峰分别出现在 $2\theta = 5.84°$、7.04°和 3.01°处，通过布拉格定律计算得到 Ca-MMT、Na-MMT 和 Ti-MMT 的晶面间距 d_{001} 值分别为 1.51 nm、1.25 nm 和 2.94 nm。这一变化表明醇钛水解后的钛离子（Ti^{4+}）基团已经进入 Na-MMT（001）层间，成功柱撑了 Na-MMT，使得晶面间距显著增大。

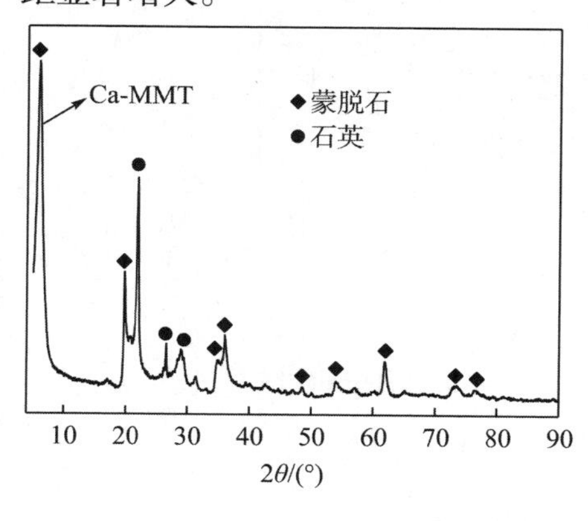

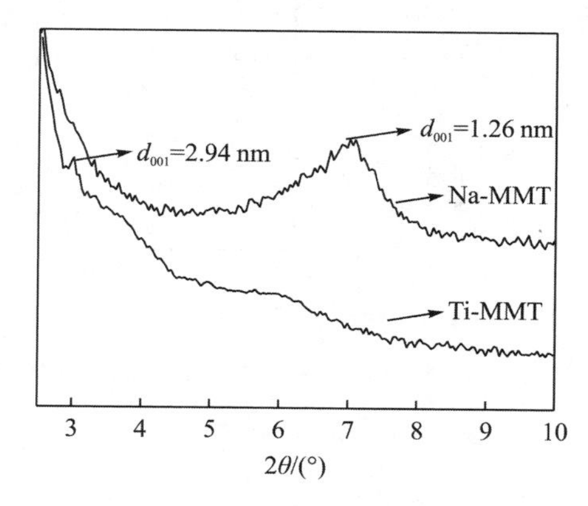

图 4.1　Ca-MMT、Na-MMT 和 Ti-MMT 的 XRD 图谱

4.3.2 FTIR 分析

图 4.2 为 Ca-MMT、Na-MMT 和 Ti-MMT 的红外光谱图。Ca-MMT、Na-MMT 和 Ti-MMT 的基本骨架无显著变化,只是部分峰的强度发生了变化,表明钠化及柱化过程并未改变 Ca-MMT 的基本结构。在 3 630 cm^{-1} 附近为蒙脱石结构中—OH 和层间吸附自由水以及微量残余有机物的伸缩振动。在 1 090 ~ 914 cm^{-1} 处分别代表蒙脱石四面体 Si—O—Si 的面内对称伸缩振动及 Si—O 弯曲振动。在 914 cm^{-1} 处为蒙脱石八面体层的 Al—O(OH)—Al 对称平移振动,622 cm^{-1} 附近为 Si—O—Mg 弯曲振动,在 521 cm^{-1} 处为 Si—O—Fe 弯曲振动。经柱撑后,795 cm^{-1} 附近的—OH 弯曲振动峰变小,521 cm^{-1} 附近的 Si—O—Fe 和 622 cm^{-1} 附近处的 Si—O—Mg 弯曲振动吸收峰减弱,其余的谱峰无太大变化,蒙脱石端面所存在的 ═Si—O、═Al—O、═Al—OH 等化学键,可发生断键作用形成可变电荷,能与金属阳离子发生络合,是其优异吸附性能的结构基础[17]。

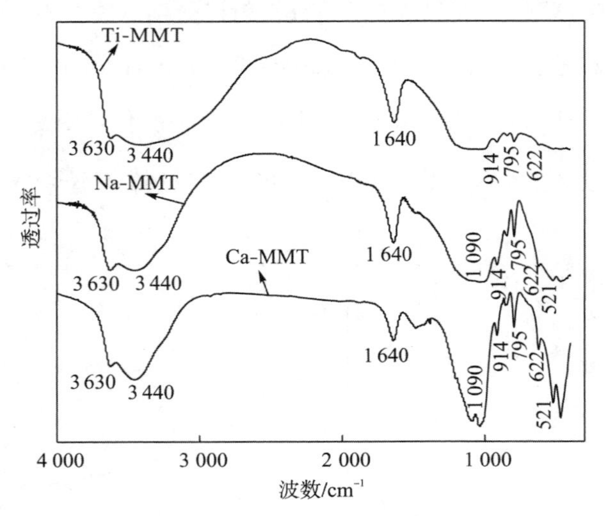

图 4.2　Ca-MMT、Na-MMT 和 Ti-MMT 的红外光谱图

4.3.3 SEM 分析

图 4.3 为 Ca-MMT(a)、Na-MMT(b)和 Ti-MMT(c)的 SEM 谱图。如图所示，Ca-MMT 呈现出层状结构，层间堆积紧密，但可见明显的层叠边缘，钠化后，Na-MMT 仍以片层状结构分布，但片层间呈现出折叠、棉絮状现象，且多以面-面相互结合在一起，符合典型的 Na-MMT 材料的微观形貌特征[18]，柱撑后，Ti-MMT 出现了片层剥离现象，片层之间存在着较大且形状不均匀的孔洞及孔隙结构，片层间距变大，表明聚合羟基阳离子 Ti^{4+} 成功柱撑进入 Na-MMT 层间，这与 XRD 结果一致。

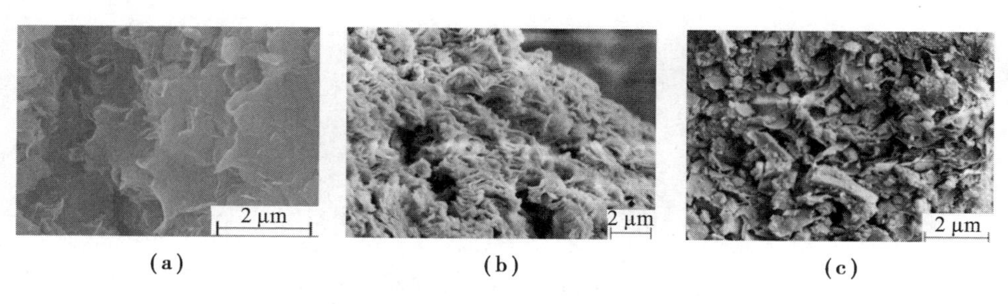

图 4.3　Ca-MMT(a)、Na-MMT(b)和 Ti-MMT(c)的 SEM 谱图

4.3.4 柱撑前后材料吸附性能对比

Ca-MMT、Na-MMT 与 Ti-MMT 的吸附性能差异见表 4.2，表中可见在金属离子初始质量浓度为 200 mg/L、pH 值为 7、投加量为 5 g/L、温度为 298 K 下，Ca-MMT、Na-MMT 与 Ti-MMT 吸附镍、锰离子 120 min 的吸附情况。由表 4.2 可知，Ca-MMT 对两种离子的吸附效果略优于 Na-MMT，是由于 Ca-MMT 的晶面间距略大于 Na-MMT，其层间储容能力更强。而经过插层柱撑后，Ti-MMT 的吸附效果有了较大提升，是由于 Ti-MMT 的晶面间距相较于柱撑前有较大提高。结合 XRD、FTIR、SEM 的表征结果，表明通过溶胶凝胶法成功制备了具有更优吸附性能的 Ti-MMT。

表 4.2　Ca-MMT、Na-MMT 与 Ti-MMT 的吸附性能差异

吸附剂	Ni		Mn	
	$Q/(\mathrm{mg}\cdot\mathrm{g}^{-1})$	R/%	$Q/(\mathrm{mg}\cdot\mathrm{g}^{-1})$	R/%
Ca-MMT	14.01	35.03	13.51	33.78
Na-MMT	13.67	34.24	13.14	32.84
Ti-MMT	24.45	61.13	24.25	60.62

4.4　吸附过程的影响

4.4.1　pH 的影响

图 4.4 为 pH 对 Ni^{2+}、Mn^{2+}去除率和 Zeta 电位(测量 Zeta 电位时 Ti-MMT 分散在蒸馏水中,质量浓度为 1 g/L)的影响图,为避免碱性条件下 Ni^{2+}、Mn^{2+}形成沉淀,影响 Ti-MMT 对 Ni^{2+}、Mn^{2+}的实际吸附,设定 pH 值为 2 ~ 7。如图 4.4 所示,溶液 pH 对吸附效果有较大影响,随着溶液 pH 的升高,Ti-MMT 对 Ni^{2+}、Mn^{2+}的去除率都逐渐增加,Ni^{2+}的去除率从 5.47% 增加到 61.13%,Mn^{2+}的去除率从 8.08% 增加到 60.62%,Ti-MMT 的 Zeta 电位由-9.96 mV 变为-34.21mV。

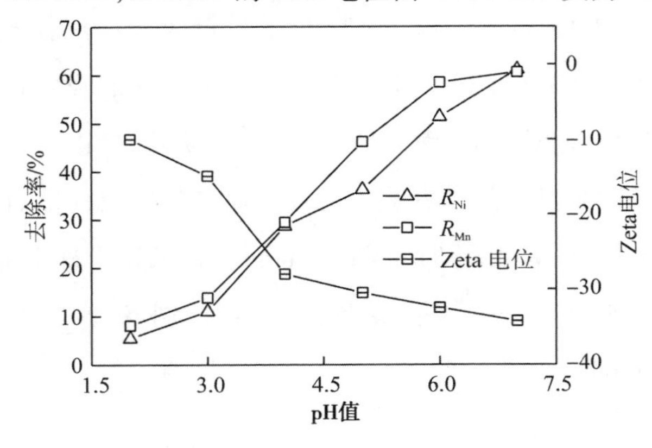

图 4.4　pH 值对 Ni^{2+}、Mn^{2+}去除率和 Zeta 电位的影响

Ti-MMT 带负电荷,是由于类质同象,使得 Ti-MMT 的晶体带永久负电荷,即结构电荷,结构电荷与 Ti-MMT 的矿物组成和结构有关,不受反应条件和溶液 pH 的影响,使得 Ti-MMT 悬浮液体系的电势呈负值[19]。在较低 pH 条件下,即使大量 H^+被吸附到 Ti-MMT 中,但由于其层间仍然存在大量结构负电荷,因此表面电势仍呈负值[20]。此外,Ti-MMT 结构中还包括可变电荷,可变电荷通常是由于晶体中—OH 发生 H^+的吸附/解吸以及端面 ═Si—O、═Al—O 等化学键的断键作用而形成,通常能够与阳离子发生络合反应从而产生吸附作用[17]。pH 较小时,Ti-MMT 表面的质子化反应主要发生在结构电荷位,随着 pH 的增大,结构电荷位的质子化过程对表面净质子过剩的贡献逐渐小于可变电荷位,直至质子化反应基本可以忽略,Ti-MMT 表面逐渐发生去质子化反应,即可变电荷位在蒙脱石去质子化反应中起决定性作用,因此当溶液处于中性或碱性条件下,可变电荷位发生的吸附反应将会对重金属离子的去除产生一定影响。

因此,Ti-MMT 对 Ni^{2+}、Mn^{2+}的吸附包括两个方面:①Ti-MMT 结构电荷的静电引力所致的离子交换;②Ti-MMT 端面的可变电荷与阳离子发生络合反应产生的吸附,即(B 为 Ni、Mn)[21]:$M_{suf}-OH+B^{2+}+H_2O \rightarrow M_{suf}-OBOH+2H^+$。在吸附过程中,由于 Ti-MMT 结构电荷数量占优,第一种吸附占主导地位。当 pH 较小时,H^+浓度较高,与重金属离子形成了竞争,由于 3 种阳离子正电性 $Ni^{2+}<Mn^{2+}<H^+$,H^+优先被 Ti-MMT 吸附,使得 Ni^{2+}、Mn^{2+}去除率较低,且 Ni^{2+}略微小于 Mn^{2+}。随着 pH 的增大,H^+的竞争作用减小,同时,Ti-MMT 表面逐渐发生去质子化反应(可变电荷起主导作用),负电荷量增加,对重金属离子吸附能力增强,Ni^{2+}、Mn^{2+}的去除率逐渐递增,但可变电荷所占比例较小,吸附效果的显著增加还与 Ti-MMT 片层对金属离子的专性吸附有关[22]。

4.4.2　Ti-MMT 投加量的影响

图 4.5 为 Ti-MMT 投加量对 Ni^{2+}、Mn^{2+}吸附效果的影响。如图 4.5 所示,随着 Ti-MMT 投加量的升高,Ni^{2+}、Mn^{2+}的去除率都表现为逐步增加然后达到最大

值,原因是单位体积溶液中 Ti-MMT 的数量越多,未吸附饱和位点就越多,越有利于吸附,故而去除率提高,而单位质量的 Ti-MMT 吸附量 q_e 的值却逐渐下降。当投加量增大到一定值时,Ti-MMT 颗粒在溶液中发生团聚,减少了吸附剂的总面积和增加了重金属离子在 Ti-MMT 中的扩散路径[23],同时,Ti-MMT 对离子的吸附达到饱和后可能发生解吸,故而去除率开始略微下降。

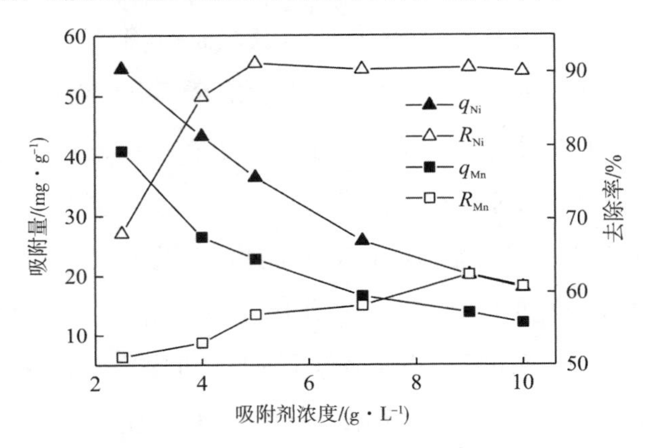

图 4.5 Ti-MMT 投加量对吸附量和去除率的影响

4.4.3 重金属离子初始质量浓度的影响及等温吸附模型

图 4.6 为 Ni^{2+} 和 Mn^{2+} 初始质量浓度对吸附量和去除率的影响。由图 4.6 可知,随着 Ni^{2+}、Mn^{2+} 的初始质量浓度从 10 mg/L 分别升高至 200 mg/L 和 250 mg/L,Ni^{2+}、Mn^{2+} 的吸附量都随着初始质量浓度的升高而上升,但去除率却在达到最大值后,逐渐下降,最大值分别为 90.65% 和 86.22%,最小值分别为 68.08% 和 57.03%。这可能是随着离子质量浓度的增加,在 Ti-MMT 表面就会有更多的重金属离子被吸附,从而使得吸附量上升,而达到某一值后,Ti-MMT 表面活性吸附位点逐渐趋于吸附饱和,导致吸附效率降低[24]。

使用 Langmuir[式(4.3)]、Freundich[式(4.4)]、Temkin[式(4.5)]和 Dubinin-Rad ushkevich (D-R)[式(4.6)] 4 种等温模型对吸附实验数据进行线性拟合[25,26],用于评价吸附剂的吸附机制,模型方程如式(4.3)—式(4.6),等

温吸附模型线性参数见表4.3。

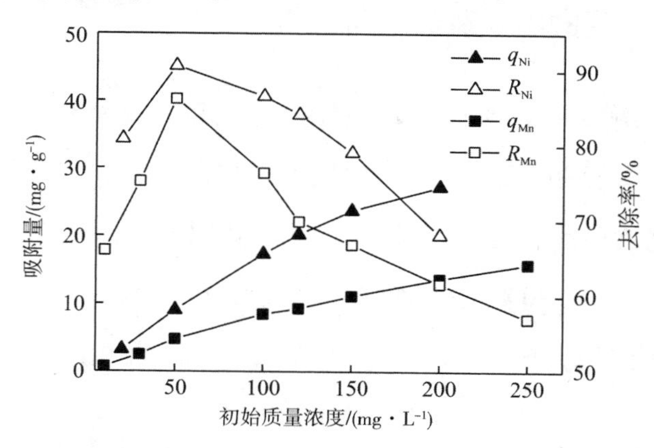

图4.6 Ni^{2+}和Mn^{2+}初始质量浓度对吸附量和去除率的影响

$$Q_e = \frac{Q_m \rho_e}{1/b + \rho_e} \tag{4.3}$$

$$Q_e = K_f \rho_e^{1/n} \tag{4.4}$$

$$Q_e = B_T \ln A_T + B_T \ln \rho_e \tag{4.5}$$

$$\ln Q_e = \ln Q_m - \beta \varepsilon^2 \tag{4.6}$$

式(4.3)—式(4.6)中,Q_e 表示吸附平衡时的吸附量,mg/g;Q_m 表示最大吸附量,mg/g;ρ_e 表示吸附平衡时溶液的质量浓度,mg/L;b 为吸附平衡常数,L/mg;K_f 为 Freundlich 亲和系数;n 为 Freundlich 模型常数;B_T 为吸附热常数;A_T 为平衡结合常数,L/mg;β 为 D-R 等温线常数,mol^2/J^2;ε 为 polanyi 活化能;E 为特征能量,kJ/mol。

表4.3 等温吸附模型线性参数

离子	吸附模型											
	Langmuir			Freundlich			Temkin			D-R		
	Q_m	b	R^2	K_b	n	R^2	B_T	A_T	R^2	β	E	R^2
Ni^{2+}	38.819 9	0.043 2	0.787 8	1.447 2	1.512 6	0.751 7	8.182 6	1.858 6	0.953 4	0.005 5	9.534 6	0.934 0
Mn^{2+}	26.581 6	0.014 4	0.640 5	2.155 4	3.885 5	0.837 1	4.180 8	0.327 3	0.965 9	0.006 9	8.512 6	0.863 7

4.4.4 吸附时间的影响及吸附动力学

图 4.7 为吸附时间对 Ni^{2+} 和 Mn^{2+} 吸附量和去除率的影响。在吸附的前期，Ti-MMT 对两种离子的吸附效果随着时间的增加而增加，但 Ni^{2+} 的增长速率较 Mn^{2+} 更快。Ni^{2+} 在吸附时间超过 120min 后，吸附量与去除率变化不大，基本稳定在 9.29 mg/g 与 92.90% 左右，而 Mn^{2+} 的吸附量和去除率依然继续升高，直至 180 min 分别达到最大值 4.34 mg/g 和 78.05%，而后开始下降。表明 Ni^{2+}、Mn^{2+} 的吸附平衡分别在 120 min 与 180 min 达到。

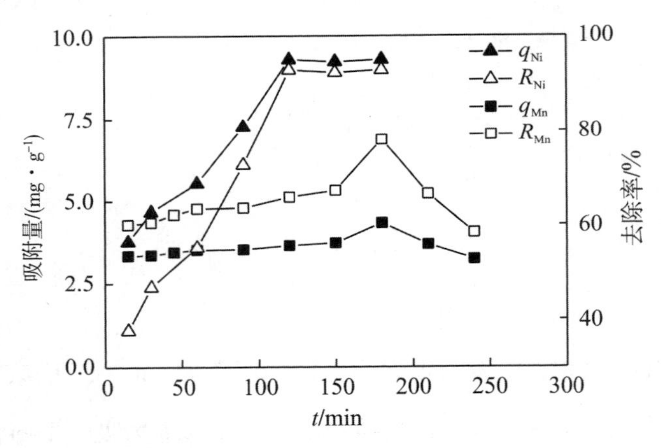

图 4.7 吸附时间对 Ni^{2+} 和 Mn^{2+} 吸附量和去除率的影响

为更好地理解吸附动力学机制，对吸附过程进行拟一级反应动力学方程[式(4.7)]、拟二级反应动力学方程[式(4.8)]、Elovich 方程[式(4.9)]和颗粒内扩散方程[式(4.10)]线性拟合[27,28]，动力学模型线性参数见表 4.4，颗粒内扩散模型拟合计算结果见表见 4.5，颗粒内扩散模型线性拟合曲线如图 4.8 所示。

表 4.4　动力学模型线性参数

离子	拟一级反应动力学方程			拟二级反应动力学方程			Elovich 方程		
	Q_e /(mg · g^{-1})	k_1/[mg · (g · min)$^{-1}$]	R^2	Q_e /(mg · g^{-1})	k_2/[g · (mg · min)$^{-1}$]	R^2	α/[mg · (g · min)$^{-1}$]	β /(g · mg^{-1})	R^2
Ni^{2+}	8.017 0	0.014 9	0.918 0	11.821 7	0.001 8	0.948 7	0.593 2	0.400 4	0.901 4
Mn^{2+}	1.061 3	0.003 7	0.962 2	3.596 0	−2.994 0	0.966 9	$1.791\ 5\times10^{8}$	6.413 6	0.076 4

表 4.5　颗粒内扩散模型拟合计算结果

离子	不同阶段	拟合方程	k_p/[mg · (g · min$^{0.5}$)$^{-1}$]	c/(mg · g^{-1})	R^2
Ni^{2+}	总阶段	y=0.653 23x+1.106 42	0.653 2	1.106 4	0.934 0
	第一阶段	y=0.446 73x+2.107 56	0.446 7	2.107 6	0.973 6
	第二阶段	y=1.169 62x−3.632 75	1.169 6	−3.632 8	0.982 6
	第三阶段	y=−0.000 82x+9.279 98	−0.000 8	9.280 0	−0.998 3
Mn^{2+}	总阶段	y=0.032 94x+3.255 96	0.033 0	3.256 0	0.076 4
	第一阶段	y=0.037 5x+3.182 62	0.037 5	3.182 6	0.655 5
	第二阶段	y=0.104 27x+2.650 94	0.104 3	2.650 9	0.604 8
	第三阶段	y=−0.530 91x+11.437 12	−0.530 9	11.437 1	0.986 0

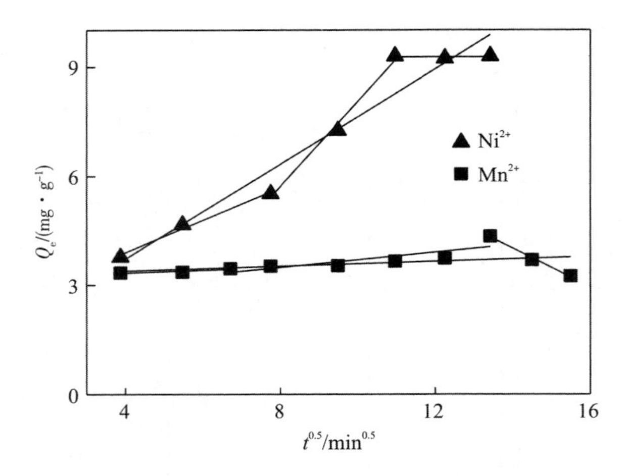

图 4.8　颗粒内扩散模型线性拟合曲线

$$\log(Q_e - Q_t) = \log Q_e - \frac{k_1 t}{2.304} \tag{4.7}$$

$$\frac{t}{Q_t} = \frac{t}{Q_e} + \frac{1}{k_2 Q_e^2} \tag{4.8}$$

$$Q_t = \frac{1}{\rho}\ln(\alpha\beta) + \frac{1}{\beta}\ln t \tag{4.9}$$

$$Q_t = k_p t^{1/2} + c \tag{4.10}$$

式(4.7)—式(4.10)中,k_1 和 k_2 分别为拟一级、拟二级吸附速率常数,单位分别为 mg/(g · min);Q_e 表示平衡吸附量,mg/g;Q_t 表示 t 时间的吸附量,mg/g;k_p 为颗粒内扩散速率常数,mg/($min^{0.5}$ · g);c 为常数,mg/g;α 为初始吸附速率常数,mg/(g · min);β 是对应于化学吸附的表面覆盖率和活化能的常数,g/mg。

由表 4.4 可知,Ni^{2+}、Mn^{2+}的拟二级动力学方程的线性拟合相关系数 R^2 更高,分别为 0.948 7、0.966 9,说明该模型可较准确描述 Ti-MMT 吸附 Ni^{2+} 和 Mn^{2+}的动力学特性,而化学键的形成是影响拟二级吸附动力学模型的主要因素,可推断 Ti-MMT 吸附 Ni^{2+}和 Mn^{2+}以化学吸附为主[29],这与前文及其他类型的改性蒙脱石对 Ni^{2+}或 Mn^{2+}的吸附研究结果一致[30]。

由图 4.8 和表 4.5 可知,Ni^{2+}和 Mn^{2+}的颗粒内扩散模型拟合直线皆不经过原点，且整个吸附过程的拟合系数较低，说明在吸附过程中，Ti-MMT 吸附 Ni^{2+} 和 Mn^{2+} 不是由单一的颗粒内扩散环节所控制，同时还受到液膜扩散及表面吸附的控制[31]，Ti-MMT 吸附 Ni^{2+} 和 Mn^{2+} 可分为 3 个不同阶段（图 4.8 和表 4.5）。第一阶段为固液界面处的扩散，t 介于 15 ~ 60 min，在此期间，吸附过程主要由液膜扩散环节所控制，吸附速率主要由液膜扩散常数决定，金属离子从液相主体扩散到液膜表面，再以分子扩散的形式通过液膜，到达固液界面[32]；第二阶段为 Ni^{2+} 和 Mn^{2+} 在 Ti-MMT 孔隙内的扩散，Ni^{2+} 和 Mn^{2+} 由 Ti-MMT 外表面扩散进入 Ti-MMT 微孔内，进而扩散至 Ti-MMT 内表面，最后达到平衡，对于 Ni^{2+}，此阶段 t 介于 60 ~ 120 min，对于 Mn^{2+}，此阶段 t 介于 60 ~ 180 min，此阶段由颗粒内扩散环节所控制，吸附速率主要由粒内扩散速率常数 k_p 决定[33]，此时，Ni^{2+} 的 k_p 大于 Mn^{2+} 的 k_p，表现为 Ni^{2+} 的吸附量与去除率的增长速率大于 Mn^{2+}，两种离子达到吸附平衡所需要的时长不一致；第三阶段即 t 分别超过 120 min 及 180 min 后的阶段，此阶段，两种离子的 k_p 值均为负值，且 Mn^{2+} 的值较大，表明在第二阶段达到吸附平衡后，在 Ti-MMT 表面吸附的一部分 Ni^{2+} 和 Mn^{2+} 开始解吸，且 Mn^{2+} 解吸较快。故 Ti-MMT 对 Ni^{2+} 和 Mn^{2+} 的吸附更符合拟二级动力学方程，吸附过程受液膜扩散、颗粒内扩散等环节控制。

4.4.5　吸附温度的影响及吸附热力学

图 4.9 为吸附温度对 Ni^{2+} 和 Mn^{2+} 吸附量和去除率的影响，可以看出，温度对于吸附的影响较小，随着温度增加，两种金属离子的吸附量与去除率仅有少量增加，Ni^{2+} 的去除率由 90.65% 增加至 94.59%，Mn^{2+} 的去除率由 77.51% 增加至 86.73%。这可能是由于升高温度，有利于金属离子获得更多的动能以克服金属离子与 Ti-MMT 间的能量障碍，同时，也使得 Ti-MMT 的部分表面组分发生解离，从而在吸附剂上产生更多的吸附活性位点[34]。

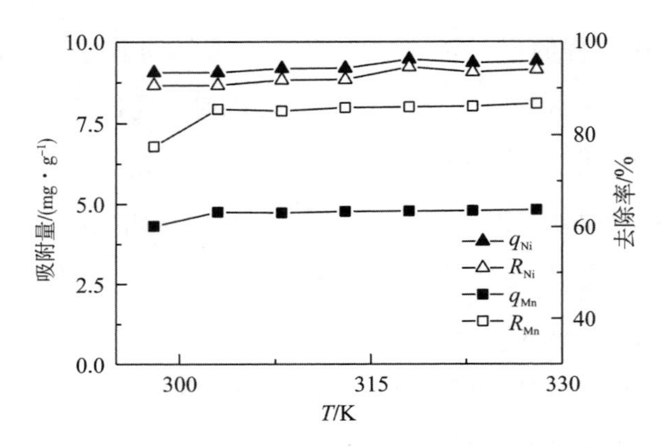

图 4.9　吸附温度对 Ni^{2+} 和 Mn^{2+} 吸附量和去除率的影响

利用 Van't Hoff 方程[式(4.11)]对不同温度下 Ti-MMT 吸附 Ni^{2+}、Mn^{2+} 的等量吸附焓进行拟合计算,由如下方程计算 Gibbs 自由能(ΔG)、熵变(ΔH)、焓变(ΔS),Ti-MMT 吸附 Ni^{2+} 和 Mn^{2+} 的 $\ln K_d - 1/T$ 图如图 4.10 所示、Ti-MMT 吸附 Ni^{2+}、Mn^{2+} 的热力学参数见表 4.6。

$$\ln K_d = \frac{\Delta S}{R} - \frac{\Delta H}{RT} \tag{4.11}$$

$$\Delta G = - RT \ln K_d \tag{4.12}$$

式(4.11)和式(4.12)中,K_d($K_d = Q_e/\rho_e$)为分配系数,L/mg;R 是摩尔气体常数;T 是热力学温度,K。

从图 4.10 和表 4.6 可知,当吸附温度从 298 K 上升到 328 K 时,Ti-MMT 吸附 Ni^{2+}、Mn^{2+} 的 Gibbs 自由能(ΔG)分别从−1.640 0 kJ/mol 和 2.377 5 kJ/mol 下降至−3.128 2 kJ/mol 和 0.872 7 kJ/mol。ΔG 随温度升高而减小,表明 Ti-MMT 对 Ni^{2+}、Mn^{2+} 的吸附能力变得更大,同时,因为 $\Delta H>0$,表明 Ti-MMT 吸附 Ni^{2+}、Mn^{2+} 为吸热过程,这与升高温度,吸附量与去除率提高表现一致。$\Delta S>0$,表明 Ni^{2+}、Mn^{2+} 固定在 Ti-MMT 的活性位点时,固溶界面的随机性增加,表明 Ti-MMT 的活性位点可能和 Ni^{2+}、Mn^{2+} 之间发生一些结构交换[35]。

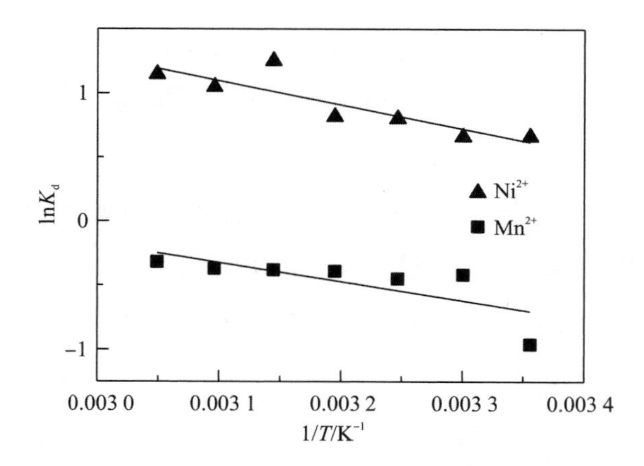

图 4.10　Ti-MMT 吸附 Ni^{2+}和 Mn^{2+}的 ln K_d−1/T 图

表 4.6　Ti-MMT 吸附 Ni^{2+}、Mn^{2+}的热力学参数

离子	ΔH /(kJ · mol⁻¹)	ΔS/[J · (mol · K)⁻¹]	ΔG/(kJ · mol⁻¹)						
			298 K	303 K	308 K	313 K	318 K	323 K	328 K
Ni^{2+}	15.602 6	57.494 4	−1.640 0	−1.667 5	−2.055 4	−2.127 9	−3.310 5	−2.822 2	−3.128 2
Mn^{2+}	12.314 8	35.472 6	2.377 5	1.055 7	1.153 8	1.020 3	1.008 8	0.996 2	0.872 7

4.5　小结

(1)以 Na-MMT、钛酸四丁酯作基质材料,将聚合羟基阳离子 Ti^{4+}柱撑到 Na-MMT 层间,制备了 Ti-MMT。Ti-MMT 的晶面间距 d_{001} 增大为 2.94 nm,端面存在═Si—O、═Al—O、═Al—OH 等化学键,悬浮液体系的电势呈负值,是其具有优异吸附性能的结构基础。

(2) Ti-MMT 可有效脱除 Ni^{2+} 与 Mn^{2+},吸附脱除过程受溶液初始 pH、Ti-MMT 用量以及 Ni^{2+}、Mn^{2+}初始质量浓度、吸附时间、吸附温度等因素影响,其中 pH 的影响最大。在 pH 值为 7,Ti-MMT 用量为 5 g/L,Ni^{2+}初始质量浓度为 50 mg/L,318 K 时吸附 120 min 的条件下,Ni^{2+}吸附量 Q_e 可达 9.46 mg/g,去除

率可达94.59%；在pH值为7，Ti-MMT用量为9g/L，Mn^{2+}初始质量浓度为50 mg/L，328 K时吸附180 min的条件下，Mn^{2+}吸附量Q_e可达4.82 mg/g，去除率可达86.73%。

（3）Ti-MMT对Ni^{2+}与Mn^{2+}的吸附都更符合Temkin吸附，动力学更符合拟二级动力学方程，吸附过程受液膜扩散、颗粒内扩散环节等控制，且以离子交换的化学吸附为主。此外，Ni^{2+}属于自发吸热熵增过程，而Mn^{2+}属于吸热熵增的非自发过程。

（4）本章对Ti-MMT分别对Ni^{2+}与Mn^{2+}的吸附及脱除机制进行了探究，但实际的废水成分复杂，往往多种重金属离子共存，下一步工作将进一步提高吸附体系溶液组分的复杂度，研究多种离子共存时的吸附机理。

参考文献

[1] Fu F L, Wang Q. Removal of heavy metal ions from wastewaters: a review[J]. Journal of Environmental Management, 2011, 92(3): 407-418.

[2] Badmus M O A, Audu T, Anyata B. Removal of lead ion from industrial wastewaters by activated carbon prepared from periwinkle shells (typanotonus fuscatus)[J]. Turkish Journal of Engineering & Environmental Sciences, 2007, 31(4): 251-263.

[3] Singh R, Gautam N, Mishra A, et al. Heavy metals and living systems: an overview[J]. Indian Journal of Pharmacology, 2011, 43(3): 246-253.

[4] Zhuang P, Mcbride M B, Xia H P, et al. Health risk from heavy metals via consumption of food crops in the vicinity of Dabaoshan mine, South China[J]. Science of the Total Environment, 2009, 407(5): 155 1-156 1.

[5] Michalke B, Fernsebner K. New insights into manganese toxicity and speciation[J]. Journal of Trace Elements in Medicine & Biology, 2014, 28(2): 106-116.

[6] World Health Organization. Guidelines for Drinking-Water Quality [M]. World Health Organization, 2002.

[7] Vilvanathan S, Shanthakumar S. Ni^{2+} and Co^{2+} adsorption using Tectona grandis biochar:

kinetics, equilibrium and desorption studies[J]. Environmental Technology, 2018, 39(4): 464-478.

[8] Patil D S, Chavan S M, Oubagaranadin J U K. A review of technologies for manganese removal from wastewaters[J]. Journal of Environmental Chemical Engineering, 2016, 4(1): 468-487.

[9] Deng J Q, Liu Y G, Liu S B, et al. Competitive adsorption of Pb(Ⅱ), Cd(Ⅱ) and Cu(Ⅱ) onto chitosan-pyromellitic dianhydride modified biochar[J]. Journal of Colloid and Interface Science, 2017, 506: 355-364.

[10] Yang H, Zhang H, Liu Y, et al. Characteristics and its assessment of heavy metal content in soil and rice with different repair methods[J]. Transactions of the Chinese Society of Agricultural Engineering, 2017, 33(23): 164-171.

[11] Park J H, Ok Y S, Kim S H, et al. Competitive adsorption of heavy metals onto sesame straw biochar in aqueous solutions[J]. Chemosphere, 2016, 142: 77-83.

[12] Lin H, Jin X N, Dong Y B, et al. Effects of bentonite on chemical forms and bioavailability of heavy metals in different types of farmland soils[J]. Environmental Science, 2019, 40(2): 945-952.

[13] 邓曼君,王学江,成雪君,等. 鸟粪石天然沸石复合材料对水中铅离子的去除[J]. 环境科学,2019,40(3):1310-1317.

[14] 邵鸿飞,刘元俊,冀克俭,等. 羟基铝离子柱撑蒙脱石材料的制备与结构表征[J]. 化学分析计量,2015,24(1):61-63.

[15] Binitha N N, Sugunan S. Preparation, characterization and catalytic activity of titania pillared montmorillonite clays[J]. Microporous and Mesoporous Materials, 2006, 93(1-3): 82-89.

[16] 韩朗. 插层蒙脱石材料对污水中 Pb^{2+} 和 Cu^{2+} 的吸附研究[D]. 贵阳:贵州大学,2017.

[17] 曹晓强,陈亚男,张燕,等. 蒙脱石表面电荷特性研究及模拟[J]. 功能材料,2016,47(4):4152-4156.

[18] 王海东,汤育才,余海钊. 钛柱撑膨润土的制备及柱化影响因素[J]. 中国有色金属学报,2008,18(3):535-540.

[19] SondiI, Bišćan J, Pravdić V. Electrokinetics of pure clay minerals revisited[J]. Journal of Colloid and Interface Science, 1996, 178(2): 514-522.

[20] 赵越，郑欣，徐畅，等. 改性硅酸钙（CSH）对重金属废水中 Ni^{2+} 的吸附特性研究[J]. 安全与环境学报，2017，17(5)：1904-1908.

[21] 叶玲，张敬阳. 邻菲罗啉对蒙脱石吸附镍离子性能影响[J]. 环境科学学报，2012，32(6)：1381-1387.

[22] 郝红英，何孟常，林春野. 腐殖酸对蒙脱石吸附镉离子的影响机理研究[J]. 水土保持学报，2007，21(4)：177-180.

[23] Bhattacharyya K G, Sen Gupta S. Pb(Ⅱ) uptake by kaolinite and montmorillonite in aqueous medium: Influence of acid activation of the clays[J]. Colloids and Surfaces A: Physicochemical and Engineering Aspects, 2006, 277(1-3): 191-200.

[24] Jiang M Q, Wang Q P, Jin X Y, et al. Removal of Pb(Ⅱ) from aqueous solution using modified and unmodified kaolinite clay[J]. Journal of Hazardous Materials, 2009, 170(1): 332-339.

[25] 何兴羽. 锆基 MOFs 吸附去除水中砷、锑离子和汞离子检测性能研究[D]. 南昌：南昌航空大学，2016.

[26] 郭春香. 海藻酸纤维对阳离子染料吸附性能的研究[D]. 青岛：青岛大学，2011.

[27] Weber W J, Morris J C. Kinetics of adsorption on carbon from solution[J]. Asce Sanitary Engineering Division Journal, 1963, 1(2): 1-2.

[28] Sengil Ī A, Özacar M. Competitive biosorption of Pb^{2+}, Cu^{2+} and Zn^{2+} ions from aqueous solutions onto valonia tannin resin[J]. Journal of Hazardous Materials, 2009, 166(2/3): 1488-1494.

[29] Bezbaruah A N, Shanbhogue S S, Simsek S, et al. Encapsulation of iron nanoparticles in alginate biopolymer for trichloroethylene remediation[J]. Journal of Nanoparticle Research, 2011, 13(12): 6673-6681.

[30] Akpomie K G, Dawodu F A. Efficient abstraction of nickel(Ⅱ) and manganese(Ⅱ) ions from solution onto an alkaline-modified montmorillonite[J]. Journal of Taibah University for Science, 2014, 8(4): 343-356.

[31] Zhao L, Mitomo H. Adsorption of heavy metal ions from aqueous solution onto chitosan entrapped CM-cellulose hydrogels synthesized by irradiation[J]. Journal of Applied Polymer

Science,2008,110(3):1388-1395.

[32] Kumar E,Bhatnagar A,Ji M,et al. Defluoridation from aqueous solutions by granular ferric hydroxide (gfh)[J]. Water Research,2009,43(2):490-498.

[33] Hameed B H,Tan I A W,Ahmad A L. Adsorption isotherm,kinetic modeling and mechanism of 2,4,6-trichlorophenol on coconut husk-based activated carbon[J]. Chemical Engineering Journal,2008,144(2):235-244.

[34] Li Y H,Xia B,Zhao Q S,et al. Removal of copper ions from aqueous solution by calcium alginate immobilized kaolin[J]. Journal of Environmental Sciences,2011,23(3):404-411.

[35] Nuhoglu Y,Malkoc E. Thermodynamic and kinetic studies for environmentaly friendly Ni(Ⅱ) biosorption using waste pomace of olive oil factory[J]. Bioresource Technology,2009,100(8):2375-2380.

第5章　钛柱撑蒙脱石复合材料吸附锌离子

5.1　引言

锌是人体重要的微量元素,也是对大自然有危害的重金属元素之一。锌对人体的危害主要来自工业废液在水体和生物体内的积累,通过食物链对人类健康构成潜在威胁[1]。目前,工业上处理重金属废液中的 Zn^{2+} 的方法有化学沉淀法、化学氧化还原法、过滤、离子交换法、电解法、蒸发回收技术及吸附法等[2]。其中,吸附法具有操作简单、选择性多、净化度高的优点[3]。吸附法处理废液中 Zn^{2+} 的技术主要有 13X 分子筛吸附[4]、TiO_2 溶胶载体吸附[5]、Fe_3O_4-壳聚糖纳米粒子吸附[6]、改型斜发沸石吸附[7]、纯蒙脱石吸附[8]等。蒙脱石属于层状硅酸盐矿物,具有含水的层状结构[9],蒙脱石的每层晶片大小为 1 nm 左右,蒙脱石是天然存在的纳米粒子[10,11],对大多数重金属离子有很强的吸附性能。本研究是以提纯钠基蒙脱石(Na-mt)为原料,并对其结构进行表征,探索插层蒙脱石对 Zn^{2+} 的吸附能力,以期提供一种工业上吸附 Zn^{2+} 的新技术。

5.2　实验

5.2.1　钛柱撑蒙脱石的制备

（1）称取20 g土蒙脱石粉末加入500 mL水中，浸泡1 h，加入2.5 g六偏磷酸钠分散剂搅拌3 h，使蒙脱石分散于水中，静置1 h，使不溶于水的杂质沉淀下来，用离心机在3 600 r/min转速下离心5 min，取上清液于80 ℃下进行烘干，研磨过200目筛即得到钠基蒙脱石（Na-mt）。

（2）称取4.0 g的钠基蒙脱石，加入400 mL蒸馏水中，在恒温数显磁力搅拌器中不断搅拌得到浓度为1%的悬浮液，按H/Ti＝2 mol/mol比例将钛酸正丁酯缓慢滴加到盐酸溶液中，反应30 min，然后室温静置6 h。在剧烈搅拌的条件下，将制得的钛插层柱化剂缓慢滴加到Na-mt悬浮液中，室温柱化反应6 h后静置12 h，过滤，用蒸馏水洗涤至无氯离子，用$AgNO_3$溶液检验；分离后的固体放在真空干燥箱内于80 ℃下干燥，干燥后的固体经研磨过200目筛后300 ℃焙烧4h，即可得钛插层蒙脱石（Ti-Imt）材料[12]。

5.2.2　钛柱撑蒙脱石吸附锌离子实验

1）锌标准溶液的配置

将1 000 mg/L的标液稀释成100 mg/L的标准溶液，工作时稀释为4、12、20、28、36、44 mg/L的标准溶液。

2）显色原理

4-(2-吡啶偶氮)间苯二酚（PAR）与Zn^{2+}在溴化十六烷基三甲基铵（CTMAB）存在的情况下发生显色反应，将pH值控制在8.0～10.5，锌与PAR形成稳定的橙红色络合物，此为锌离子的显色反应。

3) Zn^{2+}标准曲线测定

在 25 mL 容量瓶中,依次加入一定量 Zn^{2+}(4、12、20、28、36、44 mg/L)标准溶液、0.1%的 PAR 溶液 0.5 mL、CTNAB(10 mol/L)溶液 5.0 mL、pH 值为 9.0 的缓冲溶液 5.0 mL,用水稀释至刻度,摇匀,放置 10 min 后,用 1 cm 的石英比色皿,以试剂空白为参考比,在 505 nm 处测量吸光度。绘制标准曲线,得到曲线方程为 $A=0.008\ 142\ 86C+0.009\ 790$, $R^2=0.998\ 1$。Zn^{2+}溶液质量浓度标准曲线如图 5.1 所示。

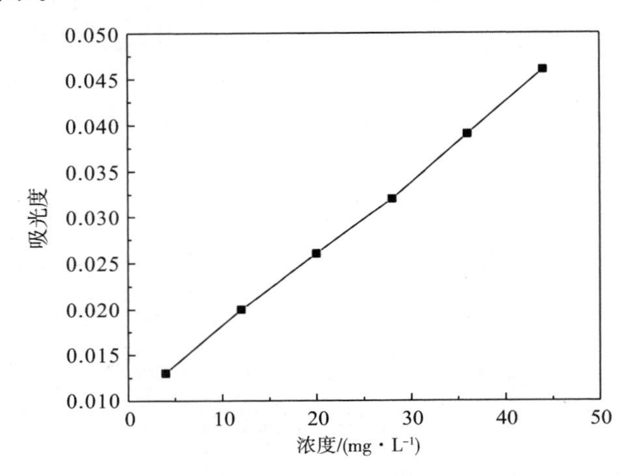

图 5.1　Zn^{2+}溶液质量浓度标准曲线

4) 吸附实验过程

在一系列烧杯中分别加入钛插层蒙脱石和 Zn^{2+}溶液,采用一定浓度的 HCl 和 NaOH 溶液调节 pH 值,通过恒温搅拌器搅拌吸附一定时间,过滤,取一定量滤液于 25 mL 容量瓶中,再加 0.1% 的 4-(2-吡啶偶氮)间苯二酚(PAR)溶液 0.5 mL,溴化十六烷基三甲基铵(CTMAB,10 mol/L)溶液 5.0 mL,pH 值为 9.0 的缓冲溶液 5.0 mL,用水稀释至刻度,摇匀,放置 10 min 后,用 10 mm 的石英比色皿,以试剂空白为参考比,在 505 nm 处测量吸光度[13]。

5.3　实验结果及讨论

5.3.1　XRD 分析

图5.2是原土蒙脱石、Na-mt和Ti-Imt材料的XRD图谱分析。原土蒙脱石的晶面间距$d_{(001)}$为1.54 nm，属于典型的钙基蒙脱石，经提纯钠化后晶面间距$d_{(001)}$降低为1.26 nm，为Na-mt[14]。这表明与原土蒙脱石相比，Na-mt的SiO_2含量降低，$A1_2O_3$含量增加，即均更接近膨润土的理论值[15]。而Na-mt经聚合羟基阳离子Ti^{4+}插入层间后，Ti-Imt的晶面间距有显著提高，由原来的1.26 nm增加到2.94 nm，特征峰衍射角度2θ由7.01°降低至3.01°。这表明Na-mt经Ti^{4+}插层后，插层剂体系中主要形成以Ti^{4+}为主的大体积的阳离子基团，这些大体积阳离子基团进入Na-mt层间，使得Na-mt的晶面层的间距变大到2.94 nm，且焙烧过后聚合烃基Ti^{4+}均匀地支撑着蒙脱石的任何两个层与层之间，从而形成大的晶面间距且稳定的Ti-Imt材料。

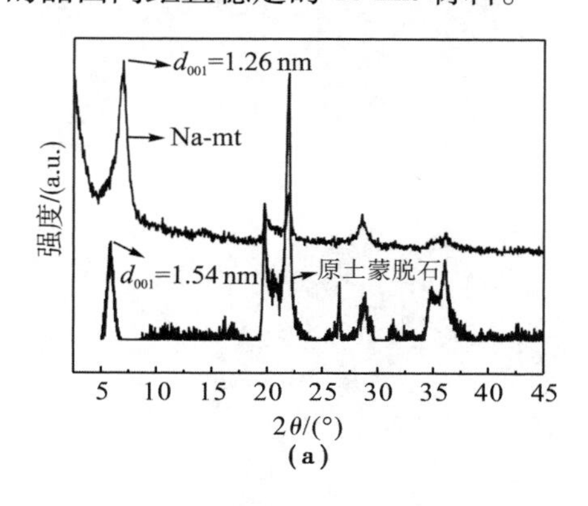

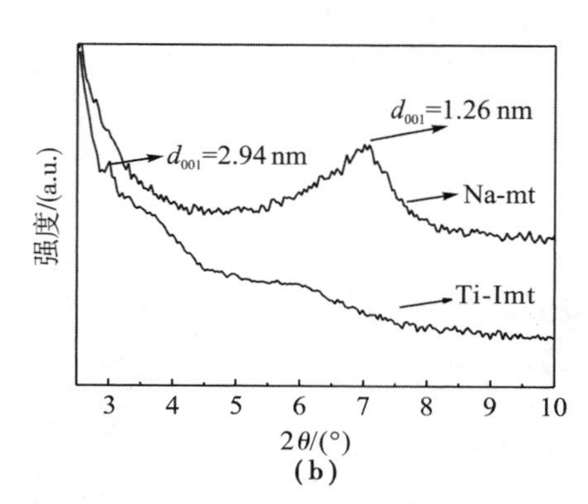

图5.2　原土蒙脱石、Na-mt和Ti-Imt材料的XRD图谱分析

从原土蒙脱石经提纯钠化，再经过聚合阳离子Ti^{4+}的插层改性，可以看出XRD图谱的峰型存在变化，表明在这一系列的离子交换过程中，原土蒙脱石的

结晶性在不断地发生改变[16]；而 Ti-Imt 材料经过高温焙烧后，杂峰相对更少，表明合成的 Ti-Imt 结晶性较好。在 Ti-Imt 材料的制备过程中，Ti^{4+} 与土的比例决定了阳离子基团交换的效果，从而决定插层后材料晶面间距的大小，而钛酸正丁酯水解会形成网状结构的钛聚合物，从而在 Na-mt 的层与层之间均匀地分布着 Ti^{4+} 阳离子基团[17]，且 $d_{(001)}$ 值越大，表明 Na-mt 层间的大体积阳离子基团插层效果越好。

5.3.2 SEM 分析

图 5.3 是 Na-mt(a,b)与 Ti-Imt(c,d)材料的扫描电子显微镜分析图。由图 5.3(a,b)可知，Na-mt 材料的片层间呈现折叠、棉絮状现象，多以片层状结构分布，且片层之间多以面-面相互结合在一起，符合典型的 Na-mt 材料的微观形貌

图 5.3 Na-mt(a,b)与 Ti-Imt(c,d)材料的 SEM 图像

特征[18]，表明在原土蒙脱石经提纯钠化的过程中，发生了阳离子 Na^+ 与其他阳离子的置换，使 Na^+ 进入原土蒙脱石层间。而由图 5.3(c,d)可知，经过聚合羟基阳离子 Ti^{4+} 插层后，Ti-Imt 材料出现了片层剥离现象，片层间距变大，表明聚合羟基阳离子 Ti^{4+} 插层进入 Na-mt 层中间，改变了晶面间距，一定程度上破坏了其原有的结构[19]。但是仍然保持一定的片层状结构，只是片层数变少，片层之间的距离增大，很多插层过后的蒙脱石片层还保持着较完整的层状结构及片状形态。此外，从图 5.3(c,d)还可看出，经过插层反应后，蒙脱石矿物颗粒堆积较为松散，仍呈棉絮状，但插层蒙脱石的片层之间存在着较大且形状不均匀的孔洞及孔隙结构，表明在插层过程中聚合羟基阳离子 Ti^{4+} 已经成功插层进入 Na-mt 层间，这与 XRD 分析结果相一致，且二氧化钛柱体的大小及在 Na-mt 层间的分布都是不均匀的[20]。

5.3.3　比表面积分析

表面积是指单位质量物料所具有的总面积，是评价多孔黏土材料性能的重要指标之一。Na-mt 和 Ti-Imt 材料的比表面积及孔结构参数见表 5.1。经过聚合羟基 Ti^{4+} 插层后，S^B、S^S 及 S^L 均增大为 Na-mt 的 3 倍多，平均孔径 D^A 由 19.84 nm 转变为 4.81 nm，说明 Ti-Imt 材料的孔结构由大孔向中孔及微孔结构发生了改变，且微孔体积 V^M 也由 0.001 增大到 0.04，形成了比表面积较大的多孔结构材料，使得插层蒙脱石具有更高的活性。

表 5.1　Na-mt 和 Ti-Imt 材料的比表面积及孔结构参数

样品	S^B /($m^2 \cdot g^{-1}$)	S^S /($m^2 \cdot g^{-1}$)	S^L /($m^2 \cdot g^{-1}$)	S^E /($m^2 \cdot g^{-1}$)	D^A/nm	V^M /($cm^3 \cdot g^{-1}$)
Na-mt	39.2	38.3	55.9	37.6	19.84	0.001
Ti-Imt	118.7	115.2	165.2	28.4	4.81	0.04

注：S^B：BET 比表面积；S^S：单点比表面；S^L：Langmuir 比表面积；S^E：外比表面积，D^A：平均孔径；V^M：微孔体积。

5.4　吸附影响因素

5.4.1　pH

称取6份0.1g的Ti-Imt分别放入20 mL质量浓度为100 mg/L的Zn^{2+}溶液。用HCl和NaOH标准溶液调节Zn^{2+}溶液的pH值为2～12,吸附时间90 min,温度为50 ℃,在恒温振荡器中振荡吸附60 min后过滤。pH对Ti-Imt吸附Zn^{2+}的影响如图5.4所示。

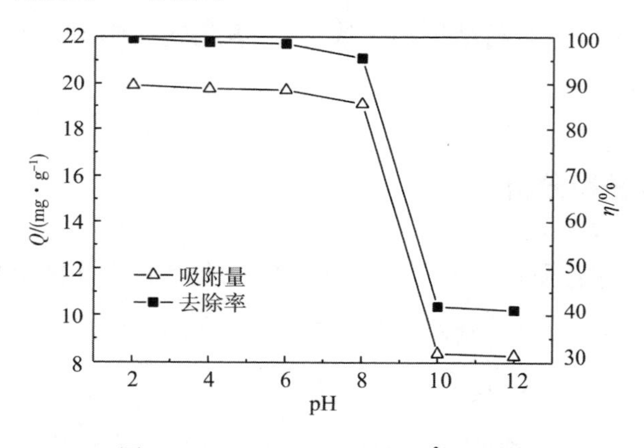

图5.4　pH对Ti-Imt吸附Zn^{2+}的影响

由图5.4可知,随着溶液pH的增大,Ti-Imt对Zn^{2+}吸附量和去除率均在降低。在酸性条件下,Ti-Imt对Zn^{2+}的吸附效果很好,饱和吸附量达到19.71 mg/g,去除率为98.55%,并且溶液酸度对它影响不大;当pH>8时,吸附量和去除率急剧下降,吸附量降低到8.37 mg/g,去除率为41.86%。这主要是由于锌在酸性条件下以Zn^{2+}离子形式存在,易被Ti-Imt捕捉,当溶液处于碱性时,此时溶液中锌的存在状态除Zn^{2+}还有$Zn(OH)_2$沉淀,沉淀覆盖在钛柱撑蒙脱石表面,不利于钛柱撑蒙脱石对Zn^{2+}的吸附,Ti-Imt对Zn^{2+}的吸附量降低。因此,酸性条件下有利于吸附,将后续实验Zn^{2+}溶液的pH值调至6。

5.4.2 吸附温度

称取7份0.1g的Ti-Imt分别放入20 mL pH值为6、质量浓度为100 mg/L的Zn^{2+}溶液中，在不同温度（20～55 ℃）下，在恒温振荡器中振荡吸附60 min后过滤，取滤液经紫外分光光度计测定Zn^{2+}吸光度，温度对Ti-Imt吸附Zn^{2+}的影响如图5.5所示。

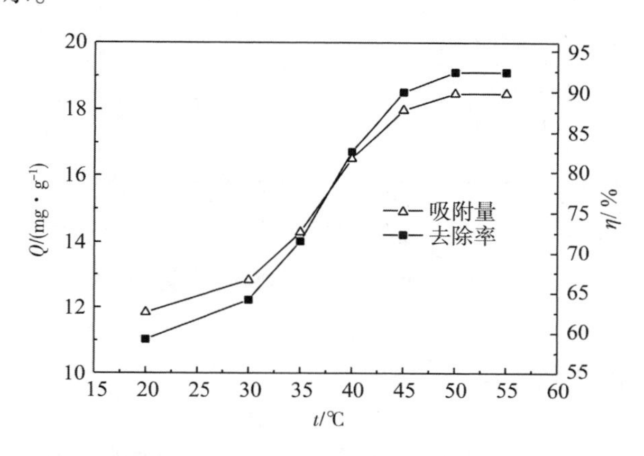

图5.5 温度对Ti-Imt吸附Zn^{2+}的影响

由图5.5可知，随着温度的增加，Ti-Imt对Zn^{2+}的吸附量和去除率均增大，当温度从20 ℃增大到50 ℃左右时，吸附达到平衡，去除率从59.21%增大到92.37%，吸附量从11.84 mg/g增大到18.47 mg/g。因此，升高温度有利于吸附的进行，将后续实验Zn^{2+}溶液的温度调至50 ℃。

5.4.3 吸附时间

称取6份0.1 g的Ti-Imt分别放入20 mL pH值为6、质量浓度为100 mg/L的Zn^{2+}溶液中，温度为50 ℃，在不同温度（15～120 min）下振荡吸附后过滤测其吸光度，时间对Ti-Imt吸附Zn^{2+}的影响如图5.6所示。

由图5.6可知，Ti-Imt对Zn^{2+}的吸附量和去除率都随着搅拌时间的增加而增大，当吸附时间为60 min时，Ti-Imt对Zn^{2+}的吸附达到饱和，去除率到

96.06%,吸附量为19.21 mg/g。搅拌有利于Ti-Imt在溶液中的分散,表面积增大,并且搅拌增大了Zn^{2+}在溶液中的运动速率,与Ti-Imt接触概率变大,其吸附量和去除率增大,后续实验吸附时间为60 min。

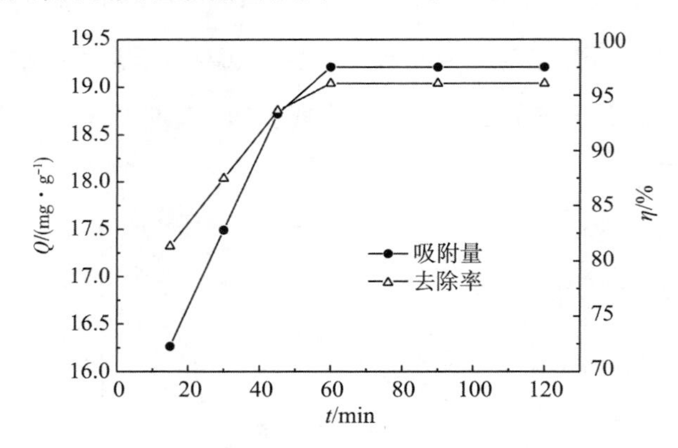

图5.6 时间对Ti-Imt吸附Zn^{2+}的影响

5.4.4 吸附剂用量

称取6份不同质量(0.05~0.2 g)的Ti-Imt分别放入20 mL质量浓度为15 mg/L的Zn^{2+}溶液中,调节pH值为6,在50 ℃温度下,在恒温振荡器中振荡吸附60 min后过滤,取滤液经紫外分光光度计测定Zn^{2+}吸光度,吸附剂用量对Ti-Imt吸附Zn^{2+}的影响如图5.7所示。

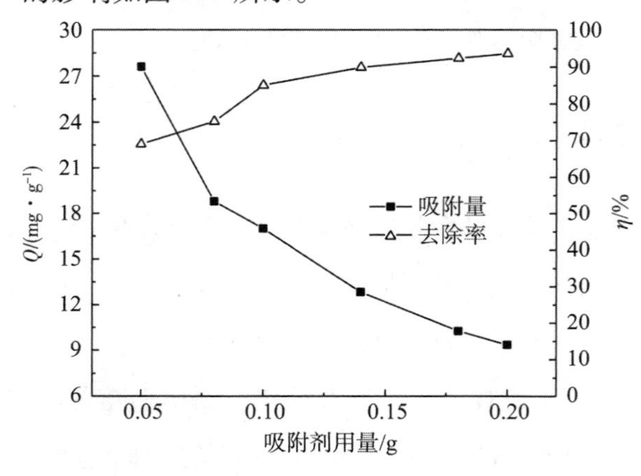

图5.7 吸附剂用量对Ti-Imt吸附Zn^{2+}的影响

由图5.7可知,去除率随着Ti-Imt的用量的增加而增大,从69.03%增大到93.60%,当吸附剂用量从0.05 g增加到0.1 g时,由于Ti-Imt增加,出现更多的吸附位点,因此对Zn^{2+}的去除率明显增大,当吸附剂用量大于0.1 g时,Ti-Imt开始出现团聚现象,导致其表面积的增大率变小,对Zn^{2+}的去除率变化出现缓慢。Ti-Imt对Zn^{2+}的吸附量是随着Ti-Imt的增加而减少,吸附量是单位质量的Ti-Imt吸附Zn^{2+}的质量,因此当Zn^{2+}质量浓度一定时,吸附剂用量越多,其吸附量越低。因此,后续实验吸附剂Ti-Imt用量为0.1 g。

5.4.5　初始质量浓度

称取0.1 g的Ti-Imt放入20 mL pH值为6的Zn^{2+}溶液中,质量浓度分别为20~200 mg/L,在温度为50 ℃条件下,在恒温振荡器中振荡吸附60 min后过滤,得到的滤液经紫外分光光度计测定Zn^{2+}吸光度,质量浓度对Ti-Imt吸附Zn^{2+}的影响如图5.8所示。

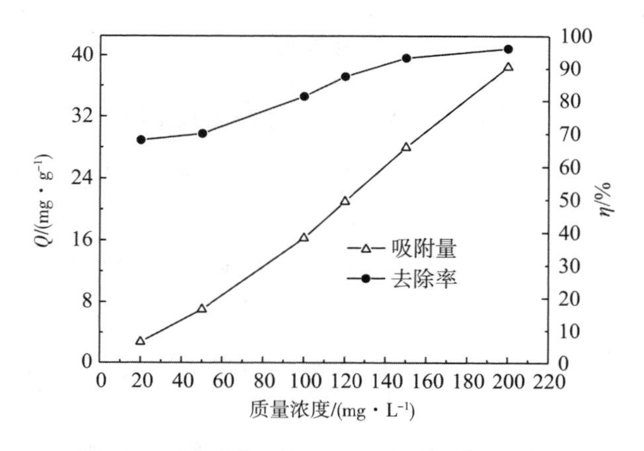

图5.8　质量浓度对Ti-Imt吸附Zn^{2+}的影响

由图5.8可知,随着质量浓度的增加,Ti-Imt对Zn^{2+}的吸附量和去除率均增大。吸附是一个动态平衡的过程,增加Zn^{2+}质量浓度,使Ti-Imt与Zn^{2+}碰撞的概率增大,平衡向正方向移动,当质量浓度为150 mg/L时,去除率变缓,Ti-Imt的吸附位点一定时,增加质量浓度,吸附逐渐达到饱和。去除率为96.18%,吸附量为 38.47 mg/g。最佳 Zn^{2+}溶液的初始质量浓度为 150 mg/L。

5.5 小结

(1)以提纯钠基蒙脱石和钛酸正丁酯为原料,将聚合阳离子 Ti^{4+} 插入钠基蒙脱石层间得到 Ti-Imt。通过 XRD、SEM 以及比表面积分析,经过聚合羟基阳离子 Ti^{4+}插层后,晶面间距由 1.26 nm 增加到 2.94 nm,Ti-Imt 材料出现了片层剥离现象,片层间距变大,表明聚合羟基阳离子 Ti^{4+}插层进入 Na-mt 层中间,与 Na-mt 相比,Ti-Imt 的平均孔径 D^A 变小了 15.03 nm,S^B、S^S 及 S^L 均增大,获得更大的比表面积。

(2)在 50 ℃条件下,pH 值为 6,吸附平衡时间为 60 min,去除率达到 96.18%。在酸性条件下有利于 Ti-Imt 对 Zn^{2+}的吸附,碱性条件下由于 $Zn(OH)_2$ 沉淀的存在不利于吸附,升高温度吸附率提高。

参考文献

[1] Özdemir G, Yapar S. Adsorption and desorption behavior of copper ions on Na-montmorillonite: effect of rhamnolipids and pH[J]. Journal of Hazardous Materials, 2009, 166(2-3):130 7-131 3.

[2] 王宪, 徐鲁荣, 陈丽丹,等. 海藻生物吸附金属离子技术的特点和功能[J]. 台湾海峡, 2003, 22(1):120-124.

[3] 湛含辉, 罗彦伟. 多孔吸附材料对钙离子的吸附研究[J]. 矿冶工程, 2006, 26(6):35-38.

[4] 居沈贵, 曾勇平, 姚虎卿. 13X 分子筛对废水中锌离子的吸附性能研究[J]. 化学工程, 2006, 34(3):53-55.

[5] 王黔平,丁艳晓,刘立红,等. TiO2 溶胶载体吸附锌/铜/银离子抗菌复合粉体的制备与研究[J]. 中国陶瓷, 2015,51(3):61-65.

[6] 陈志军, 郝营, 杨清香,等. Zn^{2+}离子印迹 $Fe_3O_4^-$ 壳聚糖纳米粒子的制备及对 Zn^{2+}吸附性能的研究[J]. 郑州轻工业学院学报(自然科学版), 2014,29(1):74-78.

[7] 谢英惠，赵倩，袁俊生. 改型斜发沸石去除废水中锌离子的研究[J]. 盐业与化工，2013，42(12):21-25.

[8] 刘静静，陈天虎，彭书传. 纯蒙脱石吸附 Zn^{2+} 的研究[J]. 安徽农业科学，2011，39(35):21935-21936.

[9] 曹明礼,余永富,曹明贺. Al-柱撑蒙脱石的制备及其特性研究[J]. 中国矿业大学学报，2003,32(4):416-418.

[10] 吴选军，袁继祖，余永富,等. 聚乙烯醇/蒙脱石纳米复合材料的制备及性能[J]. 非金属矿，2010，33(5):1-4.

[11] 龙森，庹必阳，韩朗,等. 锆柱撑蒙脱石对十二烷基苯磺酸钠的吸附研究[J]. 非金属矿，2017，40(2):4-7.

[12] 韩朗，庹必阳，路美容,等. 钛柱撑蒙脱石对钴离子的吸附研究[J]. 非金属矿，2016，39(5):27-30.

[13] 段惠敏，马子耕，赵韵琪. 4-(2-吡啶偶氮)间苯二酚分光光度法测定奶粉中微量锌的含量的研究[J]. 河北化工，1997,20(4):59-61.

[14] 季桂娟,张培萍,姜桂兰. 膨润土加工与应用[M]. 2 版. 北京:化学工业出版社,2013.

[15] 庹必阳，张一敏，张覃. 鄂东 Ca 基蒙脱土制备大孔复合材料的研究[J]. 化工矿物与加工，2006,35(2):27-30.

[16] Liu X D, Lu X J, Qiu J, et al. Purification of low grade Ca-bentonite for iron ore pellets[J]. Advanced Materials Research, 2012, 454:237-241.

[17] Kun R , Mogyorósi K, Dékány I. Synthesis and structural and photocatalytic properties of TiO_2/montmorillonite nanocomposites[J]. Applied Clay Science, 2006, 32(1):99-110.

[18] 王海东,汤育才,余海钊. 钛柱撑膨润土的制备及柱化影响因素[J]. 中国有色金属学报,2008,18(3):535-540.

[19] 张一敏,黄晶,张敏. 钛交联蒙脱石的合成及表征[J]. 矿产综合利用,2007(1):6-10.

[20] 韩朗. 插层蒙脱石材料对污水中 Pb^{2+} 和 Cu^{2+} 的吸附研究[D]. 贵阳：贵州大学,2017.

第 6 章　钛柱撑蒙脱石复合材料吸附铅离子

为了更好地鉴别插层蒙脱石和钠基蒙脱石材料对水体中 Pb^{2+} 的吸附性能，从溶液 pH、吸附剂用量、吸附时间、Pb^{2+} 的不同初始质量浓度及温度等因素对其吸附性能进行研究分析。

6.1　吸附实验

6.1.1　实验过程

紫外分光光度计灵敏度高，操作简单，因此本实验采用此方法测定铅、铜离子的吸光度，再根据吸光度计算铅、铜离子的质量浓度。铅标准曲线的绘制过程如下[1]：

(1)将 1 000 mg/L 的铅标液稀释为 100 mg/L 的溶液，即铅工作液，备用。

(2)配制 2.0 g/L 的二甲酚橙溶液。将 1 g 二甲酚橙置于烧杯中加少量水溶解，转移至 500 mL 容量瓶定容。

(3)配制 1.5 g/L 的邻二氮菲溶液。称取 0.375 g 的邻二氮菲置于烧杯中，滴 2 ~ 3 滴浓盐酸，加入少量蒸馏水溶解，转移至 250 mL 容量瓶定容。

(4)配制六次四基甲胺缓冲液。称取 40 g 六次甲基四胺溶于 90 mL 水中，加入8.5 mL浓盐酸,定容于100 mL容量瓶。

(5)标准液的配制步骤:用移液管量取100 mg/L的铅工作液0.5、1、1.5、2、2.5 mL分别放入5个50 mL的容量瓶中,加1 mL的2 g/L的二甲酚橙,4 mL的1.5 g/L的邻二氮菲,以及1.5 mL的六次甲基四胺,显色10 min后定容,利用石英比色皿,水作参考,用紫外分光光度计在574 nm波长下测吸光度,绘制标准曲线,得到拟合标准曲线方程为$A=0.11C+0.004$,其中A表示吸光度,C表示质量浓度(mg/L)。拟合线性相关系数$R^2=0.99$。Pb^{2+}拟合标准曲线如图6.1所示。

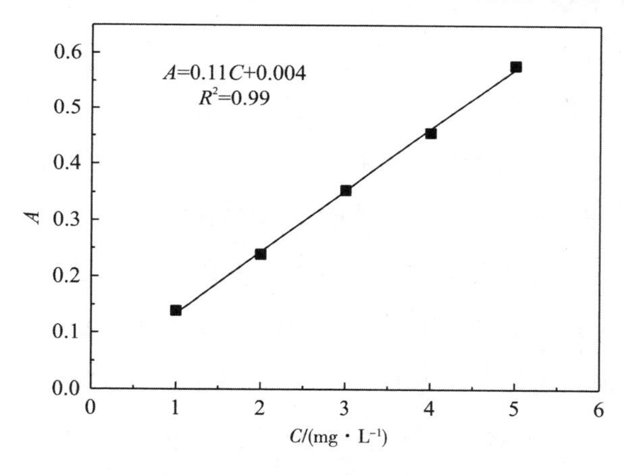

图6.1　Pb^{2+}拟合标准曲线图

实验研究了在不同质量浓度、pH、吸附时间及温度条件下,在一系列烧杯中分别加入一定量的Na-mt及Ti-Imt,再加入一定体积不同质量浓度的Pb^{2+}溶液,用0.1 mol/L的HCl和NaOH溶液调节Pb^{2+}溶液的pH,在恒温振荡仪上振荡吸附一定时间后过滤,取其滤液在紫外分光光度计574 nm波长下测量吸光度,计算Ti-Imt对Pb^{2+}溶液的吸附量和去除率。

6.1.2　吸附量和去除率计算

实验过程中,Ti-Imt吸附Pb^{2+}溶液后,过滤取下清液,用紫外分光光度计在特定波长下测其下清液吸光度,采用标准曲线方程计算吸附后的残留质量浓度，再根据下列公式计算吸附量 Q(mg/g)和去除率 η(%)。

$$Q=(C_0-C)V/M \tag{6.1}$$

$$\eta=(C_0-C)C_0\times 100\% \tag{6.2}$$

式(6.1)和式(6.2)中，V 表示溶液的体积，L；M 表示吸附剂用量，g；C_0 表示处理前金属离子的质量浓度，mg/L；C 表示处理后金属离子的质量浓度，mg/L。

6.2 溶液 pH

溶液的 pH 是影响黏土矿物表面吸附金属阳离子的一个重要因素，这是因为溶液 pH 的改变不仅会影响黏土矿物表面电荷性质，还会影响溶液中重金属阳离子存在形态的变化。在一系列的烧杯中分别添加 0.1 g 的 Na-mt 和 Ti-Imt 材料，再加入 50 mL 质量浓度为 100 mg/L 的 Pb^{2+}溶液，用 0.1 mol/L HCl 和 0.1 mol/L 的 NaOH 溶液调节 Pb^{2+}溶液的 pH 为 2～10，在恒温振荡仪上振荡吸附 6 h 后过滤，取其滤液在紫外分光光度计 574 nm 波长下测量吸光度，计算 Ti-Imt 对 Pb^{2+}溶液的吸附量和去除率。pH 对 Ti-Imt 和 Na-mt 吸附 Pb^{2+}的影响如图 6.2 所示。

由图 6.2 可知，溶液 pH 为 2～5 时，吸附量和去除率均一直升高，当 pH=5 时均达到最大值，此时 Ti-Imt 对 Pb^{2+} 的吸附量为 49.64 mg/g，去除率为 99.28%，Na-mt 对 Pb^{2+} 的吸附量为 45.73 mg/g，去除率为 91.47%。随着 pH 的继续增加，吸附量和去除率呈下降趋势，当 pH>8 时，吸附量和去除率基本保持不变。这是因为在吸附过程中，当溶液呈酸性时，溶液中的阳离子主要有 Pb^{2+} 及 H^+，两种离子在与黏土矿物表面的官能团结合时可能产生竞争吸附作用，且蒙脱石结构中 Al—O 八面体中的 Al—O—H 具有两性，在酸性环境中—OH 键易电离而使蒙脱石表面带正电荷，与金属阳离子带同种电性产生静电斥力作用，对吸附阳离子不利[2]，因此对 Pb^{2+} 的吸附量较低。随着 pH 升高至 5 左右时，Pb^{2+} 易发生水解，水解产物的亲和力可能比 Pb^{2+} 本身还要大[3]，且溶液中

H^+数量逐渐减少，吸附剂材料的表面或层间释放更多带负电官能团，因此在 pH 为 5 左右时吸附量达到最大，去除率同时达到最高；当 Pb^{2+}溶液的 pH 逐渐由中性转为碱性时，吸附量、去除率均下降，这是因为在碱性环境中，溶液中存在大量的 OH^-，易与 Pb^{2+}在吸附剂表面发生反应生成 $Pb(OH)_2$ 沉淀或 $Pb(OH)^+$络合物沉淀，阻碍了更多的 Pb^{2+}与内层间的吸附位点相结合，因此吸附量略有降低，但不能认为此时吸附量降低完全是由于吸附剂本身的吸附作用。另外，由图 6.2 还可知，Ti-Imt 材料的吸附量要高于 Na-mt 材料，这与 Ti-Imt 材料具有更大的比表面及孔径有关，进一步表明 Ti-Imt 材料具有更高的吸附能力。

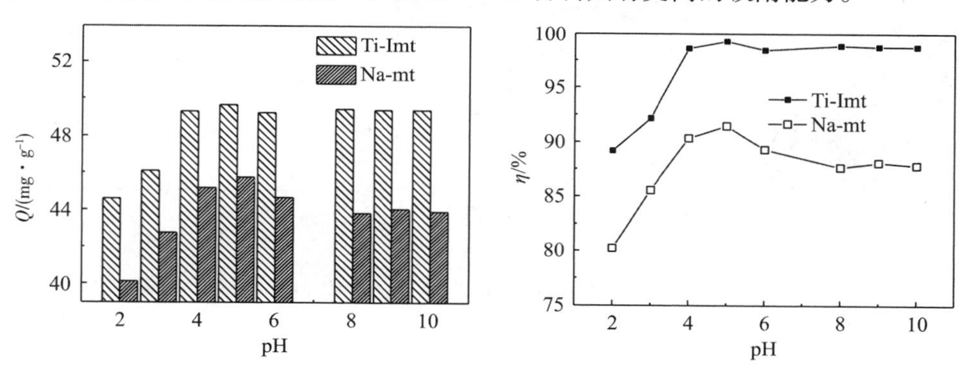

图 6.2 pH 对 Ti-Imt 和 Na-mt 吸附 Pb^{2+}的影响

6.3 吸附剂用量

图 6.3 是 Na-mt 及 Ti-Imt 材料对 Pb^{2+}的吸附结果。实验条件为：吸附剂时间 6 h，调节溶液 pH 值为 5 左右，温度 20 ℃左右，Pb^{2+}质量浓度 100 mg/L，体积 50 mL。当吸附剂用量为 0.1 g 时，两种吸附剂材料对 Pb^{2+}的吸附量达到最大，其值分别为 49.33 mg/g、40.25 mg/g，随着吸附剂用量的不断增大，去除率先增大后降低，Ti-Imt 材料对 Pb^{2+}的最高去除率为 98.95%，Na-mt 材料对 Pb^{2+}的最高去除率为 80.87%，而后继续增大吸附剂用量，两种材料的吸附量和去除率均下降。吸附开始时主要借助吸附剂外表面和部分微孔进行吸附，表明在吸附剂

用量较少时,溶液中的 Pb^{2+} 可以在吸附剂表面快速和吸附位点的官能团相结合,并且此时吸附剂的表面吸附及配位基团吸附能力强,因此吸附量高;而当用量不断增多,吸附剂材料表面容易发生团聚,导致其表面孔隙通道被堵住,使得 Pb^{2+} 溶液不能大量流入材料的内层间域,进行离子交换吸附,此外,金属阳离子之间的静电排斥作用逐渐增强,使得溶液中的游离 Pb^{2+} 难以进一步进入层间微孔内,因此去除率降低。

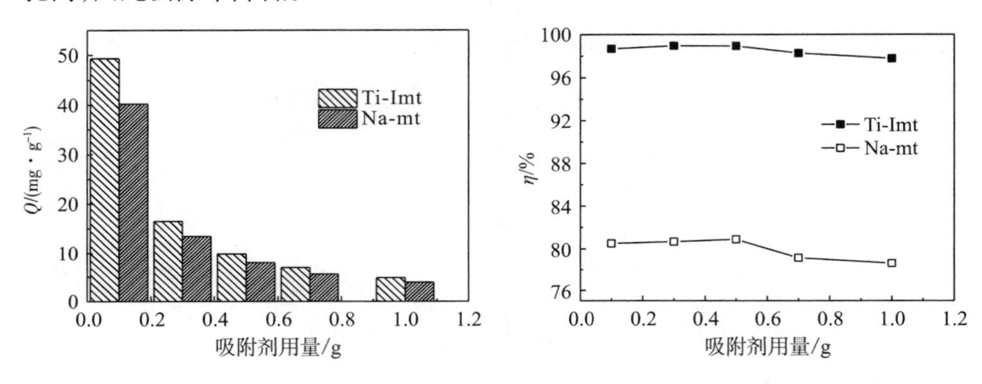

图 6.3 吸附剂用量对 Ti-Imt 和 Na-mt 吸附 Pb^{2+} 的影响

6.4 吸附时间及动力学研究

吸附时间对 Ti-Imt 和 Na-mt 吸附 Pb^{2+} 的影响如图 6.4 所示。在反应初始 10 min 内,Ti-Imt 材料对 Pb^{2+} 的吸附速率较快,吸附量由 46.81 mg/g 升高至 49.15 mg/g,去除率由 93.62% 提高至 98.31%;而 Na-mt 材料对 Pb^{2+} 的吸附速率较慢,吸附量由 42.6 mg/g 升高至 42.9 mg/g,去除率由 85.2% 提高至 85.83%,两者提升幅度较小,说明 Na-mt 材料的吸附性能要低于 Ti-Imt,这与其之前表征分析结果一致,即 Na-mt 的比表面积及孔径要低于 Ti-Imt。而随着时间延长,吸附速率变慢,吸附位点逐渐被 Pb^{2+} 占据,Ti-Imt 在吸附时间为 90 min 时,去除率基本保持不变,同时吸附量也趋于饱和状态,饱和吸附量为 49.52 mg/g、去除率为 99.03%,而 Na-mt 则在吸附时间为 180 min 左右达到吸附平衡,去除率基本保持恒定，其饱和吸附量和去除率值分别为43.35 mg/g、86.7%。Ti-Imt材料对Pb^{2+}的吸附能够先于Na-mt达到平衡，这与吸附速率有关，在初始阶段吸附反应刚发生时，Ti-Imt表面或层间具有大量的吸附结合位点，可以很快地将Pb^{2+}吸附固定在其表面，达到吸附平衡；由比表面积及孔径结构分析可知，Na-mt由于比表面积较小，大中孔结构数量较多，因此在其表面对Pb^{2+}的吸附时间较长，在180 min左右趋于吸附平衡状态。

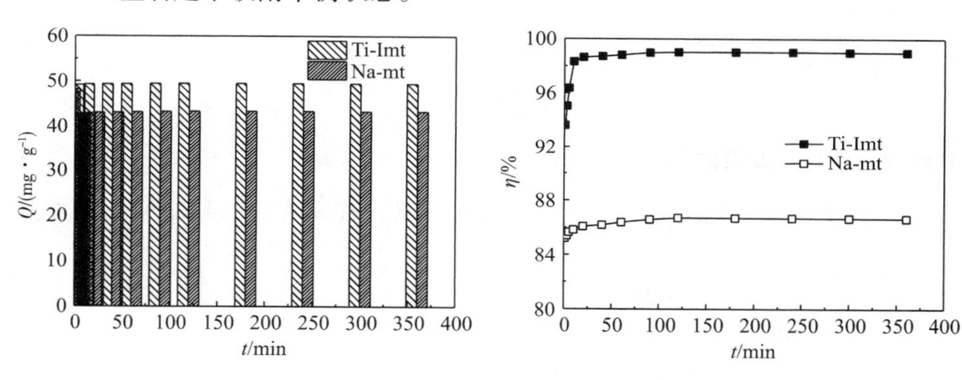

图6.4　吸附时间对Ti-Imt和Na-mt吸附Pb^{2+}的影响

吸附动力学是研究吸附速率快慢的，它与接触时间密切相关，是吸附反应过程的一个重要吸附特性。一般来说，吸附质在多孔材料上的吸附分为以下4个过程完成[4]：①外扩散过程，即吸附质从液相主体向固体表面液膜的扩散过程；②膜扩散过程，即吸附质通过固体表面液膜向固体外表面的扩散过程；③吸附质在颗粒内部的扩散，污染物从吸附剂的外表面进入吸附剂的内部孔道内，然后扩散到固体的内表面，由孔隙内溶液中的扩散和孔隙内表面上的二维扩散两部分组成；④表面吸附过程，即吸附质在吸附剂固体内表面上被吸附剂所吸附的过程。通常内扩散过程决定了吸附速率，是整个过程的控速步骤。动力学数据可以用多种动力学方程拟合，常用的有拟一级动力学方程、拟二级动力学方程、Elovich方程及颗粒内扩散模型。其中，拟二级动力学方程可以预测出平衡吸附量和初始吸附速率。本研究采用拟一级、拟二级动力学方程及颗粒内扩散方程对吸附数据进行拟合分析[5,6]。

拟一级动力学方程：

$$\lg(Q_e - Q_t) = \lg Q_e - k_1 t/2.303 \tag{6.3}$$

式中，k_1 为拟一级吸附速率常数，mg/(g · min)；Q_e 为平衡吸附量，mg/g；Q_t 为 t 时刻的吸附量，mg/g。以 $\lg(Q_e-Q_t)$ 对 t 作图进行拟合得到直线，截距为 $\lg Q_e$，斜率为$-k_1/2.303$，通过拟合直线方程计算得到斜率和截距，进而求出 Q_e 和 k_1 参数值。

拟二级动力学方程：

$$t/Q_t = t/Q_e + 1/(k_2 Q_e^2) \tag{6.4}$$

式中，k_2 为拟二级吸附速率常数，g/(mg · min)。以 t/Q_t 对 t 作图进行拟合得到直线，截距为 $1/(k_2 Q_e^2)$，斜率为 $1/Q_e$，通过拟合直线方程的斜率和截距求出 Q_e 和 k_1 参数值。

颗粒内扩散模型[7]：

$$Q_t = k_p t^{0.5} + C \tag{6.5}$$

式中，k_p 为颗粒内扩散速率常数，mg/(g · $\min^{0.5}$)；C 为常数。以 Q_t 对 $t^{0.5}$ 作图进行拟合得到直线，截距为 C，斜率为 k_p，进而得到 k_p 参数值。

分别采用以上 3 种动力学方程对图 6.4 的实验数据进行拟合分析，Ti-Imt 及 Na-mt 吸附 Pb^{2+} 的拟一级动力学曲线如图 6.5 所示；Ti-Imt 及 Na-mt 吸附 Pb^{2+} 的拟二级动力学曲线如图 6.6 所示。

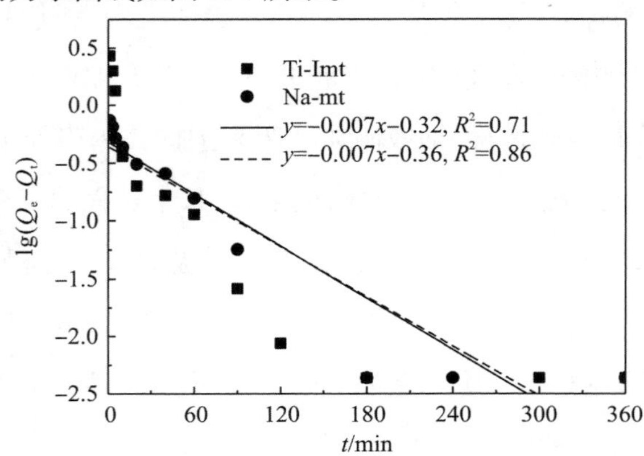

图 6.5　Ti-Imt 及 Na-mt 吸附 Pb^{2+} 的拟一级动力学曲线

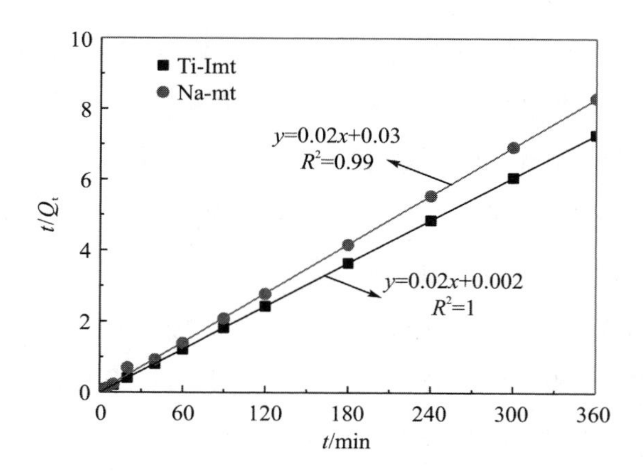

图 6.6　Ti-Imt 及 Na-mt 吸附 Pb^{2+} 的拟二级动力学曲线

Ti-Imt 及 Na-mt 吸附 Pb^{2+} 的颗粒内扩散方程曲线如图 6.7 所示。

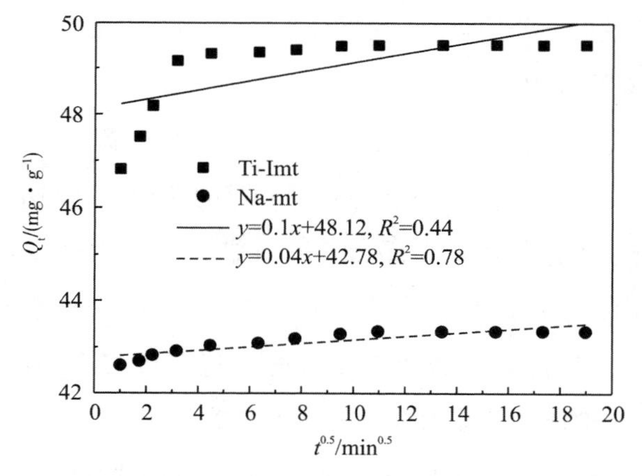

图 6.7　Ti-Imt 及 Na-mt 吸附 Pb^{2+} 的颗粒内扩散方程曲线

Ti-Imt 及 Na-mt 吸附 Pb^{2+} 的动力学方程相关参数见表 6.1。

表 6.1　Ti-Imt 及 Na-mt 吸附 Pb^{2+} 的动力学方程相关参数

吸附剂	拟一级动力学			拟二级动力学			颗粒内扩散		
	Q_e	k_1	R^2	Q_e	k_2	R^2	C	k_p	R^2
Ti-Imt	0.48	0.02	0.71	49.52	0.23	1	48.16	0.1	0.44
Na-mt	0.44	0.02	0.86	43.57	0.01	0.99	42.78	0.04	0.78

由图6.5、图6.6可知，将Ti-Imt及Na-mt材料对Pb^{2+}的吸附实验数据进行拟合，拟二级动力学方程的拟合结果要优于其他模型，线性系数最高，分别为1和0.99，并且拟合的饱和吸附量Q_e值与实验值较接近，说明Ti-Imt及Na-mt对Pb^{2+}的吸附过程可以很好地用拟二级动力学模型来描述，这与其他吸附剂材料对Pb^{2+}的吸附动力学研究结果相一致[8,9]。

化学键的形成是影响拟二级吸附动力学模型的主要因素，可推断Ti-Imt及Na-mt对Pb^{2+}的该吸附过程主要以化学吸附为主[10]。其原因可能是蒙脱石属于层状黏土硅酸盐矿物，其组成结构中含有的铝醇(AlOH)、镁醇(MgOH)等羟基基团，在吸附重金属离子时具有选择性，当溶液中大量的游离Pb^{2+}在吸附剂表面存在时，金属离子Pb^{2+}和羟基组成了可变电荷表面，Pb^{2+}与暴露在其表面的羟基发生化学键配合作用，而使重金属离子在层状硅酸盐矿物表面和层间富集，从而高效脱除溶液中的Pb^{2+}。

拟二级吸附动力方程包含外部液膜的扩散、表面吸附和颗粒内部扩散等吸附过程。由图6.7可知，Ti-Imt及Na-mt对Pb^{2+}的拟合直线均不过原点，且整个吸附过程的拟合线性系数也不高，因此，可推知这两种吸附剂材料在吸附Pb^{2+}的过程中，颗粒内扩散模型并不是唯一的控速步骤，同时还受到液膜扩散及表面吸附的控制[11]。对图6.7分成三个部分进行分段拟合，Ti-Imt及Na-mt对Pb^{2+}的吸附按内扩散模型分段拟合结果见表6.2。

表6.2 Ti-Imt及Na-mt对Pb^{2+}的吸附按内扩散模型分段拟合结果

吸附剂	吸附时间	参数	R^2
Ti-Imt	0~10 min	$C=45.67, k_{p1}=1.1$ mg/(g·min$^{0.5}$)	0.99
	10~180 min	$C=49.13, k_{p2}=0.03$ mg/(g·min$^{0.5}$)	0.83
	180~360 min	$C=49.56, k_{p3}=-0.002$ mg/(g·min$^{0.5}$)	0.55
Na-mt	0~10 min	$C=42.46, k_{p1}=0.15$ mg/(g·min$^{0.5}$)	0.95
	10~180 min	$C=42.84, k_{p2}=0.04$ mg/(g·min$^{0.5}$)	0.89
	180~360 min	$C=43.39, k_{p3}=0.003$ mg/(g·min$^{0.5}$)	0.48

由表6.2可知,Ti-Imt材料对Pb^{2+}的吸附过程的拟合结果为$k_{p1}>k_{p2}>k_{p3}$,这进一步验证了吸附过程在一开始的0~10 min是吸附速率较快的膜扩散控制阶段,紧接着经历了较为缓慢的颗粒内扩散控制阶段,最后达到平衡,其中k_{p3}值为负值,且值较小,表明在180~360 min阶段达到吸附平衡后,在Ti-Imt表面吸附的有一部分Pb^{2+}开始解吸,因此模型动力学系数k_{p3}呈负值。而对于Na-mt,也同样存在这3个吸附阶段。在膜扩散阶段,k_{pi}值的大小与吸附剂的水力学特性有关,两种材料在这一阶段的吸附速率均很快,原因在于一开始吸附剂外表面上存在大量的吸附结合位点,可以迅速被利用,此时的控速步骤为膜扩散[12]。而第二阶段由于吸附剂外表面上的吸附结合位点被大量占据,Pb^{2+}需要缓慢扩散至吸附剂材料的内层间孔道内完成吸附,所以吸附速率变慢,该阶段的控速步骤主要为颗粒内孔扩散。第三个阶段可归结为受吸附反应速率控制[13,14]。但从三个阶段的模型动力学系数k_{pi}可知,在吸附Pb^{2+}的整个过程中,Ti-Imt的吸附速率要大于Na-mt,表明Ti-Imt比Na-mt具有更好的吸附性能,这与之前的表征分析结果一致。

6.5　吸附质浓度及吸附等温线研究

实验分别在20 ℃、30 ℃、40 ℃,用量0.1 g,吸附剂时间为6 h,调节溶液pH在5左右,Pb^{2+}质量浓度为100 mg/L,体积为50 mL条件下,研究了两种材料对Pb^{2+}的吸附影响,图6.8、图6.9分别为不同温度、不同质量浓度下Ti-Imt和Na-mt对Pb^{2+}的吸附量和去除率影响。由图6.8可以看出,20 ℃的吸附量要高于30 ℃、40 ℃,且随着Pb^{2+}的初始质量浓度不断增大,Ti-Imt对Pb^{2+}的吸附量逐渐增加,去除率逐渐降低,而当Pb^{2+}的初始质量浓度值大于150 mg/L时,吸附量增长趋势变缓慢,说明在一定用量的吸附剂表面,吸附结合位点是有限的,当吸附质质量浓度较低时,吸附剂表面存在大量的吸附结合点,可以很快地在其表面发生表面吸附,而随着吸附质质量浓度的增大,表面的吸附点逐渐被占据,再加上吸附过程逐渐接近动态平衡，在 Ti-Imt 表面吸附的 Pb^{2+} 会有一部分解析出来，因此去除率逐渐降低。而在 Na-mt 吸附 Pb^{2+} 的过程中，吸附量达到饱和的趋势不明显，但去除率却逐渐趋于平衡状态，表明 Na-mt 吸附 Pb^{2+} 是一个缓慢的过程，去除率由开始的 77.9% 下降至 36.34%，表明在整个吸附的过程中，随着质量浓度的增大，Pb^{2+} 在 Na-mt 表面的解吸作用在逐渐增强。

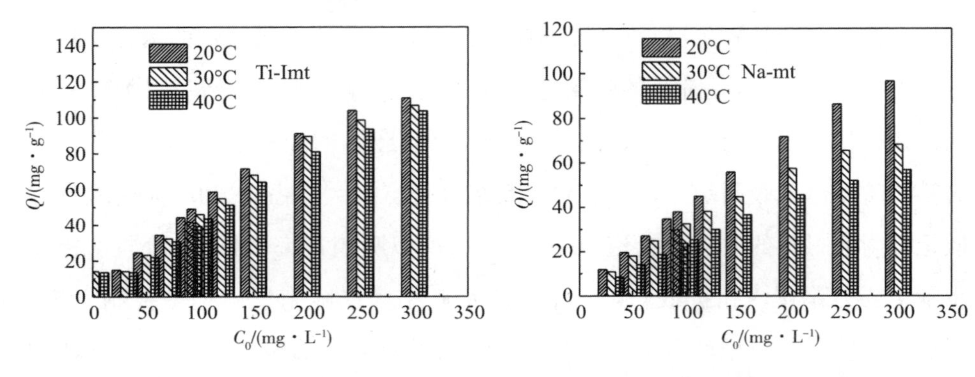

图 6.8　不同温度、质量浓度下 Ti-Imt 和 Na-mt 对 Pb^{2+} 的吸附量影响

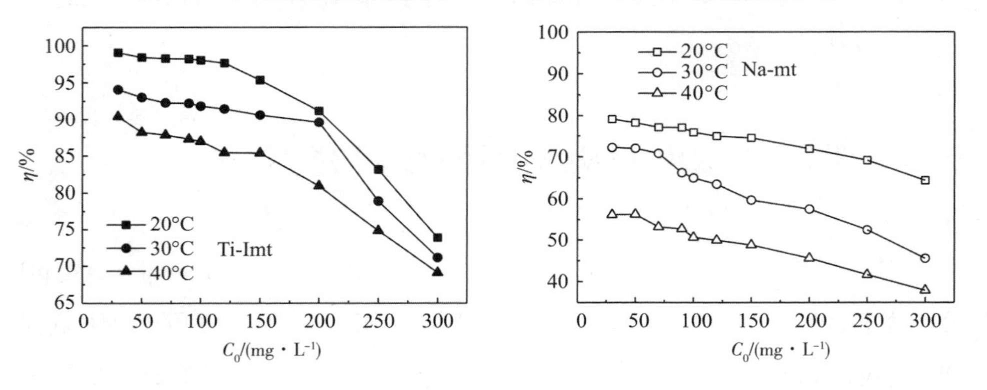

图 6.9　不同温度、质量浓度下 Ti-Imt 和 Na-mt 对 Pb^{2+} 的去除率影响

吸附等温线是表示在一定温度下溶液中吸附质的平衡质量浓度对应的吸附量的关系曲线。吸附等温线的形状类型反映了吸附剂-吸附质之间的相互作用、吸附剂表面结构及孔结构，通过对吸附等温线的分析可以推测吸附剂与吸附质之间的相互作用类型及吸附剂表面的表征等。在液相环境中，吸附剂对吸附质的吸附平衡是一个动态平衡过程，在一定温度下，当吸附达到平衡状态时，

吸附等温线就常被用来研究吸附质分子在固-液两相间的分布形式。为了更好地描述吸附等温线及获取最大吸附量等信息,多种吸附等温线模型被用来拟合吸附等温线数据。液相中研究常用的吸附模型有 Langmuir 模型[15]和 Freundlich 模型[16],其模型参数是预测吸附剂吸附能力的重要依据。Langmuir 模型是最常用的吸附等温线模型,其模型理论建立在以下 4 种假设条件:①固体吸附剂表面是均匀的,各吸附中心的能量相同;②被吸附分子之间的作用力可以忽略;③一个吸附质分子只占据一个吸附中心,吸附是单层的、定位的;④在一定条件下,吸附速率与脱附速率相等,达到吸附平衡。

Langmuir 模型:

$$Q_e = \frac{Q_m C_e}{1/b + C_e} \tag{6.6}$$

对式(6.6)进行线性转化,表达式为

$$\frac{C_e}{Q_e} = \frac{C_e}{Q_m} + \frac{1}{Q_m b} \tag{6.7}$$

式中,Q_m 为最大吸附量,mg/g;Q_e 为吸附平衡时的吸附量,mg/g;C_e 为吸附平衡时溶液的质量浓度,mg/L;b 为吸附平衡常数吸附热相关,L/mg。

Freundlich 模型:

$$Q_e = K_f C_e^{1/n} \tag{6.8}$$

对式(6.8)进行线性转化,表达式为

$$\lg Q_e = \frac{1}{n}\lg C_e + \lg K_f \tag{6.9}$$

式中,K_f 为 Freundlich 亲和系数;n 为 Freundlich 模型常数。

在不同的温度条件下,Ti-Imt 及 Na-mt 材料对 Pb^{2+} 的吸附等温数据进行 Langmuir 模型和 Freundlich 模型拟合,不同温度条件下 Ti-Imt 吸附 Pb^{2+} 的 Langmuir 曲线如图 6.10 所示。

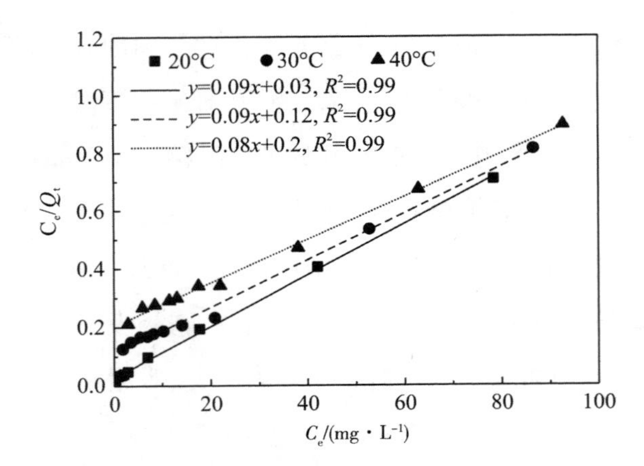

图 6.10　不同温度条件下 Ti-Imt 吸附 Pb^{2+} 的 Langmuir 曲线

不同温度条件下 Ti-Imt 吸附 Pb^{2+} 的 Freundlichr 曲线如图 6.11 所示。

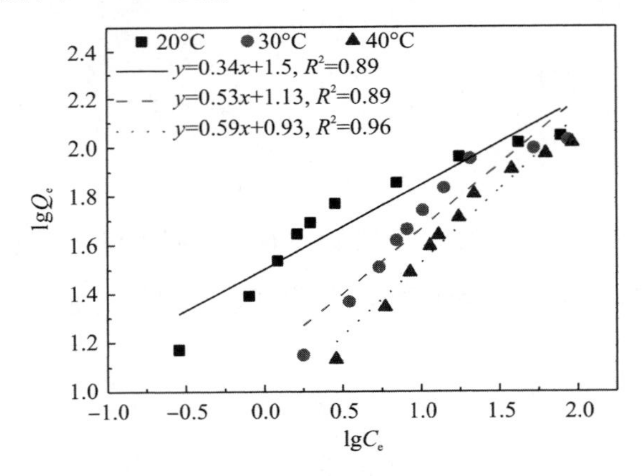

图 6.11　不同温度条件下 Ti-Imt 吸附 Pb^{2+} 的 Freundlichr 曲线

不同温度条件下 Na-mt 吸附 Pb^{2+} 的 Langmuir 曲线如图 6.12 所示。

不同温度条件下 Na-mt 吸附 Pb^{2+} 的 Freundlichr 曲线如图 6.13 所示。

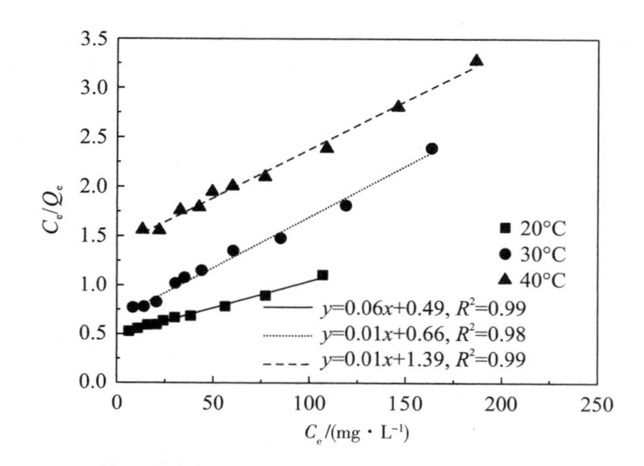

图6.12　不同温度条件下 Na-mt 吸附 Pb^{2+} 的 Langmuir 曲线

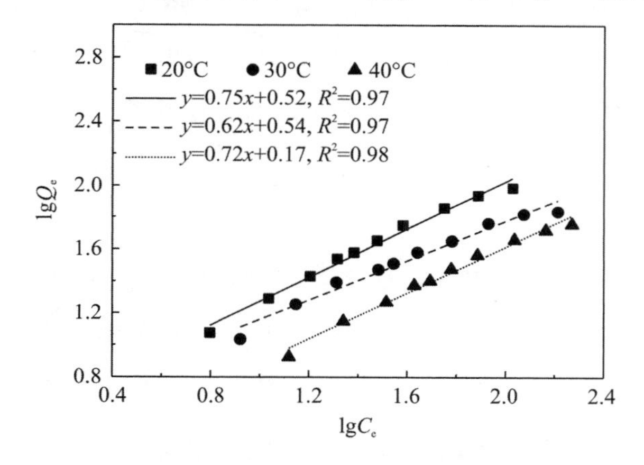

图6.13　不同温度条件下 Na-mt 吸附 Pb^{2+} 的 Freundlichr 曲线

根据图6.10—图6.13的拟合结果，将两种高温模型拟合的相关吸附等温参数进行计算，Ti-Imt 吸附 Pb^{2+} 的 Langmuir 和 Freundlichr 相关参数见表6.3，Na-mt 吸附 Pb^{2+} 的 Langmuir 和 Freundlichr 相关参数见表6.4。

表6.3　Ti-Imt 吸附 Pb^{2+} 的 Langmuir 和 Freundlichr 相关参数

t/℃	Langmuir			Freundlich		
	b	R^2	R_L	K_f	n	R^2
20	0.33	0.99	0.009 ~ 0.09	31.73	2.92	0.89
30	0.07	0.99	0.04 ~ 0.31	13.63	1.89	0.89

续表

t/℃	Langmuir			Freundlich		
	b	R^2	R_L	K_f	n	R^2
40	0.04	0.99	0.08 ~ 0.48	8.45	1.67	0.96

注：R_L 表示分离系数。

表 6.4　Na-mt 吸附 Pb^{2+} 的 Langmuir 和 Freundlichr 相关参数

t/℃	Langmuir			Freundlich		
	b	R^2	R_L	K_f	n	R^2
20	0.11	0.99	0.03 ~ 0.23	9.68	1.33	0.97
30	0.02	0.98	0.18 ~ 0.68	3.49	1.62	0.97
40	0.007	0.99	0.32 ~ 0.09	1.49	1.39	0.98

注：R_L 表示分离系数。

由表6.3、表6.4 可知，Ti-Imt 及 Na-mt 材料对 Pb^{2+} 的吸附等温数据拟合中，随着温度的升高，两种吸附剂材料的 Freundlich 模型常数 K_f 值均减小，说明升高温度不利于吸附 Pb^{2+}，Freundlich 模型常数 n 均大于 1，表明两种吸附剂材料均能有效地吸附 Pb^{2+}。但 Langmuir 模型的拟合相关系数要高于 Freundlich 模型，且 Langmuir 模型常数 b 值也随温度的升高而降低，进一步证实了温度升高不利于吸附 Pb^{2+}，因此本实验中 Ti-Imt 及 Na-mt 材料对 Pb^{2+} 的吸附等温数据更符合 Langmuir 模型，据此还可推测 Ti-Imt 及 Na-mt 材料对 Pb^{2+} 的吸附是一个单分子层吸附。

分离系数 R_L 是一个无量纲常数，是判断 Langmuir 等温线基本特征的重要依据，其表达式为[17]：

$$R_L = \frac{1}{1 + bC_0} \tag{6.10}$$

式中，C_0(mg/L) 是 Pb^{2+} 的初始质量浓度，b(L/mg) 是不同温度下的 Langmuir 吸

附平衡常数。R_L 用于描述 Langmuir 等温线的类型[18]：不可逆吸附（$R_L=0$）、易吸附（$0<R_L<1$）、线性吸附（$R_L=1$）、吸附较困难（$R_L>1$）。Ti-Imt 及 Na-mt 材料对 Pb^{2+}的吸附过程中计算得到的 R_L 值分别见表 6.3、表 6.4，从计算结果可知两种吸附剂材料的 R_L 值均为 0～1，表明两种吸附剂材料对 Pb^{2+}的吸附是一个易吸附过程，吸附反应易发生，且在相同温度下，Ti-Imt 材料的 R_L 值要小于 Na-mt，说明在同种实验条件下 Ti-Imt 材料对 Pb^{2+}的吸附性能优于 Na-mt。

6.6　热力学参数分析

热力学参数的计算能更好地理解温度对吸附过程的影响。Ti-Imt 及 Na-mt 材料对 Pb^{2+} 的吸附过程中，热力学参数焓变 ΔH（kJ/mol）、熵变 ΔS（$J \cdot mol^{-1}K^{-1}$）、吸附自由能 ΔG（kJ/mol）可根据以下方程式计算得到[19,20]。Ti-Imt 吸附 Pb^{2+}的热力学参数见表 6.5，Na-mt 吸附 Pb^{2+}的热力学参数见表 6.6。

表 6.5　Ti-Imt 吸附 Pb^{2+}的热力学参数

ΔH /($kJ \cdot mol^{-1}$)	ΔS /[$J \cdot (mol \cdot K)^{-1}$]	ΔG/($kJ \cdot mol^{-1}$)		
		293 K	303 K	313 K
−84.78	−197.65	58.83	59.8	61.78

表 6.6　Na-mt 吸附 Pb^{2+}的热力学参数

ΔH /($kJ \cdot mol^{-1}$)	ΔS /[$J \cdot (mol \cdot K)^{-1}$]	ΔG/($kJ \cdot mol^{-1}$)		
		293K	303K	313K
−105.74	−278.87	81.6	84.39	87.18

吸附过程是通过吸附剂与吸附质之间的各种作用力共同作用的结果。当作用力越强时，所放出的热量就越多。因此，通过测定计算两种吸附剂材料对

Pb^{2+}的吸附热(即吸附焓变 ΔH),推断其吸附过程中的主要作用力,有利于进一步判断吸附机理。表 6.7 是各种作用力的吸附热范围[21]。由表 6.5、表 6.6 可知,Ti-Imt 及 Na-mt 对 Pb^{2+}的吸附焓(ΔH)的绝对值均大于 60 kJ/mol,表明吸附过程中的主要作用力为化学键力,无配位基交换、范德瓦耳斯力等作用力,且吸附焓变(ΔH)为负值,说明这两种吸附剂材料对 Pb^{2+}的吸附是一个放热过程。

表 6.7　各种作用力的吸附热范围　　(单位:kJ/mol)

作用力	范德瓦耳斯力	偶极间作用力	氢键力	化学键力	配位基交换力	疏水键力
吸附热	4 ~ 10	2 ~ 29	2 ~ 40	>60	40	5

吸附自由能是吸附过程推动力及易吸附过程的体现。吸附自由能 ΔG 值可以反映出吸附过程中推动力的大小,其绝对值越大,吸附推动力就越大。一般而言,化学吸附自由能变要大于物理吸附自由能变,化学吸附的自由能变为 −400 ~ −80 kJ/mol,物理吸附的自由能变为−20 ~ 0 kJ/mol[22]。从表 6.5、表 6.6 可以看出,Ti-Imt 及 Na-mt 材料对 Pb^{2+}的吸附自由能 ΔG 值均大于 20 kJ/mol,且由吸附焓分析可知,两种吸附剂材料在吸附 Pb^{2+}的过程中主要作用力为化学键力,因此可推测 Ti-Imt 及 Na-mt 材料对 Pb^{2+}的吸附主要为化学吸附,这与之前动力学研究分析的结果一致。另外,吸附自由能 ΔG 值为正值,表明两种吸附剂材料对 Pb^{2+}的吸附过程属于非自发过程,在本实验研究的不同温度下,需要借助于恒温振荡仪的搅拌作用才能进行吸附,随着温度的升高,ΔG 值越大,说明升高温度,吸附过程需要的推动力就越大,吸附的非自发进行的趋势相对就会明显一些。

熵变反映了在固液吸附体系中,溶质的吸附和溶剂的解吸情况,溶质分子被吸附剂吸附,是熵减小过程,其自由度减小,相反,溶剂分子的解析则是熵增大的过程。在吸附过程中,熵变包括了溶质的吸附和溶剂的解吸,是两者之和,因此熵变的大小会出现正、负值。通过研究熵变可进一步推断吸附机理。由表 6.5、表 6.6 计算可知,两种吸附剂材料吸附 Pb^{2+}的熵变值均为负值,说明在实验研究的温度条件下，整个吸附过程中溶质分子的吸附引起的熵变大于溶剂分子解吸所引起的熵变，因此两种吸附剂材料对 Pb^{2+} 的吸附是一个熵减小的过程。

6.7　小结

本章节采用 Na-mt 及 Ti-Imt 材料对模拟污水中的 Pb^{2+} 进行吸附，从溶液 pH、吸附剂用量、吸附时间、吸附质浓度、温度等因素研究吸附剂对 Pb^{2+} 的吸附影响，并采用吸附动力学模型、吸附等温线模型及热力学参数分析方法对实验数据进行分析，主要结论如下：

（1）pH 对 Na-mt 及 Ti-Imt 材料吸附 Pb^{2+} 的影响较大，两种吸附剂均在溶液 pH=5 时吸附量和去除率达到最大。Ti-Imt 对 Pb^{2+} 的吸附量为 49.64 mg/g，去除率为 99.28%；Na-mt 对 Pb^{2+} 的吸附量为 45.73 mg/g，去除率为 91.47%。

（2）吸附剂用量为 0.1 g 时，两种吸附剂材料对 Pb^{2+} 的吸附量达到最大，其值分别为 49.33 mg/g、40.25 mg/g，随着吸附剂用量的不断增大，去除率先增大后降低，Ti-Imt 材料对 Pb^{2+} 的最高去除率为 98.95%，Na-mt 材料对 Pb^{2+} 的最高去除率为 80.87%，而后继续增大吸附剂用量，两种材料的吸附量和去除率均下降。

（3）Ti-Imt 材料吸附反应开始阶段的吸附速率比 Na-mt 大，Ti-Imt 对 Pb^{2+} 的吸附平衡时间为 90 min，饱和吸附量分别为 49.52 mg/g、去除率为 99.03%；Na-mt 则在吸附时间为 180 min 左右达到吸附平衡，饱和吸附量和去除率值分别为 43.35 mg/g、86.7%。

（4）吸附动力学模型分析可知 Ti-Imt 和 Na-mt 对 Pb^{2+} 的吸附过程可以很好地用拟二级动力学模型来描述，线性相关系数分别为 1 和 0.99。两种吸附剂材料在吸附 Pb^{2+} 的过程中，颗粒内扩散模型并不是唯一的控速步骤，同时还受到液膜扩散及表面吸附的控制，整个吸附过程 Ti-Imt 的吸附速率大于 Na-mt。

(5)随着 Pb^{2+} 的初始质量浓度增大,吸附量逐渐增大至趋于平衡,且在 20 ℃时吸附量高于其他温度。当 Pb^{2+} 的初始质量浓度值大于 150 mg/L 时,Ti-Imt 对 Pb^{2+} 的吸附速率变缓慢,逐渐趋于平衡,而 Na-mt 吸附 Pb^{2+} 是一个缓慢的过程,去除率由开始的 77.9% 下降至 36.34%,表明在整个吸附的过程中随质量浓度的增大,Pb^{2+} 在 Na-mt 表面的解吸作用在逐渐增强。

(6)Ti-Imt 和 Na-mt 材料对 Pb^{2+} 的吸附等温数据更符合 Langmuir 模型,拟合相关系数均是 0.99,可推测 Ti-Imt 和 Na-mt 材料对 Pb^{2+} 的吸附是一个单分子层吸附。无量纲分离常数 R_L 值均为 0 ~ 1,表明两种吸附剂材料对 Pb^{2+} 的吸附是一个易吸附过程,吸附反应易发生,且在相同温度下,Ti-Imt 材料的 R_L 值要小于 Na-mt,说明在同种实验条件下 Ti-Imt 材料对 Pb^{2+} 的吸附性能优于 Na-mt。

(7)热力学参数计算得知,Ti-Imt 和 Na-mt 对 Pb^{2+} 的吸附焓(ΔH)表明吸附过程中的主要作用力为化学键力,无配位基交换、范德瓦耳斯力等作用力,且是一个放热过程。吸附自由能(ΔG)值表明 Ti-Imt 及 Na-mt 材料对 Pb^{2+} 的吸附主要为化学吸附,且 ΔG 值为正值,表明两种吸附剂材料对 Pb^{2+} 的吸附过程属于非自发过程。熵变(ΔS)值均为负值,说明在实验研究的温度条件下,该吸附反应是一个熵减小的过程。

参考文献

[1] 窦国金,郑莹,麦欣欣,等.二甲酚橙分光光度法测定化学镀镍液中的铅浓度[J].材料保护,2012,45(5):72-74.

[2] 吴伟民.复合柱撑蒙脱石的制备与表征及其对镉离子的吸附特性研究[D].广州:华南理工大学,2009.

[3] 王学松,王静,胡海琼,等.高岭石吸附水溶液中铜离子的研究[J].淮海工学院学报:(自然科学版),2007,16(1):39-43.

[4] 邓述波,余刚.环境吸附材料及应用原理[M].北京:科学出版社,2012.

[5] Fan H W, Zhou L M, Jiang X H, et al. Adsorption of Cu^{2+} and methylene blue on dodecyl sulfobetaine surfactant-modified montmorillonite [J]. Applied Clay Science, 2014, 95:

150-158.

[6] Ren X H,Zhang Z L,Luo H J,et al. Adsorption of arsenic on modified montmorillonite[J]. Applied Clay Science,2014,97-98:17-23.

[7] 邓述波,余刚. 环境吸附材料及应用原理[M]. 北京:科学出版社,2012.

[8] 李昕. 膨润土对废水中 Pb^{2+} 和 Cd^{2+} 的吸附性能研究[D]. 衡阳:南华大学,2011.

[9] Orumwense F F O. Removal of lead from water by adsorption on a kaolinitic clay[J]. Journal of Chemical Technology & Biotechnology,1996,65(4):363-369.

[10] 郝建文,柴多里,杨保俊. 片状纳米氢氧化镁吸附铅离子吸附平衡与动力学[J]. 硅酸盐通报,2012,31(5):1127-1132.

[11] Zhao L,Mitomo H. Adsorption of heavy metal ions from aqueous solution onto chitosan entrapped CM-cellulose hydrogels synthesized by irradiation[J]. Journal of Applied Polymer Science,2008,110(3):1388-1395.

[12] Kumar E,Bhatnagar A,Ji M,et al. Defluoridation from aqueous solutions by granular ferric hydroxide (GFH)[J]. Water Research,2009,43(2):490-498.

[13] Lv L,He J,Wei M,et al. Treatment of high fluoride concentration water by MgAl-CO_3 layered double hydroxides: Kinetic and equilibrium studies[J]. Water Research, 2007, 41(7): 1534-1542.

[14] Chabani M,Bensmaili A. Kinetic modelling of the retention of nitrates by Amberlite IRA 410 [J]. Desalination,2005,185(1-3):509-515.

[15] Langmuir I. The adsorption of gases on plane surfaces of glass, mica and platinum[J]. Journal of Chemical Physics,1918,40(9):1361-1403.

[16] Freundlich H. Über die adsorption in lösungen[J]. Zeitschrift Für Physikalische Chemie, 1907,57U(1):385-470.

[17] Da Costa E, Zarbin A J G, Peralta-Zamora P. Multivariate optimisation of TiO_2/carbon nanocomposites for photocatalytic degradation of a reactive textile dye[J]. Materials Research Bulletin,2013,48(2):581-586.

[18] Ai L H,Zhou Y, Jiang J. Removal of methylene blue from aqueous solution by montmorillonite/$CoFe_2O_4$ composite with magnetic separation performance[J]. Desalination,

2011,266(1-3):72-77.

[19] Baki M H, Shemirani F, Khani R, et al. Applicability of diclofenac-montmorillonite as a selective sorbent for adsorption of palladium(Ⅱ); kinetic and thermodynamic studies[J]. Analytical Methods, 2014, 6(6): 1875-1883.

[20] Huang W Y, Chen J, He F, et al. Effective phosphate adsorption by Zr/Al-pillared montmorillonite: insight into equilibrium, kinetics and thermodynamics[J]. Applied Clay Science, 2015, 104: 252-260.

[21] Ni Z M, Xia S J, Wang L G, et al. Treatment of methyl orange by calcined layered double hydroxides in aqueous solution: Adsorption property and kinetic studies[J]. Journal of Colloid and Interface Science, 2007, 316(2): 284-291.

[22] 付杰,李燕虎,叶长燊,等. DMF 在大孔吸附树脂上的吸附热力学及动力学研究[J]. 环境科学学报,2012,32(3):639-644.

第7章　钛柱撑蒙脱石复合材料吸附钴离子

7.1　引言

钴是一种非常稀缺的小金属资源，是重要的战略资源之一，其良好的耐高温、耐腐蚀、磁性性能，被广泛用于航空航天、机械制造、陶瓷等工业领域，同时是制造高温合金、硬质合金、陶瓷颜料、催化剂、电池的重要原料之一[1]。然而，随着钴及其化合物在工业上的应用日益扩大，对环境的污染也日趋严重。钴对环境的污染主要来自废水排放，对水生生物及人类的生长和健康存在严重威胁。因此，去除废水溶液中的钴离子对于保护生态环境具有重要意义[2]。

多年来，已有大量科技工作者对去除废水溶液中的钴离子进行了研究报道，采用的方法主要有离子交换[3]、化学沉淀[1]、电解法[4]、吸附法[5]等。其中，吸附法是目前应用最为广泛的一种方法，其优点是吸附速率快、去除率高且可循环利用[6]。而黏土矿物材料自然资源丰富，经济成本低，吸附效果好，是一种较为理想的吸附剂。目前，科技工作者采用蒙脱石、膨润土及有机改性蒙脱石对废水溶液中的重金属离子做了相关研究[7-9]。研究结果表明，与膨润土和蒙脱石相比，柱撑的蒙脱石材料对污水重金属离子的脱除效果明显改善，能较大幅度地降低污水中重金属离子的残留量。然而，由于这些材料的稳定性较差，对污水重金属离子的处理效率难以提高，大部分研究仍处于实验研究阶段，不能在工业生产中投入使用。因此,亟须探索一种新的技术用于去除废水溶液中的重金属离子。

前期研究表明[10],将醇钛水解后的钛离子(Ti^{4+})基团置换进入蒙脱石层间,晶胞内高价 Ti^{4+} 基团远大于硅、铝等离子,与层间阳离子交换后可撑大蒙脱石晶面间距,且能均匀地分布在层间,使改性后的 Ti-pmnt 载体材料的比表面积和孔容得到增大。因此,本研究采用 Ti-pmnt 吸附去除废水溶液中的 Co^{2+},探索吸附时间、温度、初始质量浓度及吸附剂用量等对 Co^{2+} 吸附的影响,以期为废水溶液中去除 Co^{2+} 提供一种新的技术方法。

7.2 吸附实验

7.2.1 钴离子浓度的测定

将 Co^{2+} 标液(购买于国家有色金属及电子材料分析测试中心,质量浓度为 1 g/L)稀释配制成不同质量浓度的 Co^{2+} 溶液,采用紫外分光光度计(SP-52)在波长 347 nm 下测其吸光度[11],根据吸光度与溶液质量浓度关系绘制标准曲线,拟合得到标准曲线方程为:$A=0.013\ 33C+0.004\ 33$($R^2=0.999\ 8$)。其中,A 代表吸光度;C 代表 Co^{2+} 溶液质量浓度,mg/L。吸附实验所用 Co^{2+} 溶液由 $CoCl_2$ 配制。

7.2.2 显色原理

在 Co^{2+} 的显色反应中,丁二酮肟作为显色剂,丁二酮肟和钴离子生成二元有色络合物,二元有色络合物再与碘离子生成三元有色络合物,增大有色物质对单色光的吸收能力,提高显色反应的灵敏度来测量 Co^{2+} 的吸光度。

7.2.3 标线测定

取 0.01 mol/L 的丁二酮肟 5.00 mL,0.01mol/L 的 KI 2.00 mL 分别加入

1 mg/L、4 mg/L、5 mg/L、8 mg/L、10 mg/L、15 mg/L 的钴离子溶液中，调节 pH=6、定容，显色时间为45 min，然后用紫外分光光度计在波长347 nm条件下测试其吸光度，绘制标准曲线，得到标准曲线方程为 $A=0.013\ 33C+0.004\ 33$，$R^2=0.999\ 8$，Co^{2+}溶液标准曲线如图7.1所示。

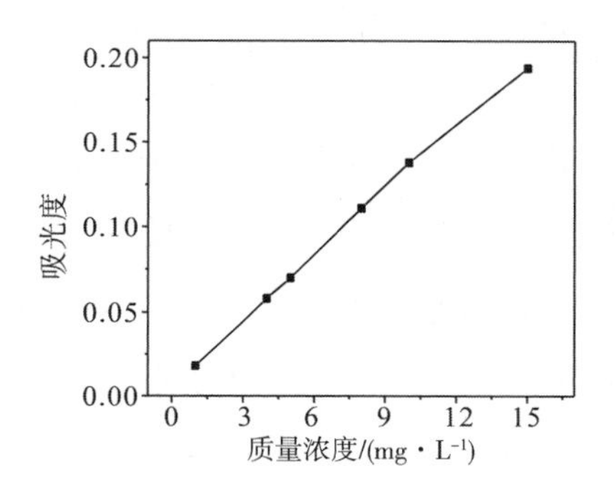

图7.1　Co^{2+}溶液标准曲线

7.2.4　钴离子吸附实验

实验研究了在不同质量浓度(50~300 mg/L)、不同pH(2~10)、不同吸附时间(0~150 min)、不同温度(20~55 ℃)条件下，在一系列烧杯中分别加入一定量的Ti-pmnt，再加入20 mL不同质量浓度的Co^{2+}溶液，用0.1mol/L的HCl和0.1mol/L的NaOH溶液调节Co^{2+}溶液的pH，在恒温数显磁力搅拌器上搅拌、吸附一定时间后过滤，取其滤液测量吸光度，根据以下公式计算Co^{2+}溶液的吸附量和去除率。

$$Q_t = (C_0 - C_t)V/M \tag{7.1}$$

$$\eta = (C_0 - C_t)/C_0 \times 100\% \tag{7.2}$$

式(7.1)和式(7.2)中，Q_t表示t时刻的吸附量，mg/g；η表示去除率；C_0表示吸附前溶液中Co^{2+}的质量浓度，mg/L；C_t表示t时刻吸附后溶液中Co^{2+}的质量浓度，mg/L；V表示取样体积，L；m表示Ti-pmnt质量，g。

7.3 吸附影响因素

7.3.1 溶液 pH

在一系列烧杯中分别加入 0.1 g 的 Ti-pmnt,再加入 20 mL 质量浓度为 250 mg/L 的 Co^{2+}溶液,用 0.1 mol/L 的 HCl 和 0.1 mol/L 的 NaOH 调节 Co^{2+}溶液的 pH 为 2～10,温度为 20 ℃,吸附时间为 120 min,计算 Ti-pmnt 对 Co^{2+}的吸附量和去除率。pH 对 Ti-pmnt 吸附 Co^{2+}的影响如图 7.2 所示。

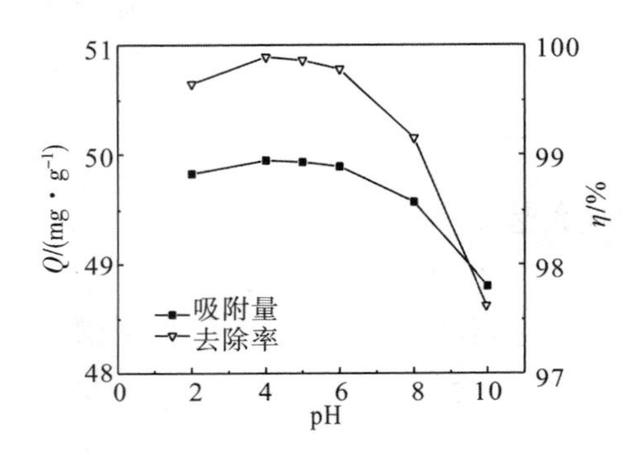

图 7.2 pH 对 Ti-pmnt 吸附 Co^{2+}的影响

由图 7.2 可知,pH 对 Ti-pmnt 吸附去除 Co^{2+}有很大影响。当溶液初始 pH=4 时,去除率达到最大值 99.95%,吸附量也达到最大值 49.94 mg/g;当初始 pH 增大到 6 时,吸附量和去除率略微减小,影响效果不显著;而当 pH 逐渐由中性变为碱性时,去除率和吸附量急剧下降,这表明碱性环境下不利于 Ti-pmnt 吸附去除 Co^{2+}。这是因为在碱性环境中存在过多的 OH^-,易于 Co^{2+}发生反应形成 $Co(OH)_2$ 沉淀及其 $Co(OH)^+$络合物,阻碍 Ti-pmnt 对 Co^{2+}的进一步吸附[12]。而在酸性环境中,酸性较强时,溶液中大量的 H^+与 Co^{2+}在 Ti-pmnt 表面发生竞争吸附,因此去除率较低;随着酸性逐渐变弱,溶液中 H^+数量减少且活性变低,Ti-pmnt 表面或层间释放更多的负电荷基团,Co^{2+}可快速地被吸附固定在

Ti-pmnt 层间及表面区域,且主要通过离子交换和静电吸附的形式被 Ti-pmnt 吸附[3],因此去除率逐渐提高,综合考虑选择溶液初始 pH=4 进行后续实验。

7.3.2　吸附剂用量

在一系列烧杯中分别加入 0.05 ~0.2 g 的 Ti-pmnt,再加入 20 mL 质量浓度为 250 mg/L 的 Co^{2+}溶液,调节溶液 pH=4,温度为 20 ℃,吸附时间为 120 min,吸附剂用量对 Ti-pmnt 吸附 Co^{2+}的影响如图 7.3 所示。

由图 7.3 可知,Ti-pmnt 对 Co^{2+}的吸附量随着吸附剂用量的增大而减小,而去除率则先增大后趋于平衡。当 Ti-pmnt 用量在 0.1 g 时,去除率达到最大值 99.97%。这表明在一定质量浓度的 Co^{2+}溶液中,增大吸附剂用量,Ti-pmnt 表面具有更多的吸附位点,可加快去除溶液中的 Co^{2+};继续增加用量,吸附在 Ti-pmnt 表面的 Co^{2+}占据其表面吸附结合位点,阻碍溶液中的 Co^{2+}进入 Ti-pmnt 的内层间域,因此 Ti-pmnt 对 Co^{2+}的去除率基本保持不变。

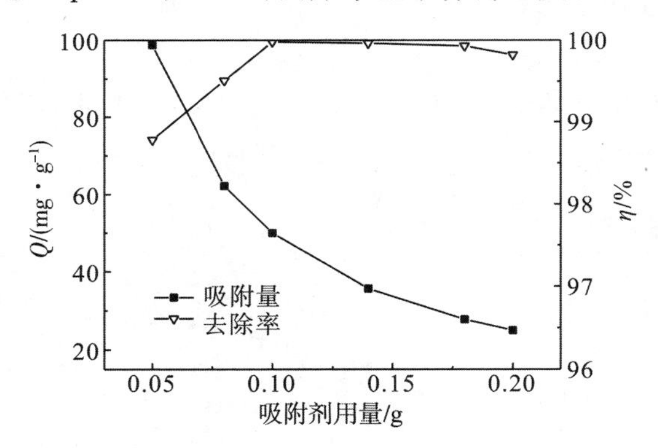

图 7.3　吸附剂用量对 Ti-pmnt 吸附 Co^{2+}的影响

7.3.3　吸附温度

在一系列烧杯中分别加入 0.1 g 的 Ti-pmnt,再加入 20 mL 质量浓度为 250 mg/L 的 Co^{2+}溶液,调节溶液 pH=4,在不同温度条件下,吸附时间为 120 min,温度对 Ti-pmnt 吸附 Co^{2+}的影响如图 7.4 所示。

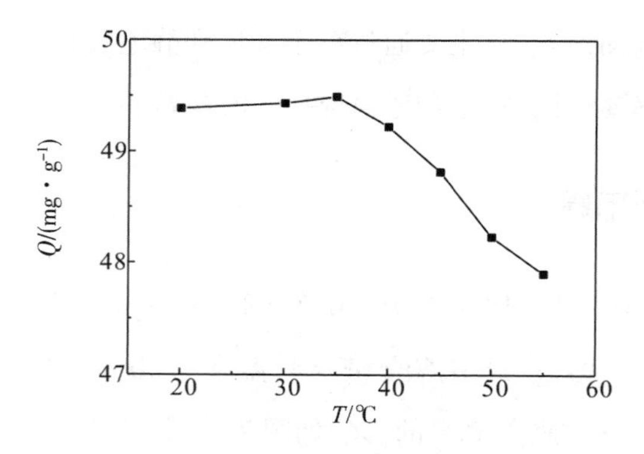

图 7.4　温度对 Ti-pmnt 吸附 Co^{2+} 的影响

由图 7.4 可知，温度对 Ti-pmnt 吸附 Co^{2+} 具有较大影响，升高温度加剧了溶液中分子的热运动。当温度高于 35 ℃时，吸附量逐渐降低，这表明升高温度加剧了溶液中溶剂分子 Co^{2+} 在 Ti-pmnt 表面的解吸脱附，因此升高温度不利于吸附过程的发生。综合考虑选择温度为 20 ~ 25 ℃有利于反应进行。

7.3.4　吸附时间

在一系列烧杯中分别加入 0.1 g 的 Ti-pmnt，再加入 20 mL 质量浓度为 250 mg/L 的 Co^{2+} 溶液，调节溶液 pH = 4，温度为 20 ℃，吸附 1 ~ 150 min，吸附时间对 Ti-pmnt 吸附 Co^{2+} 的影响如图 7.5 所示。

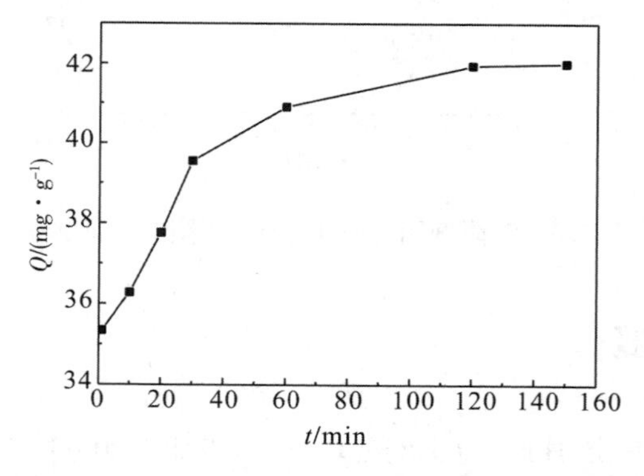

图 7.5　吸附时间对 Ti-pmnt 吸附 Co^{2+} 的影响

由图 7.5 可知，当吸附时间在 0 ~ 30 min 时，吸附速率较快；继续延长时间至120 min时，吸附达到饱和状态，饱和吸附量为41.94 mg/g。这表明在吸附初始阶段，Ti-pmnt表面具有大量的结合位点，可迅速地将Co^{2+}吸附固定，而随着时间的延长，层间的吸附位点逐渐被Co^{2+}占据，吸附速率减慢，最终趋于平衡。

吸附动力学主要是用来描述吸附剂材料吸附溶质的速率，在固-液界面上吸附质的滞留时间主要由吸附速率控制[13]。因此，为更好地了解Ti-pmnt对Co^{2+}的吸附过程，采用拟一级和拟二级动力学方程对其数据进行拟合，其方程表达式见式(7.3)和式(7.4)[14]，Ti-pmnt吸附Co^{2+}的吸附动力学参数见表7.1。

$$\lg(Q_e - Q_t) = \lg Q_e - k_1 t/2.303 \tag{7.3}$$

$$\frac{t}{Q_t} = \frac{t}{Q_e} + \frac{1}{k_2 Q_e^2} \tag{7.4}$$

式(7.3)和式(7.4)中，Q_e和Q_t分别为Co^{2+}溶液达到吸附平衡时和t时间的吸附量，mg/g；k_1和k_2分别为拟一级、二级平衡速率常数，g/(mg·min)。

表7.1　Ti-pmnt吸附Co^{2+}的吸附动力学参数

拟一级动力学			拟二级动力学		
Q_e /(mg·g^{-1})	k_1 /[g·(mg·min)$^{-1}$]	R^2	Q_e /(mg·g^{-1})	k_2 /[g·(mg·min)$^{-1}$]	R^2
7.29	0.032 8	0.977 9	42.41	0.014 3	0.999 7

表7.1是Ti-pmnt对Co^{2+}吸附过程的动力学拟合结果，其中Q_e和k_1、k_2通过线性回归方程拟合得到，拟一级动力学的线性相关系数(R^2=0.977 9)相对较低，其拟合得到的平衡吸附容量与实验结果也相差较大。而拟二级动力学的线性相关系数较高(R^2=0.999 7)，且Q_e也与实验值相接近，因此，可推出Ti-pmnt对Co^{2+}的吸附过程更符合拟二级动力学模型。

7.3.5　初始质量浓度

在一系列烧杯中分别加入0.1 g的Ti-pmnt，再加入20 mL不同质量浓度

(50～300 mg/L)的 Co^{2+} 溶液,调节溶液 pH=4,温度为 20 ℃,吸附时间 120 min,初始质量浓度对 Ti-pmnt 吸附 Co^{2+} 的影响如图 7.6 所示。

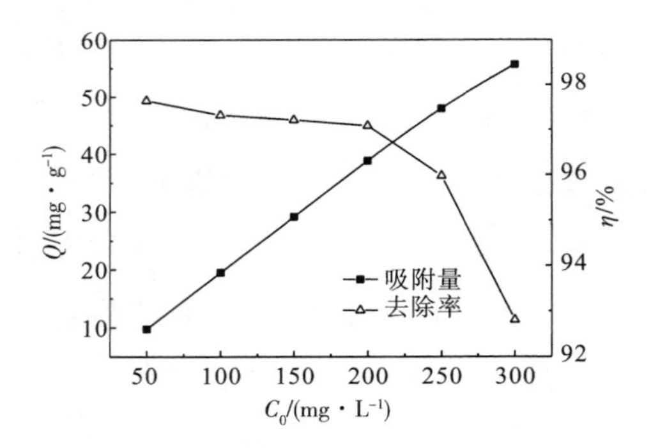

图 7.6　初始质量浓度对 Ti-pmnt 吸附 Co^{2+} 的影响

由图 7.6 可知,随着质量浓度的增加,Ti-pmnt 对 Co^{2+} 的吸附量逐渐增加,而去除率却逐渐降低。这表明当 Co^{2+} 质量浓度增大时,在吸附剂表面将会有更多的 Co^{2+} 被吸附固定在其吸附位点。而当溶液中的 Co^{2+} 在吸附剂表面吸附接近动态平衡时,会有一部分 Co^{2+} 从 Ti-pmnt 表面解吸出来,因此其去除率逐渐降低。

吸附等温线在一定程度上反映了吸附剂与吸附物的特性,水体中常见的吸附等温线有 Freundlich 模型和 Langmuir 模型[15],其线性表达式见式(7.5)和式(7.6),分别采用两种等温模型对实验数据进行拟合,不同温度条件下 Langmuir 模型和 Freundlich 模型的吸附参数见表 7.2。

$$\lg Q_e = \frac{1}{n}\lg C_e + \lg K_f \tag{7.5}$$

$$\frac{C_e}{Q_e} = \frac{C_e}{Q_m} + \frac{1}{Q_m k} \tag{7.6}$$

式(7.5)和式(7.6)中,Q_e 为吸附平衡时的吸附量,mg/g;C_e 为吸附平衡时溶液的质量浓度,mg/L;K_f 和 n 为 Freundlich 模型的特征常数;Q_m(mg/g)和 k(L/mg)为 Langmuir 模型的特征常数,Q_m 代表最大吸附量,k 与吸附热相关。

由表 7.2 可知,与 Freundlich 等温线相比,Langmuir 模型的线性相关系数更高,因此 Ti-pmnt 对 Co^{2+} 的等温吸附过程更符合 Langmuir 模型。Langmuir 模型预测吸附所发生的表面有固定的数量和位置,且是均匀分布的,属于单分子层吸附,吸附剂表面无吸附质分子横向运动,因此可推出 Ti-pmnt 对 Co^{2+} 的吸附是单分子层吸附。

表 7.2　不同温度条件下 Langmuir 模型和 Freundlich 模型的吸附参数

T/K	Langmuir 模型			Freundlich 模型		
	Q_m/(mg · g^{-1})	k/(L · mg^{-1})	R^2	K_f	n	R^2
293	75.24	0.148	0.976	0.012	1.28	0.907

7.4　小结

(1)以 Na-mnt 为基质载体材料,将聚合阳离子 Ti^{4+} 插入其层间可合成晶面间距较大的 Ti-pmnt 材料,晶面间距为 2.94 nm,柱撑效果较好。

(2)在温度为 20 ℃,吸附剂用量为 0.1 g,质量浓度为 250 mg/L,溶液初始 pH=4 及吸附平衡时间为 120 min 的条件下,Ti-pmnt 对 Co^{2+} 的最大去除率达到 99.97%,饱和吸附量为 41.94 mg/g。

(3)Ti-pmnt 对 Co^{2+} 的吸附动力学遵循拟二级动力学方程,等温吸附符合 Langmuir 模型,属于单分子层吸附。

参考文献

[1] 孙兆申,董红星,相玉琳,等. 共沉淀泡沫分离法去除水中低含量钴离子的研究[J]. 应用科技,2007,34(3):61-63,68.

[2] Ma J, Jia Y Z, Jing Y, et al. Equilibrium models and kinetic for the adsorption of methylene blue on Co-hectorites[J]. Journal of Hazardous Materials,2010,175(1-3):965-969.

[3] 郑乐友,石互英. 钛酸纳米管对水中钴离子的吸附研究[J]. 广州化工,2013,41(8):96-98.

[4] 封明,雷小利. 电解法在废水处理中的应用[J]. 电镀与精饰,2013,35(1):43-46.

[5] 胡春联,陈元涛,张炜,等. 磁性伊利石复合材料的制备及其对 Co(Ⅱ)吸附性能的影响[J]. 化工进展,2014,33(9):2409-2414.

[6] 齐风佩,谢丹,曹忠良,等. 一种含多羟基化合物的螯合树脂对钴、铁离子的吸附性能研究[J]. 湖南城市学院学报(自然科学版),2014,23(4):44-47.

[7] Gilbert U A, Emmanuel I U, Adebanjo A A, et al. Biosorptive removal of Pb^{2+} and Cd^{2+} onto novel biosorbent: defatted carica papaya seeds[J]. Biomass and Bioenergy, 2011, 35(7): 2517-2525.

[8] Fadzil F, Ibrahim S, Hanafiah M A K M. Adsorption of lead(Ⅱ) onto organic acid modified rubber leaf powder: batch and column studies[J]. Process Safety and Environmental Protection, 2016, 100: 1-8.

[9] Gu X F, Evans L J, Barabash S J. Modeling the adsorption of Cd(Ⅱ), Cu(Ⅱ), Ni(Ⅱ), Pb(Ⅱ) and Zn(Ⅱ) onto montmorillonite[J]. Geochimica Et Cosmochimica Acta, 2010, 74(20): 5718-5728.

[10] Tuo B Y, Wang J L, Yao Y L, et al. Performance study of Ti-Pillared montmorillonite nanocomposites[J]. Advanced Materials Research, 2014, 1004-1005: 85-88.

[11] 张之介,邓勇,赵增迎,等. 蒙脱石对 Co^{2+} 吸附机理和性能研究[J]. 环境科学与技术,2013,36(S1):167-170,261.

[12] 汪洋,吴缨. 改性油菜秸秆对 Co(Ⅱ)的吸附[J]. 环境工程学报,2016,10(1):379-384.

[13] 郭卓,张维维,王立锋,等. 新型介孔碳的制备及对罗丹明 B 的吸附动力学研究[J]. 现代化工,2006,26(S2):95-98.

[14] Baki M H, Shemirani F, Khani R, et al. Applicability of diclofenac-montmorillonite as a selective sorbent for adsorption of palladium(Ⅱ); kinetic and thermodynamic studies[J]. Analytical Methods, 2014, 6(6): 1875-1883.

[15] Bhattacharyya K G, Sen Gupta S. Adsorption of Fe(Ⅲ), Co(Ⅱ) and Ni(Ⅱ) on ZrO-kaolinite and ZrO-montmorillonite surfaces in aqueous medium[J]. Colloids and Surfaces A: Physicochemical and Engineering Aspects, 2008, 317(1-3): 71-79.

第 8 章　钛柱撑蒙脱石复合材料吸附镉离子

8.1　引言

固液分离是废水处理过程中至关重要的一环,决定了处理流程的效果、效率及成本。目前,关于天然蒙脱石和柱撑蒙脱石在废水处理中的应用研究已涉及诸多领域,且实验室已制得效果良好的产品。但对于蒙脱石及其衍生材料处理废水后的固液分离研究报道较少。因此,从提高蒙脱石吸附剂材料的实际利用价值出发,结合上述蒙脱石应用过程中出现的问题及利用絮凝沉降是当前广泛使用、经济有效的固液分离法。

本章以提高沉降速率和改变污泥性质为解决蒙脱石应用过程中固液分离问题的方案。对以精制钠基蒙脱石为基质,制备的钛柱撑蒙脱石,通过大量探索实验(包括颗粒制备条件的影响实验、颗粒对含镉离子废水的处理实验),确定合适的钛柱撑蒙脱石颗粒制备技术,制备出具有较强吸附性及机械强度的颗粒吸附剂。使钛柱撑蒙脱石材料在处理污水时,具有不溶胀、少损失、可循环利用、耐高温、耐酸碱等优异性能。为层状硅酸盐矿物吸附剂的实际应用提供一定的技术理论支持。

8.2 研究内容及技术路线

8.2.1 研究内容

1)钛柱撑蒙脱石颗粒的制备(Ti-MMT)

以钠基蒙脱石(Na-MMT)为基质材料,采用溶胶-凝胶法制备钛柱撑蒙脱石(Ti-MMT),然后采用黏结剂聚乙烯醇(PVA)、海藻酸钠(SA)固定钛柱撑蒙脱石粉体,通过造粒、高温烧结,制备 Ti-MMT 颗粒。

2)Ti-MMT 颗粒机械强度及吸附镉离子研究

通过对颗粒进行散失实验及对镉离子的去除实验,制备出具有不溶胀、少损失、可循环且吸附性能优异的 Ti-MMT 颗粒。同时探讨 Ti-MMT 颗粒对污水中镉离子的吸附机理分析。

3)Ti-MMT 颗粒的解吸实验

通过将吸附后的颗粒进行解吸,通过分析每次解吸后的再吸附能力及散失率来探究颗粒的循环利用价值。

4)钛柱撑蒙脱石颗粒的表征分析

借助 XRD、FTIR、SEM、TEM、比表面积及 TG-DSC 测定等检测手段研究 Ti-MMT 颗粒材料层间距、形貌、热失重、比表面积及孔径,以及对脱除污水中镉离子的影响。

8.2.2 技术路线

本章研究技术路线如图 8.1 所示。

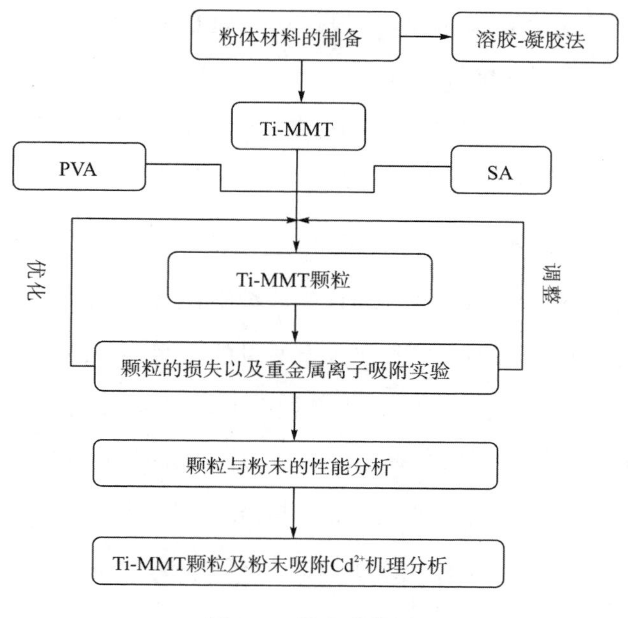

图 8.1　技术路线图

8.3　钛柱撑蒙脱石复合颗粒材料的制备及焙烧

8.3.1　成型制粒

1）钛柱撑蒙脱石的制备

（1）制备悬浮液：在 400 mL 蒸馏水中加入 4g Na-MMT，搅拌 4 h，配成 Na-MMT 悬浮液。

（2）制备钛柱化剂：分别取 10 mL 无水乙醇、10 mL 钛酸四丁酯和 2 mL 冰醋酸搅拌均匀配成Ⅰ液。将 24 mL 稀 HCl（0.1mol/L）和 5 mL 无水乙醇搅拌均匀配成Ⅱ液。将Ⅱ液边搅拌边缓慢滴入Ⅰ液，出现黄色透明溶胶，马上将 8 mL 的 NaOH 溶液（1 mol/L）加入其中同时剧烈搅拌 30 min，静置 6 h，得到柱化剂。

（3）柱化反应：在柱化剂剧烈搅拌的条件下缓慢加入 Na-MMT 悬浮液中，并加入 8 mL 的 NaOH 溶液(2 mol/L),搅拌 6 h,离心,洗净 Cl^-($AgNO_3$ 检验),烘干,过-200 目筛,得到柱撑前驱物。

(4)焙烧:将前驱物置于马弗炉中,在 300 ℃下焙烧 3 h 后研磨至粒度为 200 目,即制得钛柱撑蒙脱石(Ti-MMT)。

2)钛柱撑蒙脱石材料的成型制粒

将一定质量比的 PVA、SA、Ti-MMT(记质量比 PVA∶SA∶Ti-MMT 为 X∶Y∶Z)在一边加热一边搅拌的条件下,加入至适量的蒸馏水中,先加入 PVA 和 SA,待 PVA 和 SA 完全溶解后(杯中无明显颗粒),保持搅拌的条件下,缓慢加入 Ti-MMT,持续边加热边搅拌,待杯中混合物均匀且黏稠,停止加热和搅拌,待杯中混合物冷却至室温后,用注射器将混合物挤入 3% $CaCl_2$ 溶液中浸泡 12 h 后过滤(同时使用蒸馏水洗涤),洗净后将颗粒在 80 ℃的条件下烘干即制得 Ti-MMT 颗粒[1]。

8.3.2 Cd^{2+}的吸附

1)Cd^{2+}的吸附实验

在一系列烧杯中加入 20 mL 一定质量浓度的 Cd^{2+}溶液,加入一定质量的不同条件下制备的 Ti-MMT 颗粒,探究在不同 Ti-MMT 颗粒制备条件、不同颗粒用量、不同 pH、不同质量浓度、不同温度及不同吸附时间条件下,Ti-MMT 颗粒对 Cd^{2+}的吸附效果。

(1)PVA 含量因素。使用物料质量比例 PVA∶SA∶Ti-MMT 为 0～1∶2∶20(0.2∶2∶20;0.4∶2∶20;0.6∶2∶20;0.8∶2∶20;1.0∶2∶20)制备的颗粒进行 Cd^{2+}的吸附实验及颗粒的散失实验,通过计算 Cd^{2+}去除率及颗粒散失率,考查 PVA 含量对颗粒吸附性能及强度性能的影响,确定最佳的 PVA 含量 X_m。

(2)SA 含量因素。使用物料质量比例 PVA∶SA∶Ti-MMT 为 X_m∶1～3∶

20(X_m : 1.0 : 20; X_m : 1.5 : 20; X_m : 2.0 : 20; X_m : 2.5 : 20; X_m : 3.0 : 20)制备的颗粒进行 Cd^{2+} 的吸附实验及颗粒的散失实验，通过计算 Cd^{2+} 去除率及颗粒散失率，考查 SA 含量对颗粒吸附性能及强度性能的影响，确定最佳的 SA 含量 Y_m。

(3)Ti-MMT 含量因素。使用物料质量比例 PVA : SA : Ti-MMT 为 X_m : Y_m : 10~30(X_m : Y_m : 10; X_m : Y_m : 15; X_m : Y_m : 20; X_m : Y_m : 25; X_m : Y_m : 30)制备的颗粒进行 Cd^{2+} 的吸附实验及颗粒的散失实验，通过计算 Cd^{2+} 去除率及颗粒散失率，考查 Ti-MMT 含量对颗粒吸附性能及强度性能的影响，确定最佳的 Ti-MMT 含量 Z_m。

(4)Ti-MMT 颗粒用量因素。Ti-MMT 颗粒的投加量分别为 0.05、0.10、0.15、0.20、0.25、0.30 g。

(5)pH 因素。pH 值分别为 3、4、5、6、7、8。

(6)Cd^{2+} 初始质量浓度因素。Cd^{2+} 初始质量浓度为 20~300 mg/L，具体为 20、50、100、150、200、250、300 mg/L。

(7)温度因素。温度分别为 20、30、40、50、60 ℃。

(8)吸附时间因素。吸附时间分别为 40、60、80、100、120、140、160 min。

2)吸附量和去除率计算

实验过程中，Ti-MMT 颗粒吸附 Cd^{2+} 溶液后，计算 Cd^{2+} 的残留质量浓度，再根据式(8.1)和式(8.2)计算吸附量 Q_t 和去除率 η。

$$Q_t = (C_0 - C_t)V/m \tag{8.1}$$

$$\eta = (C_0 - C_t)/C_0 \times 100\% \tag{8.2}$$

式(8.1)和式(8.2)中，V 表示溶液的体积，L；m 表示 Ti-MMT 颗粒质量，g；C_0 表示吸附前 Cd^{2+} 的质量浓度，mg/L；C_t 表示吸附后 Cd^{2+} 的质量浓度，mg/L。

8.3.3　复合材料的散失

实验通过散失率来探究颗粒的强度，具体实验流程为：在 20 mL 蒸馏水中加入一定质量的 Ti-MMT 颗粒，调节恒温振荡器内温度为 25 ℃，持续振荡 120 min，振荡结束后过滤，舍弃掉颗粒破碎产生的碎屑，80 ℃的条件下干燥至质量保持不变，冷却称量。计算 Ti-MMT 颗粒的散失量及散失率，显然，Ti-MMT 颗粒的散失率越低，代表 Ti-MMT 颗粒的强度越高，计算公式见式(8.3)和式(8.4)。

$$m_s = m_0 - m_t \tag{8.3}$$

$$S_s = (m_0 - m_t)/m_0 \times 100\% \tag{8.4}$$

式(8.3)和式(8.4)中，m_s 表示 Ti-MMT 颗粒的散失质量，g；m_0 表示振荡前 Ti-MMT 颗粒的质量，g；m_t 表示实验后 Ti-MMT 颗粒的质量，g；S_s 表示 Ti-MMT 颗粒散失率，%。

8.3.4 Ti-MMT 颗粒的焙烧

1) Ti-MMT 颗粒的焙烧制备实验

在陶质颗粒烧结制备过程中，工艺参数焙烧温度(A)、焙烧时间(B)、预热温度(C)和预热时间(D)对陶粒的吸附性能影响十分显著，因此本研究在陶质 Ti-MMT 颗粒的制备过程中主要考虑以下 4 个因素。

(1)焙烧温度的影响。将所制 Ti-MMT 颗粒在 300 ℃马弗炉中进行预热 5 min，接着分别调节温度为 100、200、300、400、500、600、700、800、900、1 000、1 100 ℃，进行高温焙烧，焙烧时间为 10 min，然后随炉冷却。最后将不同焙烧温度制备的陶质 Ti-MMT 颗粒用于吸附 Cd^{2+}，同时进行颗粒的散失实验，确定最佳的焙烧温度 A_m。

(2)焙烧时间的影响。将所制 Ti-MMT 颗粒在 300 ℃马弗炉中进行预热 5 min，接着调节温度为 A_m，进行高温焙烧，焙烧时间分别为 60、75、90、105、120 min，然后随炉冷却。最后将不同焙烧时间制备的陶质 Ti-MMT 颗粒用于吸附 Cd^{2+}，同时进行颗粒的散失实验，确定最佳的焙烧时间 B_m。

(3)预热温度的影响。将所制 Ti-MMT 颗粒分别在 100、200、300、400、

500 ℃马弗炉中进行预热 5 min，接着调节温度为 A_m，进行高温焙烧，焙烧时间为 B_m，然后随炉冷却。最后将不同预热温度制备的陶质 Ti-MMT 颗粒用于吸附 Cd^{2+}，同时进行颗粒的散失实验，确定最佳的预热温度 C_m。

（4）预热时间的影响。将所制 Ti-MMT 颗粒在温度为 C_m 的马弗炉中分别预热 5、10、15、20、25、30 min，接着调节温度为 A_m，进行高温焙烧，预热 B_m，然后随炉冷却。最后将不同预热时间制备的陶质 Ti-MMT 颗粒用于吸附 Cd^{2+}，同时进行颗粒的散失实验，确定最佳的预热时间 D_m。

2）焙烧后 Ti-MMT 颗粒的循环回收实验

为了探究陶质 Ti-MMT 颗粒的可重复利用性能，研究了颗粒的循环再生过程，具体实验方法如下。

（1）吸附一次。在 20 mL 100 mg/L 的 Cd^{2+} 溶液中（100 mg/L，调节 pH = 7），加入 0.1 g 的陶质 Ti-MMT 颗粒，25 ℃下吸附 120 min。对吸附后的溶液进行过滤，测定剩余的 Cd^{2+} 质量浓度，计算去除率和散失率。

（2）脱附。在烧杯中加入 200 mg/L 的 NaCl 溶液（0.1 mol/L），将吸附饱和后的颗粒置于其中振荡 120 min 后，蒸馏水洗涤，过滤，80 ℃烘干。

（3）吸附二次。在 20 mL 100 mg/L 的 Cd^{2+} 溶液中（100 mg/L，调节 pH = 7），加入 0.1 g 经上次脱附处理后的陶质 Ti-MMT 颗粒，25 ℃下吸附 120 min。对吸附后的溶液进行过滤，测定剩余的 Cd^{2+} 质量浓度，计算吸附率和散失率。

（4）重复上述流程。

8.4　Ti-MMT 制粒条件对吸附的影响

8.4.1　PVA 含量对 Ti-MMT 颗粒性能的影响

通过 Cd^{2+} 去除实验及颗粒散失实验，考察不同 PVA 含量对颗粒性能的影响,确定较优的 PVA 含量,具体吸附条件为:Cd^{2+}的初始质量浓度为 200 mg/L, pH=7,接触时间 120 min,颗粒吸附剂投加量为 0.2 g,吸附温度为 25 ℃;散失条件见 8.2.3 小节。Ti-MMT 颗粒的 PVA 含量对散失率和去除率的影响如图 8.2 所示。

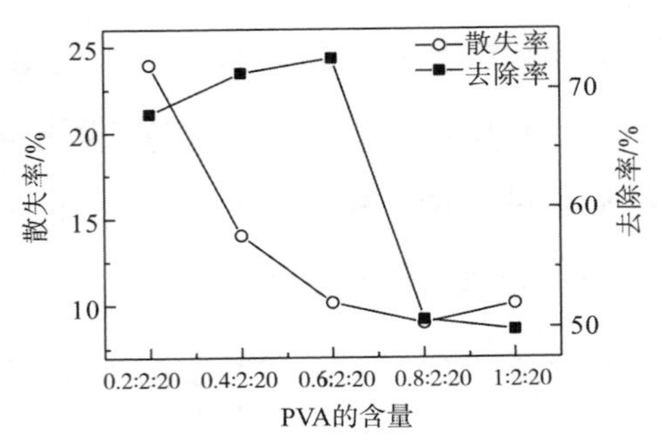

图 8.2　Ti-MMT 颗粒的 PVA 含量对散失率和去除率的影响

由图 8.2 可知,颗粒的散失率整体趋势一致,随着颗粒中 PVA 含量的提高,散失率持续下降,表明使用的 PVA 的含量越多,颗粒的强度越高,PVA 可以较明显地提高颗粒强度;而颗粒对 Cd^{2+}的去除率随着颗粒中 PVA 含量的增多呈现出先增加后减少的趋势,其原因可能为:当 PVA 含量较低时,部分充作黏合剂的 PVA 与 Ti-MMT 的层间的阳离子发生了交换,由于 PVA 是有机大分子,当 PVA 进入 Ti-MMT 的层间会撑开 Ti-MMT 的层面,提高了颗粒的吸附率。而继续提高 PVA 含量,去除率的下降可能受到两方面的影响,其一,提高了颗粒强度的同时,也提高了颗粒的致密程度,增加了吸附时 Cd^{2+}的传质阻力;其二,过多的 PVA 甚至完全将颗粒中起到吸附作用的 Ti-MMT 包裹,因此 Cd^{2+}去除率下降。当颗粒中各物料质量比为 0.6∶2∶20 时,颗粒对 Cd^{2+}的去除效果较好,去除率为 72.57%,且颗粒的散失率也较低,仅为 10.14%,因此后续实验中确定 PVA 的投加比例为 0.6∶Y∶Z,继续考察 SA 及 Ti-MMT 对颗粒性能的影响。

8.4.2　SA 含量对 Ti-MMT 颗粒性能的影响

通过 Cd^{2+}去除实验及颗粒散失实验,考查不同 SA 含量对颗粒性能的影响,确定较优的 SA 含量,具体吸附条件为:Cd^{2+}的初始质量浓度为 200 mg/L,pH = 7,接触时间 120 min,颗粒吸附剂投加量为 0.2 g,吸附温度为 25 ℃;散失条件见 8.2.3 小节。Ti-MMT 颗粒的 SA 含量对散失率和去除率的影响如图 8.3 所示。

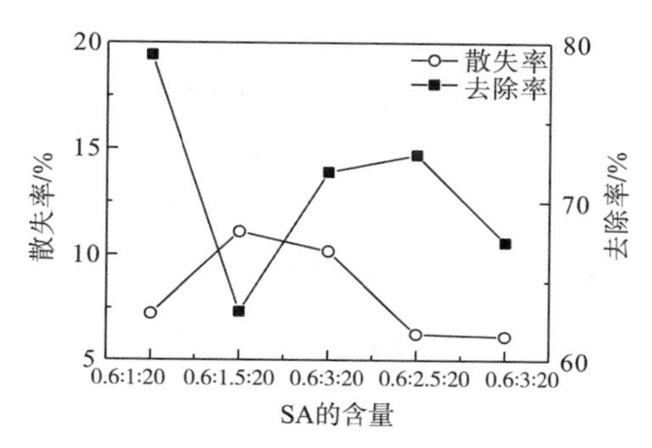

图 8.3　Ti-MMT 颗粒的 SA 含量对散失率和去除率的影响

在颗粒制备过程中,由于 PVA、SA 和 Ti-MMT 加热搅拌后的混合物黏稠度较高,在挤入 $CaCl_2$ 溶液中时极易相互粘连,而 SA 能与 $CaCl_2$ 发生交联反应形成三维网状结构,在减少颗粒互相粘连的同时可略微提高颗粒的强度[2]。但由图 8.3 可知,Cd^{2+}去除效果受颗粒中 SA 含量的影响较大,颗粒中物料的质量比例为 0.6 : 1.0 : 20 时,颗粒对 Cd^{2+}去除效果较好,去除率为 79.23%,且颗粒散失率也较低,为 7.24%。因此,后续实验中确定颗粒中前两种物料的投加比例为 0.6 : 1.0 : Z,继续考察 Ti-MMT 对颗粒性能的影响。

8.4.3　Ti-MMT 含量对 Ti-MMT 颗粒性能的影响

通过 Cd^{2+}去除实验及颗粒散失实验,考察不同 Ti-MMT 含量对颗粒性能的影响,确定较优的 Ti-MMT 含量,具体吸附条件为:Cd^{2+}的初始质量浓度为 200 mg/L,pH = 7,接触时间 120 min,颗粒吸附剂投加量为 0.2 g,吸附温度为 25 ℃;散失条件见 8.3.3 小节。Ti-MMT 颗粒的 Ti-MMT 含量对散失率和去除率的影响如图 8.4 所示。

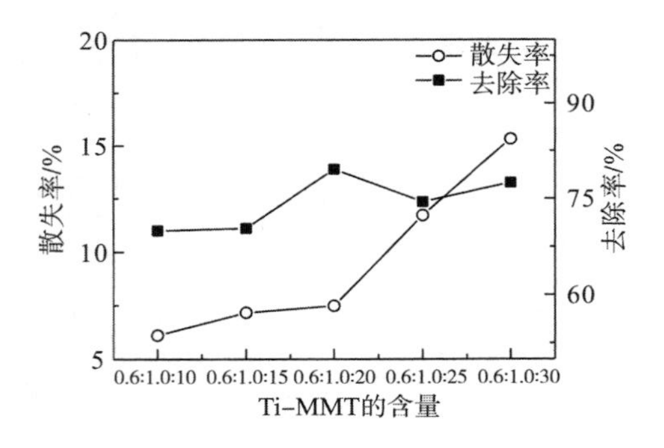

图 8.4　Ti-MMT 颗粒的 Ti-MMT 含量对散失率和去除率的影响

由图 8.4 可知，颗粒的散失率整体趋势一致，随着颗粒中 Ti-MMT 含量的提高，散失率持续增加，表明在黏合剂用量固定的情况下，需要固定的 Ti-MMT 越多，制备的颗粒损失越多，即颗粒的强度越低；而颗粒对 Cd^{2+} 的去除率随着颗粒中 Ti-MMT 含量的增多呈现出先增加后减少的趋势，其原因可能为：当 Ti-MMT 含量较低时，不足以将溶液中可吸附的 Cd^{2+} 吸附完全，因此增加 Ti-MMT 含量，可使颗粒中可使用的吸附位点变得更多，能吸附更多的 Cd^{2+}，因此去除率逐渐增大，而继续增加 Ti-MMT 含量，颗粒的密度将提高，同时颗粒内部的间隙变小，Cd^{2+} 难以进入颗粒内部被吸附，因此去除率降低。当颗粒中物料质量比例为 0.6∶1.0∶20 时，去除率为 79.61%，且散失率为 7.48%，继续增加 Ti-MMT 含量，颗粒强度及去除率都有所下降，因此确定 Ti-MMT 颗粒的制备条件为各物料质量比例 PVA∶SA∶Ti-MMT＝0.6∶1.0∶20.0。

8.5　Cd^{2+} 吸附条件的影响

8.5.1　Ti-MMT 颗粒用量对吸附的影响

为考察 Ti-MMT 颗粒用量对颗粒去除 Cd^{2+} 的影响，调节 Ti-MMT 颗粒投加量分别为 0.05、0.10、0.15、0.20、0.25、0.30 g，进行 Cd^{2+} 去除实验，以确定较优

的 Ti-MMT 颗粒用量,其他吸附条件为:Cd^{2+}的初始质量浓度为 200 mg/L,pH = 7,接触时间 120 min,吸附温度为 25 ℃。Ti-MMT 颗粒的用量对吸附量和去除率的影响如图 8.5 所示。

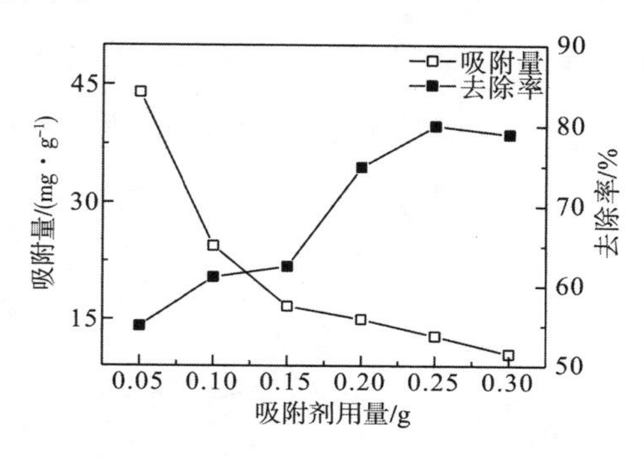

图 8.5　Ti-MMT 颗粒的用量对吸附量和去除率的影响

由图 8.5 可知,随着颗粒用量的逐渐增加,吸附活性位点逐渐增加,因此颗粒对 Cd^{2+}的去除率逐渐增加;而由于 Cd^{2+}的初始质量浓度恒定,所以随着吸附剂投加量的增加,吸附量反而逐渐显著减小,随着颗粒用量的逐渐增加,吸附量下降趋势变缓,当颗粒的用量为 0.25 g 时,去除率为 80.02%,而后继续增加颗粒用量无法增加 Cd^{2+}的去除率。

8.5.2　初始 pH 对吸附的影响

溶液初始 pH 在金属离子的吸附过程中起着重要的作用,为考察初始 pH 对颗粒去除 Cd^{2+}的影响,调节初始 pH 值分别为 3、4、5、6、7、8,进行 Cd^{2+}去除实验,以确定较优的初始 pH,其他吸附条件为:Cd^{2+}的初始质量浓度为 200 mg/L,颗粒投加量为 0.25 g,接触时间 120 min,吸附温度为 25 ℃。初始 pH 对吸附量和去除率的影响如图 8.6 所示。

在 Ti-MMT 颗粒吸附 Cd^{2+}的过程中存在两方面的作用:①Ti-MMT 中占主导地位的结构单元电荷层常带负电,其层间的静电引力吸引 Cd^{2+}替代 Ti-MMT 中原有的 Ca^{2+}、Mg^{2+}及 Na^{+}等离子,即 Cd^{2+}与 Ti-MMT 发生离子交换;②Ti-MMT 结构单元边缘的—OH 及因 Si—O 键、Al—O 键断裂形成的可变电荷与 Cd^{2+} 发生络合反应而产生的吸附，即 $M_{suf}-OH+Cd^{2+}+H_2O \rightarrow M_{suf}-OCdOH+2H^+$[3]。因此，当 pH=3 时，$H^+$浓度较高，与 Cd^{2+}形成了竞争，由于正电性 $Cd^{2+}<H^+$，Ti-MMT 优先吸附 H^+，使得 pH=3 时吸附量和去除率较低，分别为 9.44 mg/g、58.32%。而当 pH>6 后，Ti-MMT 对 Cd^{2+}的吸附量及去除率降低，可能是由于颗粒中 SA 带有负电荷，调高溶液 pH，会使 SA 的黏度下降，使颗粒的整体稳定性降低[4]。

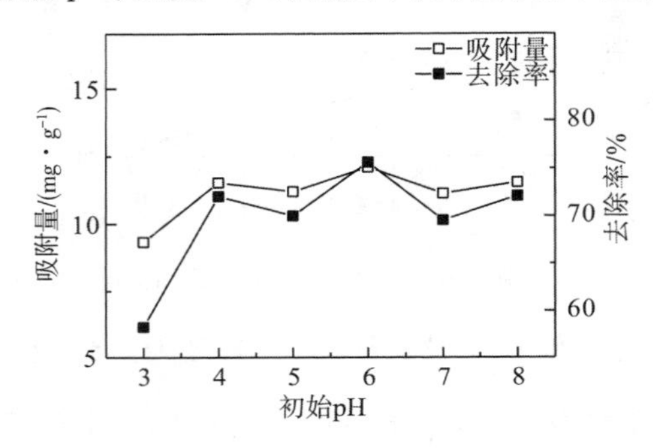

图 8.6　初始 pH 对吸附量和去除率的影响

8.5.3　Cd^{2+}初始质量浓度对吸附的影响

为考察 Cd^{2+}初始质量浓度对颗粒去除 Cd^{2+}的影响，调节 Cd^{2+}初始质量浓度分别为 20、50、100、150、200、250、300 mg/L，进行 Cd^{2+}去除实验，以确定较优的 Cd^{2+}初始质量浓度，其他吸附条件为：初始 pH=6，颗粒投加量为 0.25 g，接触时间 120 min，吸附温度为 25 ℃。Cd^{2+}初始质量浓度对吸附量和去除率的影响如图 8.7 所示。

当 Cd^{2+}初始质量浓度小于 100 mg/L 时，Cd^{2+}吸附量和去除率随初始质量浓度的增加而增加，初始质量浓度大于 100 mg/L 后，吸附量继续增加，而去除率逐渐下降，即 Cd^{2+} 去除率在 Cd^{2+} 初始质量浓度为 100 mg/L 时达到最大值 98.00%。这可能是由于 Cd^{2+}初始质量浓度增大，颗粒表面吸附位点更易接触到 Cd^{2+}，因此吸附量随质量浓度的增加而上升，但 Cd^{2+}质量浓度增加到 100 mg/L 后，颗粒表面吸附位点基本被 Cd^{2+} 占据，吸附基本饱和，将发生解吸现象，因此去除率逐渐降低。

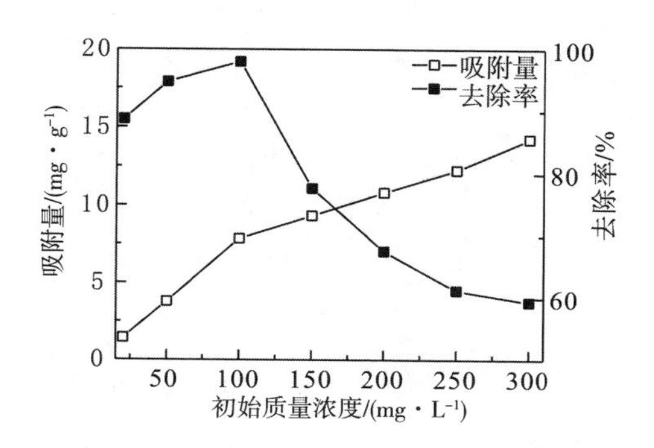

图 8.7　Cd^{2+}初始质量浓度对吸附量和去除率的影响

8.5.4　吸附等温线研究

一定温度下,吸附剂在溶液中对吸附质进行的吸附过程达到平衡时,它们在两相中质量浓度之间的关系曲线即为吸附等温线[5]。对吸附等温线进行研究分析,可初步判断吸附剂与吸附质之间的相互作用类型及吸附剂的吸附机制。本章采用 Langmuir、Freundlich、Temkin 和 Dubinin-Radushkevich 4 种等温吸附模型对颗粒吸附 Cd^{2+}进行拟合分析,等温吸附模型拟合曲线如图 8.8 所示,Ti-MMT 颗粒吸附 Cd^{2+}的等温吸附模型线性参数见表 8.1。

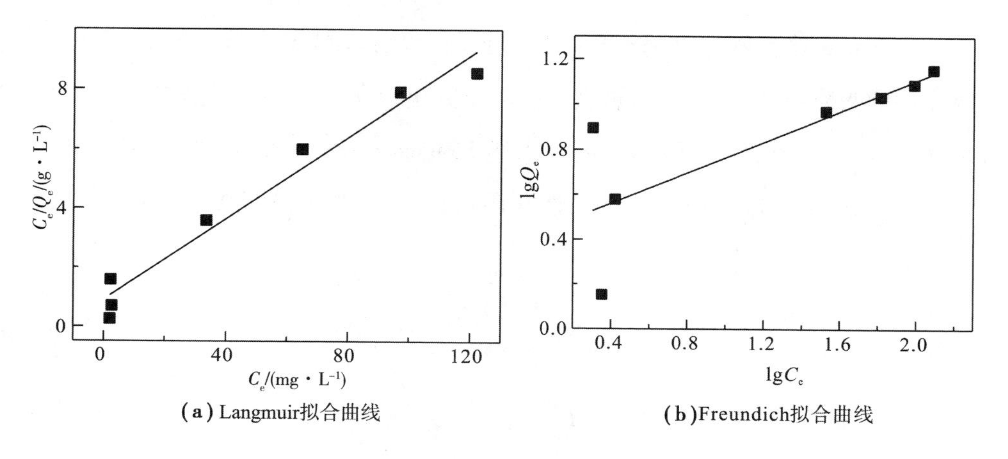

(a) Langmuir拟合曲线　　(b) Freundich拟合曲线

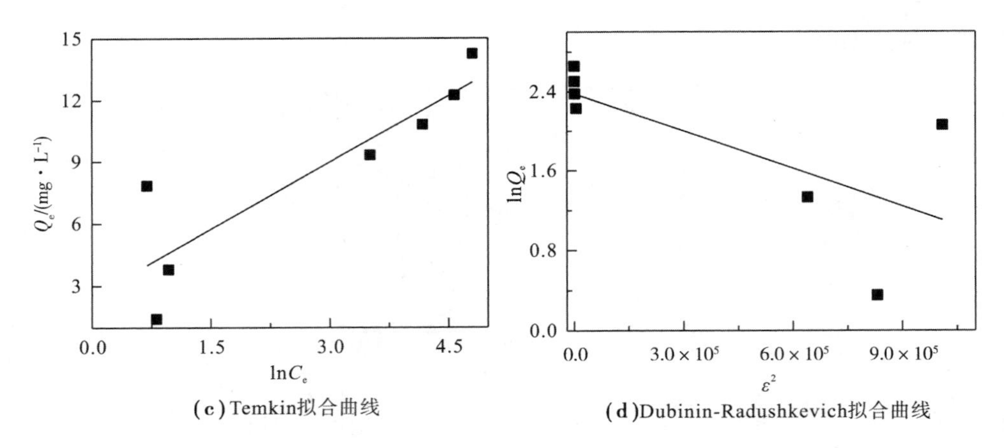

(c) Temkin拟合曲线 (d) Dubinin-Radushkevich拟合曲线

图 8.8 等温吸附模型拟合曲线

表 8.1 Ti-MMT 颗粒吸附 Cd^{2+} 的等温吸附模型线性参数

Langmuir 模型				Freundlich 模型			Temkin 模型			D-R 模型		
Q_m /(mg·g^{-1})	b	R_L	R^2	K_b	n	R^2	B_T	A_T	R^2	β	E	R^2
14.58	0.075	0.043~0.4	0.96	2.66	2.93	0.54	2.16	3.18	0.75	1.27×10^{-6}	6.29	0.39

注：E 表示每吸附每摩尔 Cd^{2+} 所需要的能量($E=1/\sqrt{2\beta}$)，kJ/mol，物理吸附时 $E<8$ kJ/mol，化学吸附时 $8<E<16$ kJ/mol。

Langmuir 模型既可以用于描述物理吸附，也可以描述化学吸附，其假设固体表面的吸附作用是均匀的，被吸附的粒子完全独立[6]，方程式见式(8.5)。分离系数 R_L 是一个无量纲常数，用于描述 Langmuir 等温线的类型：不可逆吸附($R_L=0$)、优惠吸附($0<R_L<1$)、线性吸附($R_L=1$)、非优惠吸附($R_L>1$)，见式(8.6)[7]。

$$Q_e = \frac{Q_m C_e}{1/b + C_e} \tag{8.5}$$

$$R_L = \frac{1}{1 + bC_0} \tag{8.6}$$

式(8.5)和式(8.6)中，Q_e 表示吸附平衡时的吸附量，mg/g；Q_m 表示最大吸附量,mg/g;C_e 表示吸附平衡时溶液中 Cd^{2+} 的质量浓度,mg/L;C_0 表示吸附前溶液中 Cd^{2+} 的质量浓度,mg/L;b 是吸附平衡常数($b=K_L Q_m$),L/mg;K_L 是吸附热有关的常数。

Freundich 模型用于描述多分子层间的异质吸附,假设吸附剂表面不均匀[8],见式(8.7)。

$$Q_e = K_f C_e^{1/n} \tag{8.7}$$

式中,Q_e 表示吸附平衡时的吸附量,mg/g;C_e 表示吸附平衡时溶液中 Cd^{2+} 的质量浓度,mg/L;K_f 为 Freundlich 亲和系数;n 为 Freundlich 模型常数。

Temkin 模型假设表面层的所有分子吸附热的减少是线性的[9],见式(8.8)。吸附热常数 B_T 用来估算吸附机制的类型,由式(8.9)计算。

$$Q_e = B_T \ln A_T + B_T \ln C_e \tag{8.8}$$

$$B_T = RT/b_T \tag{8.9}$$

式(8.8)和式(8.9)中,Q_e 表示吸附平衡时的吸附量,mg/g;C_e 表示吸附平衡时溶液中 Cd^{2+} 的质量浓度,mg/L;R 是摩尔气体常数(8.314×10^{-3} kJ/mol);A_T 表示平衡结合常数,L/mg;T 是热力学温度,K。

Dubinin-Radushkevich(D-R)模型假设条件:吸附剂表面是不均匀的,吸附是吸附质填充吸附剂孔的过程[10],见式(8.10)。

$$\ln Q_e = \ln Q_m - \beta\varepsilon^2 \tag{8.10}$$

式中,Q_e 表示吸附平衡时的吸附量,mg/g;Q_m 表示最大吸附量,mg/g;β 为 D-R 等温线常数,mol^2/J^2;ε 为 Polanyi 活化能,$\varepsilon=RT\ln(1+1/C_e)$。

从表 8.1 可知,对于 Ti-MMT 颗粒对 Cd^{2+} 的吸附,4 种等温吸附模型中,Langmuir 模型的 R^2 为 0.96,q_m = 14.58 mg/g,与实验值 14.25 mg/g 较为接近,表明相较于其他 3 种等温吸附模型,Langmuir 等温模型更能描述 Ti-MMT 颗粒对于 Cd^{2+} 的吸附行为,据此可推测颗粒对 Cd^{2+} 的吸附属于单分子层吸附[11]。拟合得到的 Langmuir 参数为:R^2 = 0.96、Q_m = 14.58 mg/g、K_L = 5.14L/mg、R_L = 0.043 ~0.4,R_L 在 0 ~1,说明 Ti-MMT 颗粒对 Cd^{2+} 的吸附过程属于优惠吸附,吸

附过程易进行。

8.5.5 吸附温度对吸附的影响

为考察吸附温度对颗粒去除 Cd^{2+} 的影响，调节吸附温度分别为 20、30、40、50、60 ℃，进行 Cd^{2+} 去除实验，以确定较优的吸附温度，其他吸附条件为：初始 pH=6，颗粒投加量为 0.25g，接触时间 120 min，Cd^{2+} 初始质量浓度为 100 mg/L。吸附温度对吸附量和去除率的影响如图 8.9 所示。

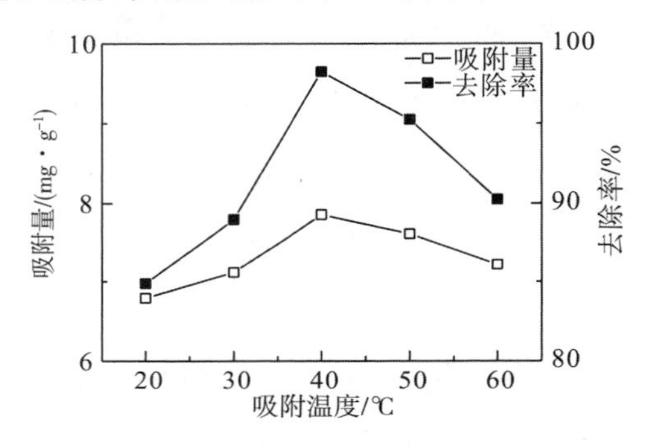

图 8.9　吸附温度对吸附量和去除率的影响

当温度小于 40 ℃时，Cd^{2+} 吸附量和去除率随温度的增加而增加，温度大于 40 ℃后，Cd^{2+} 吸附量和去除率随温度的增加而降低，即 Cd^{2+} 吸附量和去除率在温度为 40 ℃时达到最大值，分别为 7.86 mg/g 和 98.24%。这可能是由于温度降低时，温度升高将提高颗粒表面吸附位点的活性，同时使溶液中 Cd^{2+} 热运动加剧，但温度增加到一定值后，继续升高温度，将加剧颗粒表面已吸附的 Cd^{2+} 解吸脱附，因此，吸附量和去除率下降。

8.5.6 吸附热力学研究

吸附过程总是伴随着热力学状态的变化，通过式(8.11)—式(8.13)计算不同温度下的 Ti-MMT 颗粒吸附 Cd^{2+} 的热力学参数焓变 ΔH(kJ/mol)、熵变 ΔS(J/(mol·K))、Gibbs 自由能 ΔG(kJ/mol)，可以更好地理解温度对吸附过程的影响[12,13]。

$$\Delta G = - RT \ln K_d \tag{8.11}$$

$$\Delta G = \Delta H - T\Delta S \tag{8.12}$$

$$\ln K_d = (\Delta S/R) - (\Delta H/RT) \tag{8.13}$$

式中,K_d 为分配系数($K_d = q_e/C_e$),相当于 Langmuir 模型中的 b,L/mg。

Ti-MMT 颗粒吸附 Cd^{2+} 的 $\ln K_d$-1/T 图如图 8.10 所示。

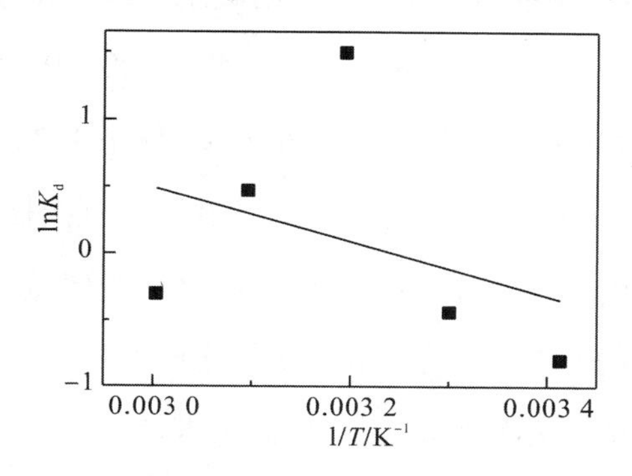

图 8.10　Ti-MMT 颗粒吸附 Cd^{2+} 的 $\ln K_d$-1/T 图

Ti-MMT 颗粒吸附 Cd^{2+} 的热力学参数见表 8.2。

表 8.2　Ti-MMT 颗粒吸附 Cd^{2+} 的热力学参数

$\Delta H/(\mathrm{kJ \cdot mol^{-1}})$	$\Delta S/[\mathrm{J \cdot (mol \cdot K)^{-1}}]$	$\Delta G/(\mathrm{kJ \cdot mol^{-1}})$				
		20 ℃	30 ℃	40 ℃	50 ℃	60 ℃
16.81	54.54	1.95	1.096	−3.89	−1.27	0.83

吸附剂在吸附吸附质的过程中存在各种作用力,通过测定计算 Ti-MMT 颗粒对 Cd^{2+} 的吸附焓 ΔH,可推断吸附过程中的主要作用力。由表 8.2 可知,Ti-MMT 颗粒对 Cd^{2+} 的焓变为 $\Delta H = 16.81$ kJ/mol,对照表 8.3,表明吸附过程中受氢键力及偶极间作用力的共同影响,而络合反应的 ΔH 在 8~60 kJ/mol[14],表明吸附过程中还存在络合作用,且 $\Delta H > 0$,说明 Ti-MMT 颗粒吸附 Cd^{2+} 的过程中需要吸收热量。

表 8.3　各种作用力的吸附热范围[15]

作用力	偶极间作用力	疏水键力	范德瓦耳斯力	化学键力	氢键力	配位基交换力
吸附热 /($kJ \cdot mol^{-1}$)	2 ~ 29	5	4 ~ 10	>60	2 ~ 40	40

吸附过程 Gibbs 自由能 ΔG 可以反映出吸附过程中推动力的大小，化学吸附的 ΔG 为−400 ~ −80 kJ/mol，物理吸附的 ΔG 为−20 ~ 0 kJ/mol[16]。从表 8.2 可以看出，Ti-MMT 颗粒对 Cd^{2+} 的吸附自由能 ΔG 均小于 20 kJ/mol，且由 ΔH 分析可知，Ti-MMT 颗粒在吸附 Cd^{2+} 的过程中受氢键力及偶极间作用力的共同影响，因此可推测 Ti-MMT 颗粒对 Cd^{2+} 的吸附存在物理吸附。另外，当温度低于 313 K 时，随着温度的升高，ΔG 逐渐减小；当温度高于 313 K 时，随着温度的升高，吸附 Gibbs 自由能 ΔG 逐渐增大。ΔG 值越大，吸附过程需要的推动力就越大，表明 Ti-MMT 颗粒对 Cd^{2+} 的吸附过程中，在低于 313 K 时，随着温度的提高，吸附越容易进行，当温度高于 313 K 后，随着温度的提高，吸附越难以进行，表现为温度在低于 313 K 时，Ti-MMT 颗粒对 Cd^{2+} 的吸附量及去除率随温度提高而逐渐增加，增加到 313 K 后，吸附量及去除率随温度提高而逐渐降低。

在固液吸附体系中，熵变 ΔS 可反映溶质的吸附及解吸情况，吸附质分子被吸附剂吸附，整个吸附体系自由度将减小，即 $\Delta S<0$，反之，则 $\Delta S>0$，吸附过程往往同时存在吸附与解吸过程，熵变是两者的总和，因此熵变可能会出现正、负值[17]。由表 8.3 可知，Ti-MMT 颗粒吸附 Cd^{2+} 的 ΔS 为正值，表明 Ti-MMT 颗粒在吸附 Cd^{2+} 的过程中，吸附体系的自由度增加，Ti-MMT 颗粒的活性位点与 Cd^{2+} 之间可能发生了离子交换[18]。对于 Ti-MMT 颗粒对 Cd^{2+} 的吸附，Cd^{2+} 是以"M_{suf}−OCdOH"的形式被 Ti-MMT 颗粒吸附，每个 Cd^{2+} 的吸附会对应多个 H^+ 的释放，由于 H^+ 的释放引起的熵增速度大于 Cd^{2+} 被吸附引起的熵减小速度，致使总和 $\Delta S>0$，因此，Ti-MMT 颗粒对 Cd^{2+} 的吸附是一个熵增过程[19]。

8.5.7　吸附时间对吸附的影响

为考察吸附时间对颗粒去除 Cd^{2+} 的影响，调节吸附时间分别为40、60、80、100、120、140、160 min，进行 Cd^{2+} 去除实验，以确定较优的吸附温度，其他吸附条件为：初始pH值为6，颗粒投加量为0.25 g，吸附温度为40 ℃，Cd^{2+} 初始质量浓度为100 mg/L。吸附时间对去除率和吸附量的影响如图8.11所示。

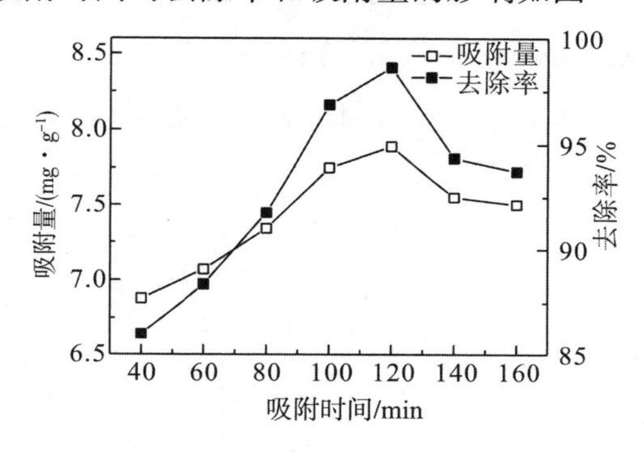

图8.11　吸附时间对去除率和吸附量的影响

当吸附时间小于120 min时，Cd^{2+} 吸附量和去除率随吸附时间的增加而增加，时间大于120 min后，Cd^{2+} 吸附量和去除率随时间的增加而降低，即 Cd^{2+} 吸附量和去除率在时间为120 min时达到最大值，分别为7.89 mg/g和98.63%。这可能是由于在吸附饱和之前，增加时间可以使颗粒吸附更多的 Cd^{2+}，但时间增加到一定值后，吸附达到饱和，继续增加时间，颗粒表面已吸附的 Cd^{2+} 将解吸脱附，因此，吸附量和去除率下降。

8.5.8　吸附动力学研究

吸附过程反应的快慢、传质及动力学机制可通过吸附动力学进行研究，它与吸附时间密切相关，是吸附反应过程的一个重要吸附特性。本研究采用拟一级动力学方程[式(8.14)]、拟二级动力学方程[式(8.15)]、Elovich方程[式(8.16)]及颗粒内扩散模型[式(8.17)]对吸附数据进行拟合分析，吸附动力学拟合曲线如图8.12所示。

$$\lg(Q_e - Q_t) = \lg Q_e - k_1 t/2.303 \tag{8.14}$$

$$\frac{t}{Q_t} = \frac{t}{Q_e} + \frac{1}{k_2 Q_e^2} \tag{8.15}$$

$$Q_t = \frac{1}{\beta}\ln(\alpha\beta) + \frac{1}{\beta}\ln t \tag{8.16}$$

$$Q_t = k_p t^{1/2} + C \tag{8.17}$$

式中，k_1 和 k_2 分别为拟一级、二级平衡速率常数，单位分别为 mg/(g·min)、g/(mg·min)；Q_e 和 Q_t 分别表示达到吸附平衡时和 t 时间的吸附量，mg/g；k_p 为颗粒内扩散速率常数，mg/(g·min$^{0.5}$)；C 为常数，mg/g；α 为初始吸附速率常数，mg/(g·min)；β 是对应于化学吸附的表面覆盖率和活化能的常数，g/mg。

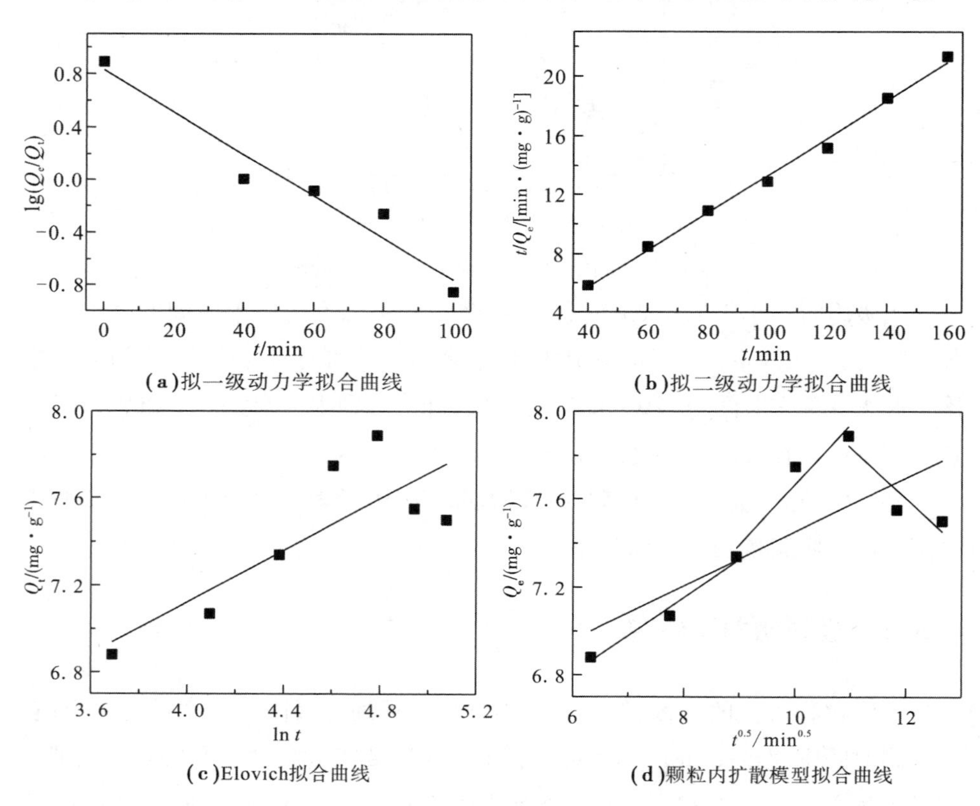

图 8.12 吸附动力学拟合曲线

Ti-MMT 颗粒吸附 Cd^{2+}的动力学模型线性参数见表 8.4。

Ti-MMT 颗粒吸附 Cd^{2+}的颗粒内扩散模型拟合计算结果见表 8.5。

表8.4　Ti-MMT 颗粒吸附 Cd^{2+} 的动力学模型线性参数

拟一级动力学			拟二级动力学			Elovich 模型		
q_e /(mg·g^{-1})	k_1 /[g·(mg·min)$^{-1}$]	R^2	Q_e /(mg·g^{-1})	k_2 /[g·(mg·min)$^{-1}$]	R^2	α /[g·(mg·min)$^{-1}$]	β /(g·mg^{-1})	R^2
6.731 8	-0.036 6	0.929 8	7.936 5	0.024 9	0.994 3	1 805.054 8	1.687 8	0.592 8

表8.5　Ti-MMT 颗粒吸附 Cd^{2+} 的颗粒内扩散模型拟合计算结果

不同吸附阶段	拟合方程	k_p/[mg·(g·min$^{0.5}$)$^{-1}$]	C/(mg·g^{-1})	R^2
总过程	y=0.122 87x+6.224 18	0.122 87	6.224 2	0.518 0
第一阶段	y=0.174 3x+5.759 48	0.174 3	5.759 5	0.955 8
第二阶段	y=0.275 63x+4.913 01	0.275 63	4.913 0	0.880 4
第三阶段	y=-0.232 08x+10.387 98	-0.232 08	10.388 0	0.718 2

由拟合图8.12及拟合参数(表8.4、表8.5)可知,对于Ti-MMT颗粒对Cd^{2+}的吸附,4种吸附动力学模型中,拟二级动力学方程中$R^2=0.99$,$Q_e=7.9365$ mg/g,与实验值7.89 mg/g较为接近,表明相较于其他3种吸附动力学模型,拟二级动力学方程更能描述Ti-MMT颗粒对Cd^{2+}的吸附过程,而化学键的形成是影响拟二级吸附动力学模型的主要因素,可推断Ti-MMT颗粒吸附Cd^{2+}过程中存在离子交换、络合作用等化学吸附[20]。

由图8.12(d)和表8.5可知,Ti-MMT颗粒吸附Cd^{2+}的颗粒内扩散模型拟合直线不经过原点,且整个吸附过程的拟合系数较低,说明在吸附过程中,Ti-MMT颗粒吸附Cd^{2+}不是由单一的颗粒内扩散环节所控制,同时还受到液膜扩散及表面吸附的控制[21],Ti-MMT颗粒吸附Cd^{2+}可分为3个不同阶段,见图8.12(d)和表8.5。第一阶段为固液界面处的扩散,t介于40~80 min,在此期间,吸附过程主要由液膜扩散环节所控制,吸附速率主要由液膜扩散常数决定,Cd^{2+}从液相扩散到液膜表面,再以分子扩散的形式通过液膜,到达固液界面[22];第二阶段为Cd^{2+}在Ti-MMT颗粒孔隙内的扩散,Cd^{2+}由Ti-MMT颗粒外表面扩散进入Ti-MMT颗粒微孔内,进而扩散至Ti-MMT颗粒内表面,最后达到平衡,t介于80~120 min,此阶段由颗粒内扩散环节所控制,吸附速率主要由粒内扩散速率常数k_p决定;第三阶段即t超过120 min后的阶段,此阶段k_p值为负值,表明在第二阶段达到Ti-MMT颗粒吸附Cd^{2+}饱和平衡后,Cd^{2+}出现解吸脱附现象。

8.6 Ti-MMT颗粒的焙烧条件对Cd^{2+}吸附的影响

前面使用PVA与SA做黏结剂,将Ti-MMT固定,通过挤出造粒成功制备了Ti-MMT颗粒,并对Cd^{2+}具有一定的吸附效果,但颗粒的散失现象仍较严重,因此本章将制备的颗粒通过高温焙烧,将挤出造粒制备的Ti-MMT颗粒制备为陶质Ti-MMT颗粒,进一步提高颗粒的机械强度,通过探讨不同的焙烧条件对陶质Ti-MMT颗粒的影响,优选其最佳的焙烧条件,探讨焙烧过程对Ti-MMT颗粒性能的影响。

8.6.1 焙烧温度对 Ti-MMT 颗粒性能的影响

取制备好的 Ti-MMT 颗粒 11 份，在 300 ℃马弗炉中预热 5 min，然后在焙烧时间为 10 min 条件下进行焙烧，颗粒焙烧结束后分别在 11 个 100 mL 的烧杯中加入初始质量浓度为 100 mg/L 的 Cd^{2+}溶液 20 mL，并用 0.01 mol/L 的 NaOH 和 HCl 调节溶液初始 pH = 7，各加入 0.1g 焙烧温度为 100 ~ 1 100 ℃ 的陶质 Ti-MMT 颗粒，然后在 25 ℃条件下吸附 120 min。考察焙烧温度对陶质 Ti-MMT 颗粒性能的影响。焙烧温度对颗粒吸附率及散失率的影响如图 8.13 所示。

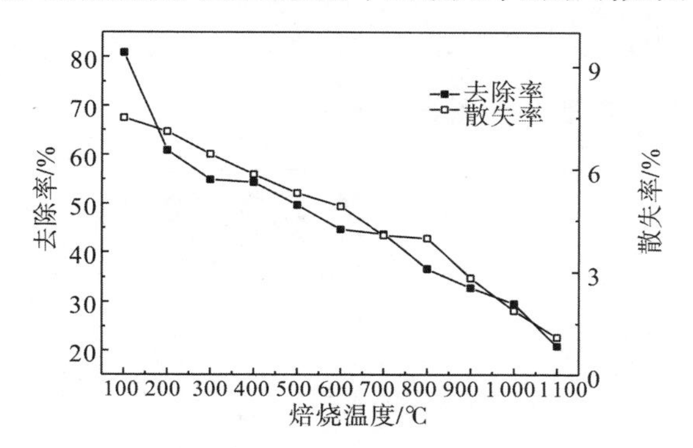

图 8.13　焙烧温度对颗粒吸附率及散失率的影响

由图 8.13 可知，随着焙烧温度的不断上升，Ti-MMT 颗粒对 Cd^{2+}的吸附性能逐渐降低，去除率由 80.81% 降低到 20.90%，同时颗粒的散失率也在逐渐降低，由 7.49% 降低到 1.10%。主要原因为，随着焙烧温度变高，颗粒表面蒙脱石开始发生卷边收缩的现象，于是造成其空隙出现堵塞，于是其吸附性能出现了降低[23]，同时，在焙烧过程中，低温焙烧时，强度的提高是由于焙烧导致有机高聚物 PVA 的分解，出现氧化物相，增强颗粒的刚性；随着温度的不断增加，高温焙烧时，颗粒的强度受到蒙脱石含有的酸性氧化物（SiO_2、Al_2O_3）和碱性氧化物（Fe_2O_3、CaO、MgO、K_2O、Na_2O）的共同影响，其中酸性氧化物在高温下反应生成莫来石（$3Al_2O_3$-SiO_2）等矿物相为颗粒提供强度，碱性氧化物在焙烧过程中起助熔作用[24],温度越高,熔融程度越大,填充未熔颗粒间的空隙,孔隙率下降,蒙脱石的结构受到破坏,因此散失率降低的同时去除率也降低。

8.6.2 焙烧时间对 Ti-MMT 颗粒性能的影响

取制备好的 Ti-MMT 颗粒,在 300 ℃马弗炉中预热 5 min,接着调节温度为 600 ℃,进行高温焙烧,焙烧时间分别为 60、75、90、105、120 min,最后随炉冷却。焙烧结束后分别在 10 个 100 mL 的烧杯中加入初始质量浓度为 100 mg/L 的 Cd^{2+} 溶液 20 mL,并用 0.01mol/L 的 NaOH 和 HCl 调节溶液初始 pH = 7,分别加入 0.1g 焙烧时间分别为 60、75、90、105、120 min 制备的陶质 Ti-MMT 颗粒,然后在 25 ℃条件下吸附 120 min,考察焙烧时间对 Ti-MMT 颗粒性能的影响。焙烧时间对去除率及散失率的影响如图 8.14 所示。

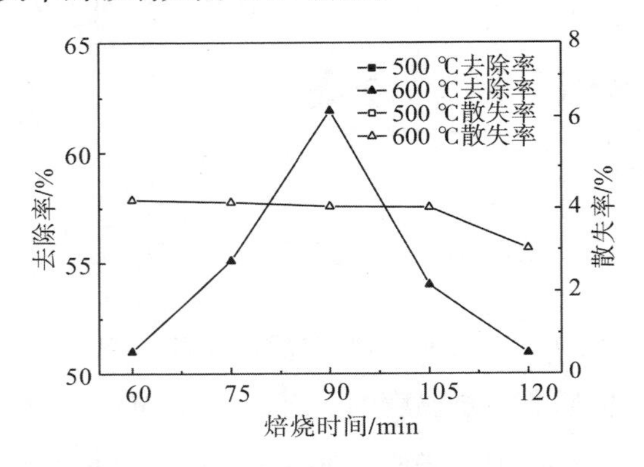

图 8.14 焙烧时间对去除率及散失率的影响

由图 8.14 可知,随着焙烧时间的增加,焙烧时间为 90 min 时吸附性能达到了最大,此时去除率为 67.95%,散失率为 4.65%,继续增加焙烧的时间,吸附性能开始下降。当焙烧时间适当时,Ti-MMT 颗粒逐渐被烧透,得到充分膨胀;但焙烧时间过长造成颗粒表面蒙脱石开始发生卷边收缩的现象,造成其空隙出现堵塞,颗粒的部分结构被破坏,使得其吸附性能开始下降[25]。随着焙烧时间的延长,颗粒强度有小幅提高,散失率保持在 3% ~5%。这是因为随着颗粒的焙烧,越来越多的液相会在颗粒中生成,固体颗粒由于液相具有的表面张力作用开始相互接近，于是液相填充到了气孔中，促使颗粒致密化，颗粒强度得到一定加强，因此散失率降低[26]，但由于温度较低，生成液相较少，故而颗粒强度提升有限。

8.6.3　预热温度对 Ti-MMT 颗粒性能的影响

取制备好的 Ti-MMT 颗粒，在 100～500 ℃马弗炉中预热 5 min，接着调节温度为 600 ℃，进行高温焙烧，焙烧时间为 90 min，最后随炉冷却。分别在 5 个 100 mL 的烧杯中加入初始质量浓度为 100 mg/L 的 Cd^{2+} 溶液 20 mL，并用 0.01mol/L 的 NaOH 和 HCl 调节溶液初始 pH=7，各加入 0.1 g 预热温度为 100～500 ℃时制备的陶质 Ti-MMT 颗粒，然后在 25 ℃条件下吸附 120 min，考察预热温度对陶质 Ti-MMT 颗粒性能的影响。预热温度对颗粒去除率和散失率的影响如图 8.15 所示。

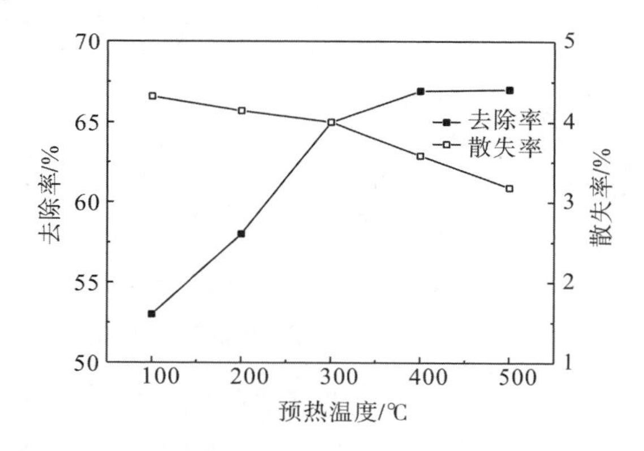

图 8.15　预热温度对颗粒去除率和散失率的影响

预热主要是为了控制颗粒中的水分含量，高温快烧时温度较高，颗粒内部水分快速蒸发，从颗粒的孔洞快速逸散，易使颗粒发生爆裂，因此，先将颗粒进行低温预热，使颗粒中易挥发有机物得到充分分解，同时促使颗粒中水分的析出，以降低颗粒的含水量，一定程度上提高颗粒强度[27]。从图 8.15 中可以看出去除率随着预热温度的升高逐渐增高，500 ℃时去除率为 67.04%，散失率为 3.18%，表明适宜的预热温度可使颗粒密度变小，增加孔隙率，一定程度提高吸附性能。

8.6.4 预热时间对 Ti-MMT 颗粒性能的影响

取制备好的 Ti-MMT 颗粒,在 500 ℃马弗炉中预热 0 ~ 30 min,接着调节温度为 600 ℃,进行高温焙烧,焙烧时间为 90 min,最后随炉冷却。在 6 个 100 mL 的烧杯中分别加入初始质量浓度为 100 mg/L 的 Cd^{2+} 溶液 20 mL,并用 0.01 mol/L 的 NaOH 和 HCl 调节溶液初始 pH = 7,各加入 0.1 g 预热时间为 0 ~ 30 min 时制备的陶质 Ti-MMT 颗粒,然后在 25 ℃条件下吸附 120 min,考察预热时间对陶质 Ti-MMT 颗粒的影响。预热时间对颗粒去除率及散失率的影响如图 8.16 所示。

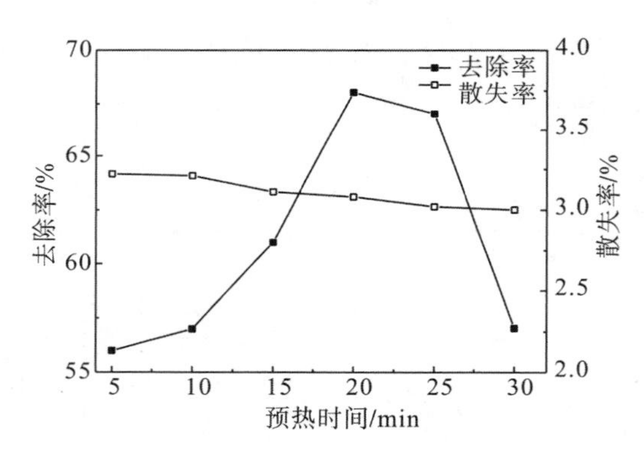

图 8.16 预热时间对颗粒去除率及散失率的影响

随着预热时间的延长,颗粒吸附能力逐渐加强,20 min 达到最大,此时去除率为 68.05%,散失率为 3.08%,随后继续增加预热时间,吸附能力开始下降,而颗粒的强度提升不大。这是因为随着预热时间的延长,颗粒中的水分被逐渐蒸发,颗粒进入焙烧阶段,焙烧时间超出了最佳焙烧时间 90 min 后,破坏蒙脱石本身的吸附结构,从而使得颗粒的吸附能力开始下降。

8.7 焙烧后 Ti-MMT 颗粒的循环利用

将制备出的 Ti-MMT 颗粒利用 NaCl 进行解吸脱附再循环,计算每次解吸脱

附后再吸附时对 Cd^{2+} 的吸附率与颗粒的散失量。循环次数对颗粒的去除率及散失率的影响如图 8.17 所示。

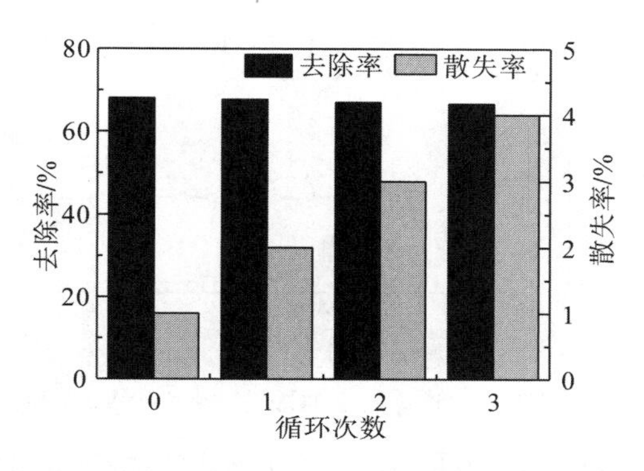

图 8.17　循环次数对颗粒的去除率及散失率的影响

从图 8.17 中可以看出,循环再生的 Ti-MMT 颗粒可维持良好的 Cd^{2+} 吸附性能,吸附解吸循环过程对 Ti-MMT 颗粒吸附性能影响较小,颗粒在 3 个循环中对 Cd^{2+} 的去除率稳定,在 3 个循环之后,去除率约为 67%;在 3 个循环中,颗粒的散失率逐渐升高,表明颗粒在循环过程中,颗粒的强度受到一定影响,在 3 个循环之后,散失率约为 4.21%。循环回收实验表明,焙烧后的 Ti-MMT 颗粒可用于多个吸附-解吸循环,对 Cd^{2+} 废水的处理具有一定的实用价值。

8.8　吸附剂表征与分析

8.8.1　X 射线衍射分析(XRD)

为了探清 Ti-MMT 颗粒与粉状 Ti-MMT 晶体结构差异,本研究分别对粉状 Ti-MMT、挤出造粒制备的 Ti-MMT 颗粒与焙烧后的陶质 Ti-MMT 颗粒进行 XRD 测试。Ti-MMT 粉末及 Ti-MMT 颗粒的 XRD 图谱如图 8.18 所示。

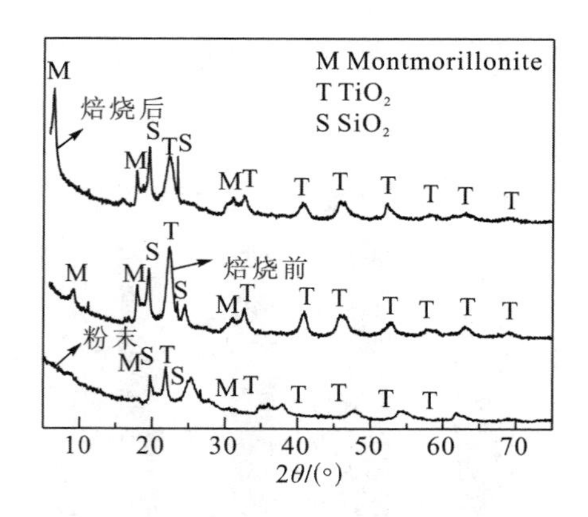

图 8.18　Ti-MMT 粉末及 Ti-MMT 颗粒的 XRD 图谱

在图 8.18 中，粉状 Ti-MMT 与 Ti-MMT 颗粒焙烧前后的图谱除 $2\theta=5.8°$ (8.97°)、19.86°、35.97°处出现差异以外，整体并无较大变化。3 种材料在 $2\theta=$ 25.25°、37.9°、48.09°、54.1°、62.9°、70.40°、75.21°及 82.6°处都出现了衍射峰，对比锐钛矿标准卡片（JCPDS 21—1272），这些衍射峰分别对应于锐钛矿晶体的(101)、(004)、(200)、(105)、(204)、(220)、(215)和(224)晶面；在 $2\theta=$ 5.8°(8.97°)、19.86°、35.97°处均出现了明显的衍射峰，对比 Montmorillonite-15A 标准卡片（JCPDS 13-0135），这些衍射峰分别对应于蒙脱石晶体的(001)、(100)、(006)晶面；在 $2\theta=21.81°$ 及 $2\theta=26.62°$ 处分别对应于石英（JCPDS 39-1425）的(211)晶面及石英（JCPDS 46-1045）的(101)晶面。

焙烧前后颗粒的蒙脱石特征衍射峰 001 峰的位置 $2\theta=5.8°$(8.97°)相比典型 Ti-MMT (3.01°)都较为后移，由布拉格定律 $2d\sin\theta=n\lambda$，计算得到焙烧前后的层间距 d_{001} 分别为 1.52 nm、0.986 nm，明显小于典型的 Ti-MMT(2.94 nm)[28]。粉状 Ti-MMT(2.94 nm)>焙烧前 Ti-MMT 颗粒(1.52 nm)>焙烧后 Ti-MMT 颗粒(0.986 nm)，表明造粒及焙烧过程破坏了蒙脱石的层间结构，使得层间距减小，表现为 Ti-MMT 颗粒吸附性能的下降。

8.8.2　傅里叶红外光谱分析（FTIR）

为了探清 Ti-MMT 颗粒与粉状 Ti-MMT 键合差异，本研究分别对粉状 Ti-

MMT、挤出造粒制备的 Ti-MMT 颗粒与焙烧后的陶质 Ti-MMT 颗粒进行 FTIR 测试。Ti-MMT 粉末及 Ti-MMT 颗粒的 FTIR 图谱如图 8.19 所示。

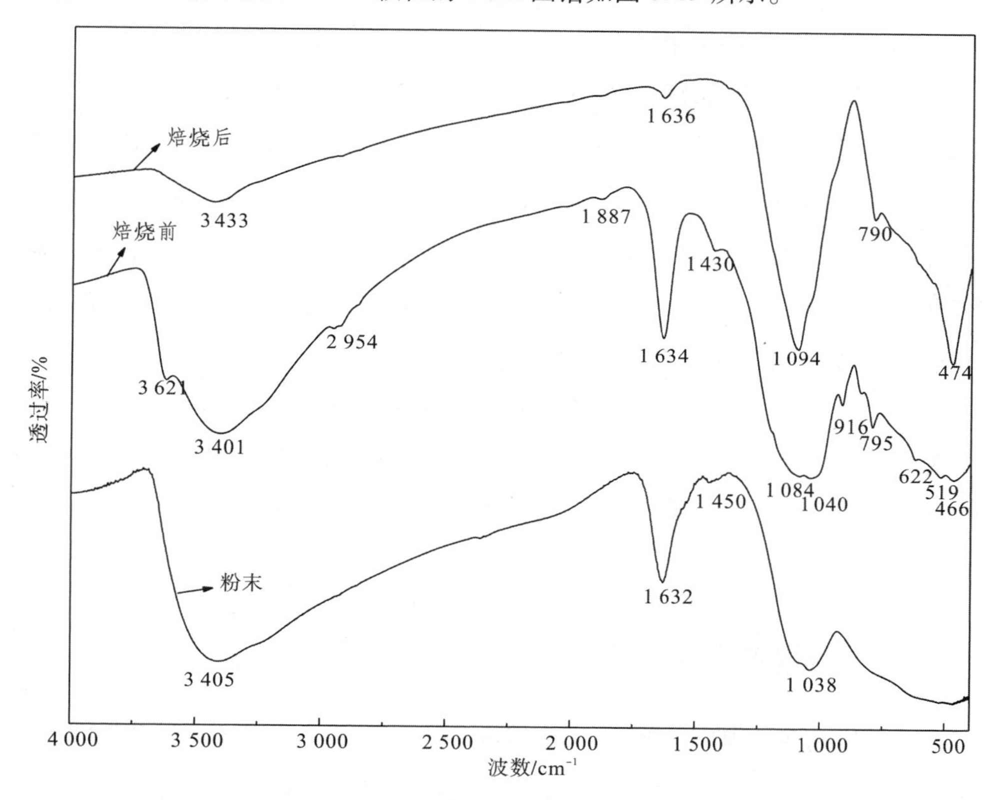

图 8.19　Ti-MMT 粉末及 Ti-MMT 颗粒的 FTIR 图谱

3 620 ~ 3 400 cm^{-1} 附近为 MMT 结构中 Al—OH 和层间吸附自由水以及微量残余有机物的伸缩振动，粉状 Ti-MMT 在 3 621 cm^{-1} 附近处峰消失，这主要是由于醇钛水解后的钛离子（Ti^{4+}）进入 MMT 层间消耗了羟基，引入了 Ti—OH 键，同时可能与层间水形成氢键[29]，挤出造粒后，3 621 cm^{-1} 附近处峰复现，表明造粒过程中水、PVA 等有机物可能交换进入了蒙脱石层间，焙烧后颗粒在 3 621 cm^{-1} 附近处峰消失，表明焙烧后再次烧失了羟基及层间水；1 630 cm^{-1} 附近是层间水的羟基弯曲振动峰，焙烧后 1 636 cm^{-1} 附近峰强明显降低，表明焙烧过程损失了一定的层间水；在 1 450 cm^{-1} 附近的峰归属于 Si—O—Si 的不对称伸缩振动;1 095 cm^{-1} 和 1 040 cm^{-1} 附近处双峰为 MMT 的 Si—O—Si 反对称伸缩振动后形成的吸收谱线分裂所致,与 MMT 层间的 Na^+ 有关[30],粉状 Ti-MMT 双峰较弱,是由于柱撑改性过程 Ti^{4+} 与 Na^+ 发生了交换,造粒后该双峰宽化,表明海藻酸钠中的 Na^+ 可能进入了 MMT 的层间;粉状 Ti-MMT 在 916 cm^{-1} 后的峰形显著宽化,应为 TiO_2 中 Ti—O 键和 Ti—O—Ti 键形成的网络结构与 MMT 中 Si—O 吸收峰叠加的结果[31,32],而造粒后在 916 cm^{-1} 处峰为八面体层 Al—O(OH)—Al 的对称平移振动,795 cm^{-1} 附近为—OH 弯曲振动谱峰;622 cm^{-1} 附近为 Si—O—Mg 弯曲振动,在 519 cm^{-1} 处为 Si—O—Fe 弯曲振动,在 466 cm^{-1} 附近为 Si—O—Fe 弯曲振动。

与粉状 Ti-MMT 相比,Ti-MMT 颗粒的 FTIR 谱图中既出现了新的吸收峰,也有原吸收峰的偏移、峰强的增加或降低甚至部分吸收峰的消失,吸收峰并不是黏结剂 PVA、SA 与 Ti-MMT 吸收谱线的简单叠加,说明 PVA、SA 与 Ti-MMT 之间存在一定的键合关系。

8.8.3 扫描电镜分析(SEM)

为了探清 Ti-MMT 颗粒与粉状 Ti-MMT 微观形貌差异,本研究分别对粉状 Ti-MMT、挤出造粒制备的 Ti-MMT 颗粒与焙烧后的陶质 Ti-MMT 颗粒进行 SEM 测试。Ti-MMT 粉末(a,b,c)、Ti-MMT 颗粒焙烧前(d,e,f)及 Ti-MMT 颗粒焙烧后(g,h,i)的 SEM 图谱如图 8.20 所示。

在图 8.20 中,图(b)和图(c)、图(e)和图(f)与图(h)和图(i)分别是图(a)、图(d)与图(g)的局部放大。图(a)至图(c)为粉状 Ti-MMT 的 SEM 图,可观察到散落状的片状形态,为蒙脱石的片层剥离现象[33]。从图中可以观察到,一些较大的剥离颗粒仍然保持较为完整的层状与片状结构,且这些片状颗粒堆积在一起可形成大小不一、形状不均匀的新孔洞及孔隙结构[29];图(d)至图(f)为造粒后焙烧前的 SEM 图,图(d)、图(e)与图(f)椭圆中黑色区域为 Ti-MMT 颗粒用于吸附的孔道,图中有较多此类区域,正方形框中白色片状结构是具有

图 8.20　Ti-MMT 粉末(a,b,c)、Ti-MMT 颗粒焙烧前(d,e,f)及 Ti-MMT 颗粒焙烧后(g,h,i)的 SEM 图谱

层状结构的 MMT,结构间的无定形物质为 PVA,它黏结了细小的片状 MMT,使其成为一体[2],这些片状体构成了众多网状小孔道,且孔径大小不一,内表面凹凸不平,它们为蒙脱石吸附水体中的污染物提供了有利的通道和空隙;图(g)至图(i)为焙烧后的 SEM 图,可以看到,颗粒形貌的主要变化为 PVA 的发黑碳化,焙烧后孔洞结构间的无定形物质刚性增强,推测这种变化出现的主要原因是焙烧导致了有机高聚物 PVA 的分解而出现氧化物相[34]。

8.8.4 比表面积分析(BET)

吸附材料的孔隙结构特征可通过分析该材料的 N_2 吸附-脱附曲线确定[35]，根据国际纯粹与应用化学联合会(International Union of Pure and Applied Chemistry,IUPAC)的标准,孔径分微孔、中孔和大孔,$d<2$ nm 的为微孔,$d>50$ nm 的为大孔,介于两者之间的为中孔[36]。本研究据此分别对粉状 Ti-MMT、挤出造粒制备的 Ti-MMT 颗粒与焙烧后的陶质 Ti-MMT 颗粒进行 N_2 等温吸附-脱附测试,研究粉状 Ti-MMT 与 Ti-MMT 颗粒比表面积、孔径分布及孔体积大小差异。Ti-MMT 粉末及 Ti-MMT 颗粒的 N_2 吸附-脱附曲线如图 8.21 所示,Ti-MMT 粉末及 Ti-MMT 颗粒的孔径分布如图 8.22 所示,粉状 Ti-MMT 及 Ti-MMT 颗粒的比表面积及孔结构参数见表 8.6。

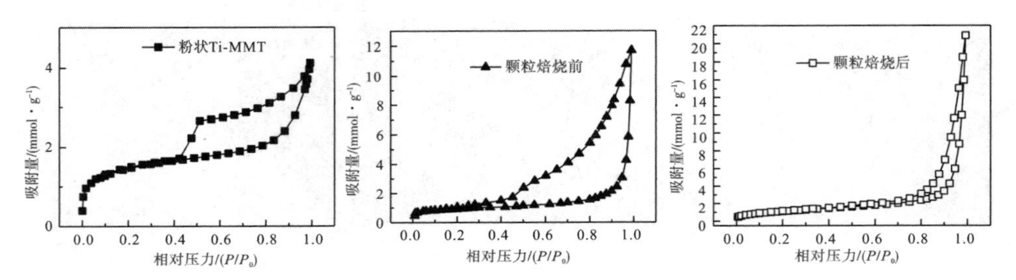

图 8.21 Ti-MMT 粉末及 Ti-MMT 颗粒的 N_2 吸附-脱附曲线

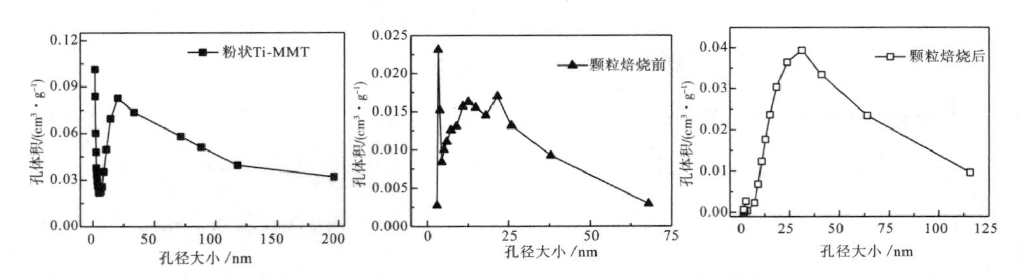

图 8.22 Ti-MMT 粉末及 Ti-MMT 颗粒的孔径分布

表 8.6　粉状 Ti-MMT 及 Ti-MMT 颗粒的比表面积及孔结构参数

样品	$S^B/(m^2 \cdot g^{-1})$	$S^S/(m^2 \cdot g^{-1})$	$S^E/(m^2 \cdot g^{-1})$	D^A/ nm	$V^B/(cm^3 \cdot g^{-1})$
粉状 Ti-MMT	118.7	115.2	28.40	4.810	0.120
焙烧前	3.337	3.255	1.823	21.69	0.017 44
焙烧后	4.161	3.856	2.976	29.06	0.032 36

注：S^B：BET 比表面积；S^S：单点比表面积；S^E：外比表面积；D^A：吸附平均孔径；V^B：BJH 孔隙累积吸附量。

经过聚合羟基 Ti^{4+} 插层柱撑后，粉状 Ti-MMT 的 S^B、S^S 及 S^E 分别为 118.7 m^2/g、115.2 m^2/g 及 28.40 m^2/g，平均孔径 D^A 为 4.810 nm，孔容 V^B 为 0.120 cm^3/g，说明粉状 Ti-MMT 是一种比表面积较大的多孔材料，孔结构主要为介孔及微孔结构[28]；而经过挤出造粒后，颗粒的 S^B、S^S 及 S^E 分别为 3.337 m^2/g、3.255 m^2/g 及 1.823 m^2/g，平均孔径 D^A 为 21.69 nm，孔容 V^B 为 0.017 44 cm^3/g，粉状 Ti-MMT 颗粒化后，其体积扩大，黏结剂的黏结作用将原本比较分散的 Ti-MMT 片层较为密集地黏结，致使 Ti-MMT 的微孔被堵塞乃至被黏结剂 PVA、SA 占据，同时形成了众多的网状小孔道，造成单位质量的材料所具有的总面积减小，因而所得比表面积及总孔容值偏小，但孔径较大，此与 8.7.3 小节中 SEM 测试结果一致；颗粒焙烧后，比表面积、孔径及孔容均有一定程度的提高，表明适宜的焙烧条件可使颗粒密度变小，增加孔隙率，但颗粒的吸附性能较焙烧前有所下降，可能为焙烧过程破坏了蒙脱石的层间结构，而蒙脱石稳定的层间结构是颗粒去除 Cd^{2+} 的关键结构基础。

根据 BDDT 五类等温线类型可知，粉状 Ti-MMT 的吸附-脱附等温线属于第Ⅱ类，吸附等温线属于 B 型吸附回线[28]，说明材料中一部分孔是较均一的平行板，而另一部分孔是一端几乎封闭且孔径变化范围较大的板状毛细孔，也表明了有狭窄裂缝型微孔存在[37]。当相对压力 $P/P_0<0.2$ 时，吸附量增加较快，表明粉状 Ti-MMT 中有介孔结构或小于 2 nm 的微孔，当相对压力 $P/P_0>0.2$ 时，吸附量上升趋势缓慢，曲线中出现的平台不明显，表明此时小孔被吸附质气体填满,产生了多层吸附,小孔内同时发生毛细孔凝聚现象,说明此分压段微孔含量较少,存在 3 ~6 nm 的介孔结构。

颗粒焙烧前后的吸附-脱附等温线形状相似,滞后环都属于 BDDT 分类中的Ⅳ型,表明焙烧前后的颗粒内部孔隙中存在一部分形貌完好的介孔[30]。对于焙烧前后的颗粒,当相对压力 $P/P_0<0.6$ 时,吸附量缓慢增加,并呈现一平台,说明颗粒内基本不存在小于 2 nm 的微孔结构[38]。当相对压力 $P/P_0>0.6$ 时,吸附量呈上升趋势,直至相对压力 $P/P_0>0.95$ 时,吸附量急剧上升,表明材料发生了多层吸附及毛细孔凝聚,微孔及小孔被大量的 N_2 充满,存在较多的介孔及大孔结构[39],孔道较集中,结构较均匀,与孔径分布曲线(图 8.22)呈现的情况相一致,滞后环属于 B 型,说明颗粒孔径较大,这与所测得的平均孔径值 21.69 nm 及 29.06 nm 相符合[30]。

8.8.5 热重-差示扫描量热分析(TG-DSC)

通过测定样品在热反应过程中的特征温度、吸热或放热量,可揭示物质在加热过程中的相变、分解、化合、脱水、蒸发等物理化学反应,定性鉴定材料组成成分[40]。本研究分别对粉状 Ti-MMT、挤出造粒制备的 Ti-MMT 颗粒与焙烧后的陶质 Ti-MMT 颗粒进行 TG-DSC 分析。Ti-MMT 粉末及 Ti-MMT 颗粒的 TG-DSC 图谱如图 8.23 所示。

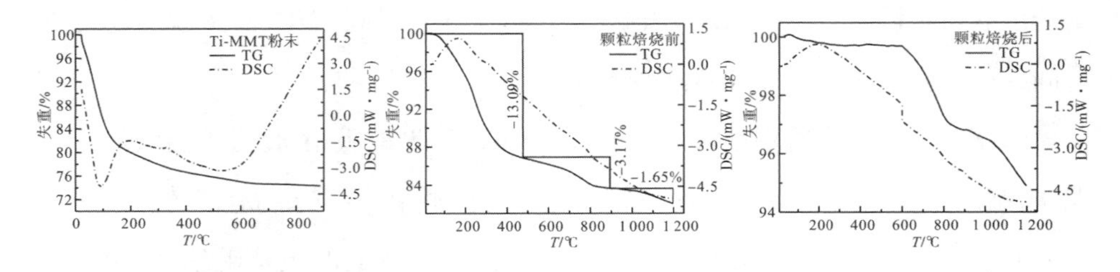

图 8.23 Ti-MMT 粉末及 Ti-MMT 颗粒的 TG-DSC 图谱

由 TG 曲线可知,粉状 Ti-MMT 的热效应较明显,整个失重过程直至 870 ℃左右基本完成,累计质量损失约为 25.61%。由 DSC 曲线可知,粉状 Ti-MMT 在

340 ℃附近出现了一个小的放热峰，该温度与溶胶-凝胶法中无定型 TiO_2 向锐钛矿晶型转变的温度相一致，表明该温度下层间开始形成锐钛矿晶型[41]。

由TG曲线可知，焙烧前的Ti-MMT颗粒的热效应较明显，存在三个明显的失重过程：第一个过程损失13.09%的质量，是颗粒中Ti-MMT的层间水的烧失过程，温度范围为30～485 ℃；第二个过程损失3.17%的质量，是由颗粒中Ti-MMT层间的结构羟基脱出造成，温度范围为485～900 ℃；第三个过程损失约1.65%的质量，主要是由于Ti-MMT的晶体结构被破坏，使矿物重结晶形成新矿物，温度范围为900 ℃以上。由DSC曲线可知，焙烧前的Ti-MMT颗粒的第一个吸热谷所处的位置为240 ℃，该吸热谷是颗粒中Ti-MMT晶粒上的自由水和层间水脱除以及黏合剂PVA分解时引起的吸热效应。第二个吸热谷出现时的温度为782.2 ℃，主要是颗粒中Ti-MMT因脱除羟基水、PVA的分解及MMT晶相发生改变需要吸热所致。吸热峰的形状较小，说明此阶段蒙脱石结构中羟基水含量小，脱除的水分含量小于第一个吸热过程。

焙烧后的颗粒在温度小于600 ℃时几乎无质量损失，这是由于颗粒在焙烧温度为600 ℃的焙烧过程中失重过程已基本完成，而当温度大于600 ℃后，其损失过程与焙烧前基本一致，表明焙烧过程对颗粒的高温状态下(>600 ℃)的结构变化并无较大影响。

8.9 小结

本研究以蒙脱石为主要原料，对其进行柱撑改性、成型和吸附效果研究，主要包括三个部分的内容。

(1)以钠基蒙脱石作基质材料，钛酸四丁酯为钛源，以聚乙烯醇(PVA)为黏结剂、海藻酸钠(SA)为交联剂，通过挤出造粒，得到Ti-MMT颗粒，并考察黏结剂、交联剂和Ti-MMT的用量等因素对粉状Ti-MMT成型的影响。在此基础上，通过静态吸附实验，探讨Ti-MMT颗粒对模拟 Cd^{2+} 废水的去除性能，从吸附等温线模型、动力学及热力学探讨 Ti-MMT 颗粒对 Cd^{2+} 模拟废水的吸附机理,研究投加量、pH、镉离子初始质量浓度、吸附温度、吸附时间对处理效果的影响。

结果表明:

①Ti-MMT 颗粒的最佳制备条件为:PVA∶SA∶Ti-MMT=0.6∶1.0∶20.0(质量比),该条件下 Ti-MMT 颗粒吸附剂对 Cd^{2+} 的吸附量为 15.99 mg/g,去除率为 79.61%,散失率为 7.48%。采用物料质量比 PVA∶SA∶Ti-MMT=0.6∶1.0∶20.0 时所制的 Ti-MMT 颗粒去除 Cd^{2+},投加量为 0.25g,初始 pH=6,Cd^{2+} 初始质量浓度为 100 mg/L,吸附温度为 40 ℃及吸附时间为 120 min 时,颗粒对 Cd^{2+} 的吸附量为 7.89 mg/g,去除率为 98.63%。吸附过程符合 Langmuir 及拟二级动力学模型。

②初始 pH 对 Ti-MMT 颗粒去除 Cd^{2+} 的影响最大。投加量为 0.25 g,初始 pH=6,Cd^{2+} 初始质量浓度为 100 mg/L,吸附温度为 40 ℃及吸附时间为 120 min 时,颗粒对 Cd^{2+} 的吸附量为 7.89 mg/g,去除率为 98.63%。

③Langmuir 等温模型的 $R^2=0.96$,更能描述 Ti-MMT 颗粒对 Cd^{2+} 的吸附行为,推测颗粒对 Cd^{2+} 的吸附属于单分子层吸附,R_L 值为 0~1,说明 Ti-MMT 颗粒对 Cd^{2+} 的吸附过程属于优惠吸附,吸附过程易进行。

④热力学参数计算得知,Ti-MMT 颗粒吸附 Cd^{2+} 的 $\Delta H=16.81$ kJ/mol,表明吸附是一个吸热过程,吸附过程中受氢键力及偶极间作用力的共同影响,且存在络合作用;ΔG 值小于 20 kJ/mol,推测 Ti-MMT 颗粒对 Cd^{2+} 的吸附存在物理吸附;ΔS 为正值,表明 Ti-MMT 颗粒对 Cd^{2+} 的吸附是一个熵增过程,固溶界面的随机性增加。

⑤由吸附动力学分析可知,拟二级动力学方程的 $R^2=0.99$,更能描述 Ti-MMT 颗粒对 Cd^{2+} 的吸附过程,吸附过程受液膜扩散、颗粒内扩散等多个环节控制。

(2)为进一步提高 Ti-MMT 颗粒的机械性能,对挤出造粒的 Ti-MMT 颗粒进行焙烧,研究制备陶质 Ti-MMT 颗粒的最佳焙烧条件,考察焙烧温度、焙烧时间、预热温度及预热时间对颗粒孔隙的影响和对镉离子去除效果的影响,最终制得了具有较好机械性能的陶质 Ti-MMT 颗粒,并对其进行循环回收性能测试。

结果表明:焙烧后,Ti-MMT 颗粒的吸附能力降低。焙烧温度为 600 ℃,焙烧时间为 90 min,预热温度为 400 ℃,预热时间为 20 min 时,制备的 Ti-MMT 颗粒具有良好的吸附能力及颗粒强度,去除率为 67.95%,散失率为 4.65%,经过三个循环回收实验颗粒的去除率约为 67%,散失率约为 4.21%。

(3)对 Ti-MMT 颗粒的性能指标进行表征。XRD 分析表明层间距 d_{001} 关系为:粉状 Ti-MMT(2.94 nm)>焙烧前 Ti-MMT 颗粒(1.52 nm)>焙烧后 Ti-MMT 颗粒(0.986 nm)。造粒及焙烧过程,破坏了蒙脱石的层间结构,使得层间距减小,表现为 Ti-MMT 颗粒吸附性能的下降。FTIR 分析表明 PVA、SA 与 Ti-MMT 之间存在一定的键合关系。SEM 图像分析得知,PVA 黏结了细小的片状 MMT 构成了众多网状小孔道,焙烧后 PVA 发黑碳化,孔洞结构间的无定形物质刚性增强。BET 表明粉状 Ti-MMT 颗粒化后,比表面积及总孔容值减小,孔径增大,颗粒焙烧后,比表面积、孔径及孔容进一步提高。根据 BDDT 五类等温线类型,粉状 Ti-MMT 的吸附-脱附等温线属于第Ⅱ类,吸附等温线属于 B 型吸附回线。颗粒焙烧前后的吸附-脱附等温线形状相近,滞后环都属于 BDDT 分类中的Ⅳ型。TG-DSC 分析表明,粉状 Ti-MMT 在 870 ℃时基本失重完成,损失约 25.61% 的质量;焙烧前的 Ti-MMT 颗粒存在三个明显的失重过程:第一个过程在 30 ~ 485 ℃,损失约 13.09% 的质量;第二个过程从 485 ℃左右开始,损失约 3.17% 的质量;第三个过程从 900 ℃左右开始,损失约 1.65% 的质量。其第一个吸热谷所处的位置为 240 ℃,峰形窄而尖,且是单谷,是蒙脱石晶粒上的自由水和层间水脱除及 PVA 的分解时引起的吸热效应;第二个吸热谷出现时的温度为 782.2 ℃,主要是蒙脱石因脱除羟基水、PVA 的分解及蒙脱石晶相发生改变需要吸热所致。焙烧后的颗粒在温度小于 600 ℃时几乎无质量损失,当温度大于 600 ℃后,其损失过程与焙烧前基本一致,表明焙烧过程对颗粒的高温状态下(>600 ℃)的结构变化并无较大影响。

参考文献

[1] 沈学优,孙晓慧,卢瑛莹.聚乙烯醇包埋制备球形膨润土的方法:CN1883787A[P].2006-12-27.

[2] 余佳.蒙脱土颗粒吸附剂制备及其吸附水中氨氮的试验研究[D].武汉:武汉理工大学,2005.

[3] 赵越,郑欣,徐畅,等.改性硅酸钙(CSH)对重金属废水中 Ni^{2+} 的吸附特性研究[J].安全与环境学报,2017,17(5):1904-1908.

[4] 于瑞莲,胡恭任,蔡德钰.膨润土小球的制备及其对废水中镍(Ⅱ)的吸附作用研究[J].中国矿业,2009,18(2):105-108.

[5] 周学永.由 Langmuir 方程计算液-固吸附平衡常数的理论分析[C]//中国化学会第三届全国热分析动力学与热动力学学术会议暨江苏省第三届热分析技术研讨会论文集.2011:189-192.

[6] Băleanu D,Nigmatullin R R. Linear discrete systems with memory: a generalization of the Langmuir model[J]. Central European Journal of Physics,2013,11(10):1233-1237.

[7] Wibowo E,Rokhmat M, Sutisna, et al. Reduction of seawater salinity by natural zeolite (Clinoptilolite):adsorption isotherms,thermodynamics and kinetics[J]. Desalination,2017,409:146-156.

[8] Freundlich H. Über die adsorption in lösungen[J]. Zeitschrift Für Physikalische Chemie,1907,57(1):385-470.

[9] 郭春香.海藻酸纤维对阳离子染料吸附性能的研究[D].青岛:青岛大学,2011.

[10] 何兴羽.锆基 MOFs 吸附去除水中砷、锑离子和汞离子检测性能研究[D].南昌:南昌航空大学,2016.

[11] 方圣琼,翁洪平,李晓,等.羟基铁柱撑蒙脱石吸附玉米赤霉烯酮机理研究[J].功能材料,2016,47(8):8143-8148.

[12] Li E Z,Liang H B,Du Z P,et al. Adsorption process of octadecyla mine hydrochloride on KCl crystal surface in various salt saturated solutions:kinetics,isotherm model and thermodynamics properties[J]. Journal of Molecular Liquids,2016,221:949-953.

[13] Huang W Y,Chen J,He F,et al. Effective phosphate adsorption by Zr/Al-pillared

montmorillonite: insight into equilibrium, kinetics and thermodynamics [J]. Applied Clay Science, 2015, 104: 252-260.

[14] Duranoğlu D, Trochimczuk A W, Beker U. Kinetics and thermodynamics of hexavalent chromium adsorption onto activated carbon derived from acrylonitrile-divinylbenzene copolymer [J]. Chemical Engineering Journal, 2012, 187: 193-202.

[15] Ni Z M, Xia S J, Wang L G, et al. Treatment of methyl orange by calcined layered double hydroxides in aqueous solution: adsorption property and kinetic studies[J]. Journal of Colloid and Interface Science, 2007, 316(2): 284-291.

[16] 付杰,李燕虎,叶长燊,等. DMF 在大孔吸附树脂上的吸附热力学及动力学研究[J]. 环境科学学报, 2012, 32(3): 639-644.

[17] 徐淑芬,倪哲明,夏盛杰,等. Mg/Al 双金属氧化物吸附 Cr(Ⅵ)的动力学和热力学机理[J]. 硅酸盐学报, 2009, 37(5): 773-777.

[18] Nuhoglu Y, Malkoc E. Thermodynamic and kinetic studies for environmentaly friendly Ni(Ⅱ) biosorption using waste pomace of olive oil factory[J]. Bioresource Technology, 2009, 100(8): 2375-2380.

[19] 李薇,潘纲,陈灏,等. 温度对 Zn(Ⅱ)-TiO_2 体系吸附可逆性的影响[J]. 物理化学学报, 2007, 23(6): 807-812.

[20] Bezbaruah A N, Shanbhogue S S, Simsek S, et al. Encapsulation of iron nanoparticles in alginate biopolymer for trichloroethylene remediation[J]. Journal of Nanoparticle Research, 2011, 13(12): 6673-6681.

[21] Zhao L, Mitomo H. Adsorption of heavy metal ions from aqueous solution onto chitosan entrapped CM-cellulose hydrogels synthesized by irradiation[J]. Journal of Applied Polymer Science, 2008, 110(3): 1388-1395.

[22] 于晓蕾. 二氧化硫的水吸收与解吸特性研究[D]. 呼和浩特:内蒙古工业大学, 2010.

[23] 李杰,潘兰佳,余广炜,等. 污泥生物炭制备吸附陶粒[J]. 环境科学, 2017, 38(9): 3970-3978.

[24] 桑迪,王爱国,孙道胜,等. 利用工业固体废弃物制备烧胀陶粒的研究进展[J]. 材料导报, 2016, 30(9): 110-114.

[25] Xu G R, Zou J L, Li G B. Effect of sintering temperature on the characteristics of sludge

ceramsite[J]. Journal of Hazardous Materials,2008,150(2):394-400.

[26] 林子增,黄瑛,李先宁. 烧结工艺对污泥页岩陶粒孔结构特征的影响[J]. 安全与环境学报,2013,13(2):56-61.

[27] 张雪华,王利媛,马晓峰,等. 非金属矿物制备轻质高强陶粒的试验研究[J]. 非金属矿,2013,36(5):33-35.

[28] 韩朗. 插层蒙脱石材料对污水中 Pb^{2+} 和 Cu^{2+} 的吸附研究[D]. 贵阳:贵州大学,2017.

[29] 杨峻杰. 改性蒙脱石对磷矿浮选废水中有机物的吸附行为研究[D]. 贵阳:贵州大学,2017.

[30] 杨魁. 冰晶模板组装蒙脱石多孔材料及传热传质规律研究[D]. 重庆:重庆大学,2012.

[31] 谢洪学,吴秀玲,王小伟,等. 离子液体辅助 TiO_2/蒙脱石材料的制备与性能研究[J]. 中国矿业大学学报,2010,39(1):145-152.

[32] 霍明远. 二氧化钛/蒙脱石复合光催化剂的制备及性能[D]. 长春:吉林大学,2018.

[33] 李湘祁,汤德平,翁国坚. TiO_2 柱撑蒙脱石的 X 射线衍射和扫描电镜研究[J]. 福建地质,2003,22(1):33-36.

[34] Sekar A D,Muthukumar H,Chandrasekaran N I,et al. Photocatalytic degradation of naphthalene using calcined FeZnO/PVA nanofibers[J]. Chemosphere,2018,205:610-617.

[35] 杨华明,张花,欧阳静,等. 介孔材料分形表征的研究进展[J]. 功能材料,2005,36(4):495-498.

[36] 刘俊科,孙章,樊丽华,等. 多孔活性炭孔径调控研究现状[J]. 功能材料,2019,50(3):3059-3063.

[37] S. J. 格雷格,K. S. W. 辛. 吸附、比表面与孔隙率[M]. 高敬琮,刘希尧,译. 北京:化学工业出版社,1989.

[38] Binitha N N,Sugunan S. Preparation,characterization and catalytic activity of titania pillared montmorillonite clays[J]. Microporous and Mesoporous Materials,2006,93(1-3):82-89.

[39] 李睿. 基于非晶合金的纳米多孔金属及其复合材料的制备和性能研究[D]. 北京:北京科技大学,2018.

[40] 王梦娅. 稀土羧酸配位聚合物复杂纳米结构的合成、表征及其性能研究[D]. 南昌:江西师范大学,2014.

[41] 陈建军. 纳米 TiO_2 光催化剂的制备、改性及其应用研究[D]. 长沙:中南大学,2001.

第 9 章　活性炭/钛柱撑蒙脱石复合材料吸附镉离子

9.1　水体中 Cd^{2+} 处理方法

重金属污染是最突出的水污染问题之一,其中 Cd^{2+} 由于具有生物富集性和显著的毒性而格外引人关注[1]。我国重金属污染问题日益突出,据《全国土壤污染状况调查公报》[2],全国土壤污染物总的超标率为 16.1%,污染物的类型以无机型为主,无机型污染物的超标点位数占全部超标点位的 82.8%,其中 Cd^{2+} 点位数超标率为 7.0%,Cd^{2+} 引起的环境污染尤为突出,各种 Cd^{2+} 污染事件屡见报道[3]。水中的 Cd^{2+} 主要来源于矿产开发、金属冶炼、涂料、电镀、化工、塑料、印刷、农药、陶瓷等工业废水的排放[4],当水中的 Cd^{2+} 含量过高时,通过饮水和食物链被人体吸收,对人体造成肝、肾、肺、骨等器官的损害,严重者可导致死亡[5]。因此,去除水中的 Cd^{2+} 对饮水安全和人体健康十分重要[6,7]。目前,针对重金属污染废水的处理,国内外研究学者做了大量的研究,重金属污染废水常用的处理方法[8]有沉淀法、膜分离法、生物修复法和吸附法(多孔物质有物理吸附/化学吸附)等。

9.1.1　沉淀法

沉淀法是将废水中的金属离子通过化学反应形成沉淀,并对沉淀物进行过滤处理从而降低水中 Cd^{2+} 含量，是处理含 Cd^{2+} 废水的一种常用的方法，目前常用作沉淀剂的材料有石灰、硫化物、聚合硫酸铁、碳酸盐，或者几种沉淀剂组成的混合沉淀剂[9]。当待处理的 Cd^{2+} 废水中加入一定量的沉淀剂时，沉淀剂与 Cd^{2+} 会生成 $Cd(OH)_2$、CdS、$CdCO_3$ 等沉淀物，再将沉淀物质进行过滤处理。周进堂[10]采用破蔽-沉淀法处理氰化物镀镉污水，在氰化物镀镉污水中，Cd^{2+} 和 CN^- 生成稳定的络合物 Cd(CN)，从而把 Cd^{2+} 隐蔽起来，往氰化电镀镉污水中加入甲醛，使 CN^- 和甲醛生成 α-羚基腈，从而解蔽将 Cd^{2+} 释放出来，再通过加入沉淀剂将 Cd^{2+} 沉淀过滤去除。

现工业排放的污水中 Cd^{2+} 污染物的成分比较复杂，当加入沉淀剂后，废水中其他部分阳离子会与 Cd^{2+} 产生竞争沉淀从而影响对 Cd^{2+} 的沉淀，有的阴离子会与 Cd^{2+} 形成络合离子，导致 Cd^{2+} 很难被沉淀除去。废水中的其他因素对沉淀效果也有很大影响，特别是废水溶液的 pH 环境，如废水中的 Cd^{2+}、As 都要去除时，废水的 pH 的调节非常重要[11]。沉淀法虽然能除去废水中的大部分 Cd^{2+}，但它却不能将 Cd^{2+} 回收利用，而且 Cd^{2+} 的沉渣堆放会对环境造成二次污染，因此这个问题也需要进一步解决。

9.1.2 膜分离法

电渗析是膜分离法技术中的一种方法，它是在直流电场的作用下，通过电位差产生推动力，然后利用离子交换膜对电解质的选择性，把电解质从溶液中分离出来，从而达到对废水的淡化、浓缩、精制或纯化的目的[12]。镀镉工业废水经过电渗析处理后可再返回电镀槽循环使用，脱盐水可以再用作漂洗水，既可回收镉盐，又可实现废水循环使用而减少废水排放[13]。处理含镉废水的膜分离技术还有超滤、反渗透法、液膜法[14]和微滤[15]等。李福勤等[16]利用络合-超滤技术处理矿山排放的重金属废水，在废水中 Cd^{2+} 的质量浓度为 0.1 mg/L 时，Cd^{2+} 的去除率达到 96.26%。

膜分离法处理含镉废水的去除率高，能回收废水中的 Cd^{2+}，它具有工艺简单的优点，但在处理废水时对分离膜的选择要求比较高，不同的废水必须采用与之相匹配的膜材料，对废水的成分也必须要求相对的稳定，并且在实际应用中膜组件的设计也是一个难题，膜分离法处理废水的成本也比较高，影响了膜分离法在废水处理中的应用。

9.1.3 生物修复法

生物修复法处理含镉废水又包括植物修复法和微生物修复法。

植物修复法(phytoremediation)是利用绿色植物来转移、容纳或转化重金属、有机物或放射性元素污染物使其对环境无害，即通过植物的吸收、挥发、根滤、降解和稳定等作用，可以净化土壤或水体中的污染物，达到净化环境的目的。我国在植物修复镉污染方面做了大量的研究，可应用于土壤镉污染修复的植物主要有宝山堇菜、少花龙葵、豆科灌木、印度芥菜、月季花、万寿菊、油菜花籽、美人蕉、向日葵、蒲儿根、籽粒苋、狼把草、蜀葵、孔雀草、缨绒花、全叶马兰、马蔺、三叶鬼针草等[17,18]。

微生物修复利用土壤微生物的蓄积和降解作用来治理土壤重金属污染，是一种高效的途径。国内外许多研究已证明，菌根在修复遭受重金属污染的土壤方面发挥着特殊的作用，他们减轻了植物在重金属污染的土壤中的受害程度[19]。微生物在重金属污染环境中逐渐形成一些对重金属有抗性的种群，可以吸附、吸收重金属并将其固化，或降低重金属活性和生物有效性以使重金属无害，或增强重金属活性和生物有效性以利于植物根系对重金属的吸收和转运。这对土壤的重金属污染有修复作用。如动胶菌、蓝细菌、硫酸还原菌及某些藻类能够产生胞外聚合物，与重金属离子形成络合物。

微生物修复与植物修复相结合对污染土壤进行治理的方法，已受到越来越多的关注。目前，大部分生物修复技术还局限在科研和实验室水平，实际废水处理的案例研究还不多[20,21]。

9.1.4 吸附法

吸附法是利用多孔性和表面积较大的固体物质去吸附水中的污染物,使水中的一种或多种污染物被吸附在固体表面或孔道而除去污染物的方法。可用于处理含 Cd^{2+} 废水的吸附剂[22]有活性炭、黏土矿物、风化煤、磺化煤、高炉矿渣、沸石、壳聚糖[23]、羧甲基壳聚糖[24]、硅藻土[25]、改良纤维[26]、活性氧化铝、蛋壳、凹凸棒石等。这些吸附剂材料吸附 Cd^{2+} 废水的机理不尽相同,有的吸附是以物理吸附为主、化学吸附为辅,而有的吸附是以化学吸附占主导,有的吸附剂在吸附过程中既起到吸附作用,又对吸附质起絮凝作用,但从对 Cd^{2+} 的去除效果来看,均有较好的去除效果,而且吸附材料广[27]。

池汝安等[28]用苯四甲酸二酐对甘蔗渣进行改性,并制成吸附固定床,对镉离子的动态吸附,在流速为 6.25 mL/min、质量浓度为 100 mg/L 的条件下,0.075~0.15 mm 的甘蔗渣对镉离子的饱和吸附容量为53.2 mg/g,改性甘蔗渣饱和吸附容量为 121 mg/g,改性甘蔗渣对 Cd^{2+} 的吸附效果明显增强。李贞和何少先[25]利用硅藻土处理含 Cd^{2+} 废水,实验现象表明,由于硅藻土比表面积大,具有较强的吸附能力,加入硅藻土处理废水,污泥沉降速度快,且体积小,对 Cd^{2+} 的净化率高于其他混凝剂。

冯宁川等[29]采用高锰酸钾改性黄芪废渣活性炭作为吸附剂,对 Cd^{2+} 进行吸附研究,由黄芪残余物提取的活性炭通过 KOH 化学活化并用 $KMnO_4$ 改性,通过原始和改性的碳材料对比吸附去除 Cd^{2+} 实验。结果表明,活性炭通过 $KMnO_4$ 改性后,含氧官能团含量增加,MnO_2 几乎均匀地沉积在活性炭表面。通过二级动力学模型描述了吸附动力学。Langmuir 模型拟合的吸附等温线比 Freundlich 模型更好,改性前后活性炭对 Cd^{2+} 的最大吸附容量分别为 116.96 mg/g 和 217.00 mg/g。$KMnO_4$ 可改变活性炭的物理化学性质和表面结构,从而提高活性炭对 Cd^{2+} 的吸附能力。El-Kady 等[5]研究表明埃及蒙脱土能有效地吸附去除废水中的 Cd^{2+} 离子。

吸附法具有操作简单、选择性高、净化度高等优点,成为当前处理废水污染研究的热点[30]。目前,常用的吸附剂有活性炭、石墨、分子筛、膨润土、有机纤维等[31-33]。

9.2　活性炭的性能及改性用途

9.2.1　活性炭性质

活性炭是一种拥有发达孔隙结构的物质,是由不规则的六边形碳层形成的网状结构,作为一种常见的吸附剂,它具有大量的微孔和中孔及较大的比表面积[18]。活性炭的表面为非极性或由于表面含氧官能团和无机杂质的存在具有弱极性,可吸附非极性和弱极性的有机分子。活性炭吸附的主要作用力是特异性作用力和范德瓦耳斯力,因此,相对其他吸附剂,活性炭的吸附热和键强度较低。

9.2.2　活性炭改性

一般的活性炭由于孔容小、微孔分布过宽、比表面积小和表面含氧官能团少等方面的缺点,其吸附性能不能达到实际工业废水处理的要求,因此,需要对活性炭表面进行改性,增加其吸附性能[34]。目前,活性炭表面改性方法包括表面氧化改性、表面还原改性和负载原子改性等[35]。

表面氧化改性是指活性炭在适当的条件下,经过氧化剂对其表面官能团进行氧化改性,增加活性炭表面含氧官能团的数量,从而增强对极性物质的吸附能力[36],即在活性炭表面引入氧原子,氧含量增加易产生更多的表面含氧官能团,提高活性炭的酸性强度,更有利于吸附各类极性较强的化合物。活性炭表面氧化改性常用的氧化剂包括 HNO_3、O_3、H_2O_2、HCl、O_3 和 H_2SO_4 等。庞维亮等[37]就酸、碱改性活性炭对甲醇、甲苯的吸附性能进行了研究,分别采用硝酸和氢氧化钠对活性炭进行改性,利用比表面积及孔径分析仪(BET)、扫描电镜(SEM)、Boehm 滴定法对活性炭物化性质进行表征,测试改性活性炭对甲醇、甲苯的吸附性能。结果表明,经过酸、碱改性后的活性炭比表面积、总孔容、微孔孔容均有所增大,酸改性表面酸性基团增加,碱改性后活性炭酸性基团减少。

表面还原改性[38]是指活性炭在一定条件下,经过还原剂对其表面官能团进行还原改性,增加活性炭表面碱性基团的数量,增强表面的非极性,进而提高活性炭对非极性物质的吸附能力。可在活性炭表面增加表面含氧碱性基团和羟基官能团,提高活性炭的表面非极性,更有利于吸附各类非极性较强的化合物。活性炭表面还原改性常用的还原剂包括 H_2、N_2、NaOH、KOH 和氨水等。张珂等[39]改性污泥活性炭并研究了其吸附性能,以污水处理厂剩余污泥为原料,使用 KOH 溶液作为活化剂改性污泥活性炭,通过碘吸附值测定法测定其吸附性能,经 KOH 溶液进行活化改性后所制得的改性污泥活性炭具备一定的吸附能力。

负载原子改性是指根据活性炭的吸附性和还原性,把活性炭浸渍在一定量含需负载的物质溶液中,活性炭通过吸附将该离子固定在表面,再通过还原方法在活性炭表面引入特定的原子和化合物,把金属离子负载到活性炭表面,主要是利用活性炭的还原性,将金属离子还原成单质或低价态的离子[40]。改性后的活性炭吸附性能由物理吸附转变为化学吸附,增加了活性炭的吸附性能。活性炭负载金属改性的金属离子包括 Cu^{2+}、Mg^{2+}、Ca^{2+}和 Fe^{3+}等。薛丽梅和赵楷文[41]采用氧化铜来改性活性炭,即以活性炭为原料,制备了活性炭负载氧化铜吸附材料,根据不同条件下制备的改性活性炭,然后考察改性活性炭对吸附脱硫性能的影响。在水热活化时间为 3 h,煅烧温度为 500 ℃,氧化铜负载量为 3% 的最佳条件下制备氧化铜改性活性炭,脱硫率为 95. 53%;氧化铜改性增大了活性炭的比表面积及活性炭中微孔所占的比例,提高了活性炭的脱硫性能。

9.2.3　活性炭在污水处理中的应用

活性炭对各种不同的物质的吸附能力都是由这些孔隙所决定的[19]。这是因为不同的物质大小结构不一样，而不同的孔隙结构对不同大小的物质吸附能力也不一样。活性炭的微孔部分占据了活性炭所有孔隙表面积的95%以上。相关研究表明，活性炭的微孔能够有效地去除一些有机污染物[42,43]。

石伟[44]制备复合型材料活性炭负载纳米零价铁(GAC-FeO)去除水中的高氯酸盐，通过不同的影响因素研究GAC-FeO对高氯酸盐的去除效果，发现在去除高氯酸盐的过程中均存在物理化学吸附。康维钧等[26]对制备活性炭负载Fe/Ti改性及去除水中的砷离子的研究表明，采用改性活性炭可以显著提高活性炭的除砷效果。

李洲等[45]分别采用微波和$KMnO_4$、$K_2Cr_2O_7$和H_2O_2氧化改性的椰壳活性炭吸附SO_2。结果表明改性的活性炭对SO_2的吸附动力学可通过粒内扩散和Bangham动力学模型较好地描述，微波分别与$KMnO_4$、$K_2Cr_2O_7$改性样品的吸附平衡能被Freundlich等温吸附模型较好地预测，根据Freundlich模型拟合的常数n大于1，改性活性炭对SO_2较容易吸附，$KMnO_4$、$K_2Cr_2O_7$和H_2O_2改性活性炭提高了其对SO_2的吸附能力。

Xu等[46]通过离子交换法在具有高金属负载量的活性炭(AC)上负载双金属，将AC负载Ni-Cu，Ni-Zn和Ni-Pd双金属催化剂可用于分解多氯联苯，通过扫描电子显微镜和能量色散X射线分析发现金属均匀分布在催化剂的表面和内部。在不同的反应温度和时间对多氯联苯分解率的影响方面，随着温度升高，催化活性增加，反应的活化能降低，得到更高的分解率。在300 ℃的氮气氛围中，与Ni-Cu/C，Ni-Zn/C和Ni-Pd/C反应的多氯联苯的分解率分别为99.3%、99.4%和99.5%。他们讨论了分解位反应的动力学和反应途径，发现位于苯二氮环上的氯原子的反应性遵循对位N次元位N次正交位的顺序，多氯联苯被脱氯逐步形成最终的联苯产物。

活性炭吸附作为一种较为常规的方式也是更为方便、实用的，但是由于活性炭受自身吸附特性和吸附容量的限制，只能有效地去除分子量在 700 ~ 3 000 的有机物，不能够保证对其他有机物和金属离子的去除效果，而且活性炭价格也较为昂贵。

9.3 活性炭/钛柱撑蒙脱石的制备

单一吸附剂很难满足一些成分复杂、类别较多的混合物的分离，因此开发更有潜力的吸附剂成为当前研究的热点，复合吸附剂材料由此产生。处理废水污染物的复合吸附剂有很多研究，如刘刚伟[47]通过蒙脱石和粉煤灰制备蒙脱石/粉煤灰复合颗粒吸附剂，处理重金属 Cu^{2+} 废水，在最佳吸附条件下，蒙脱石/粉煤灰复合颗粒对 Cu^{2+} 的吸附去除率可达 91.66%。田犀卓等[48]利用钢渣和蒙脱石制备钢渣-蒙脱石复合吸附剂去吸附水中的 Cd^{2+}，结果表明，钢渣与蒙脱石复合吸附剂对 Cd^{2+} 的吸附效果优于钢渣和蒙脱石单一吸附剂对 Cd^{2+} 的吸附。Wu 等[49]制备离子液体/蒙脱石复合材料处理双氯芬酸钠，在静态吸附过程中，离子液体/蒙脱石对双氯芬酸钠有较快的吸附速率，吸附量为 310 mmol/kg，在动态吸附中，需 24 h 达到吸附平衡，其吸附量为 2 490 mmol/kg，表明蒙脱石通过改性复合后，改变了表面电荷，增加了对双氯芬酸钠的吸附能力。

活性炭作为一种多孔吸附剂材料，它的孔径分布比较广，除了含有大量的微孔，还有一定量的中孔及大孔，活性炭本身具有一定的疏水性和亲油性，故对有机物的吸附有一定的优势。而另外一种吸附剂蒙脱石具有较大的层间距、比表面积和孔体积，层间的金属阳离子可与某些离子发生离子交换作用，对废水中的极性小分子有更好的吸附能力[50]。活性炭/钛柱撑蒙脱石是一种新型的复合吸附剂材料，它集蒙脱石与活性炭各自的性能于一体，这种新型复合吸附剂在吸附技术领域有无限前景。

本课题组韩朗和庹必阳[51]采用稀溶液法使聚合阳离子 Zr^{4+} 柱撑进入提纯

钠基蒙脱石层间合成锆柱撑蒙脱石，再通过浸渍法制备活性炭负载锆柱撑蒙脱石复合材料，并对丁基黄药进行吸附研究，结果表明活性炭负载锆柱撑蒙脱石复合材料对丁基黄药有较好的吸附效果。本章旨在研究活性炭/钛柱撑蒙脱石这种新型的复合材料对重金属镉离子的吸附行为，分别与活性炭和钛柱撑蒙脱石作吸附对比，并对其吸附机理做初步的探讨，为下一步材料制备、改性提供指导方向，并为其工业化应用提供实验基础。

9.3.1　钠基蒙脱石材料的制备

称取 20 g 原土蒙脱石，放入烧杯中并加入 500 mL 的蒸馏水，加入 2.5 g 的六偏磷酸钠，搅拌 3 h，静置 1 h，然后离心，取上清液进行烘干，研磨过 200 目筛子，则得到钠基蒙脱石[52]。经 X 射线衍射测试分析其晶面间距(d_{001})为 1.26 nm，属于典型的 Na-mt 材料。其钠化过程如下：

$$\text{Ca} - \text{蒙脱石} + 2\text{Na}^{+} = 2\text{Na} - \text{蒙脱石} + \text{Ca}^{2+} \tag{9.1}$$

9.3.2　钛柱撑蒙脱石的制备

(1)悬浮液的制备：在烧杯中加入 400 mL 的蒸馏水和 4 g 的钠基蒙脱石，利用磁力搅拌器对其连续搅拌 4 h，使钠基蒙脱石均匀分散在蒸馏水中，配成的悬浮液质量浓度为 1%。

(2)柱化剂的制备：分别将 10 mL、10 mL、2 mL 的无水乙醇、钛酸四丁酯和冰乙酸混合均匀配成 A 液，B 液是由 24 mL 1 mol/L 的 HCl 和 5 mL 无水乙醇混合而成。在磁力搅拌下，利用胶头滴管将 B 液以每秒一滴的速度缓慢滴入 A 液中，得到黄色透明溶胶，随即往溶胶中加入 8 mL 1 mol/L 的 NaOH 改变酸碱比，然后在室温下强力搅拌 30 min，静置 6 h，得到所需的柱化剂。

(3)柱化反应：将上述制得的柱化剂转移到钠基蒙脱石悬浮液中，剧烈搅拌，并往其中加入 8 mL 的 2 mol/L NaOH 调节混合液 pH，在室温下搅拌 6 h，得到钛柱撑蒙脱石悬浮液[53]。

9.3.3 活性炭/钛柱撑蒙脱石的制备

(1)活性炭预处理:对活性炭进行机械研磨,取0.074 mm 粒级放入烧杯内,加入适量的浓硝酸浸泡24 h,过滤,用蒸馏水洗涤至中性,用pH计检测滤液pH为7,烘干,得到没有灰质的活性炭粉末。

(2)活性炭复合反应:取1.2 g AC和50 mL蒸馏水,4.8 g KH-792和95%乙醇,3.6 g Ti- Mnt和50 mL蒸馏水分别加入烧杯中超声分散3 h,形成AC、KH-792和Ti-Mnt均匀分散液,将KH-792分散液在搅拌条件下缓慢加入AC分散液中,在60 ℃磁力油浴锅中搅拌12 h,得到KAC悬浮液,再将Ti-Mnt分散液缓慢加入KAC悬浮液中继续搅拌12 h,静置12 h,过滤,用无水乙醇和蒸馏水洗涤、干燥,在300 ℃的马弗炉中焙烧0.5 h,研磨制得活性炭/钛柱撑蒙脱石(AC/Ti-Mnt)。

9.4 活性炭/钛柱撑蒙脱石复合材料制备的影响因素

9.4.1 M_{AC} : $M_{Ti\text{-}Mnt}$ 配比对制备活性炭/钛柱撑蒙脱石的影响

以活性炭与钛柱撑蒙脱石配比为3∶1、2∶1、1∶1、1∶2、1∶3制备活性炭/钛柱撑蒙脱石复合吸附剂材料(AC/Ti-Mnt),并分别称取0.1 g AC/Ti-Mnt加入20 mL 150 mg/L的Cd^{2+}溶液中,在恒温振荡器中振荡2 h,取滤液测定水中Cd^{2+}的质量浓度,不同M_{AC} : $M_{Ti\text{-}Mnt}$配比AC/Ti-Mnt对吸附Cd^{2+}吸附量和去除率的影响见表9.1。

表9.1　不同 $M_{AC}:M_{Ti\text{-}Mnt}$ 配比 AC/Ti-Mnt 对吸附 Cd^{2+} 吸附量和去除率的影响

$M_{AC}:M_{Ti\text{-}Mnt}$	3∶1	2∶1	1∶1	1∶2	1∶3
吸附量/(mg · g^{-1})	3.12	5.28	7.18	8.64	9.4
去除率/%	10.4	17.6	23.9	28.8	31.3

由表9.1可知,随着钛柱撑蒙脱石(Ti-Mnt)含量的增加,AC/Ti-Mnt 对 Cd^{2+} 的吸附量和去除率均逐渐增加,当活性炭与钛柱撑蒙脱石比例从3∶1变化到1∶3时,吸附量从3.12 mg/g 增加到9.4 mg/g,相应的去除率从10.4%上升到31.3%。当 $M_{AC}:M_{Ti-Mnt}=1:3$ 时,吸附量和去除率均达到最大值,分别为9.4 mg/g 和31.3%。

随着活性炭含量的增大,Cd^{2+} 的吸附量和去除率逐渐降低,原因是在制备过程中,Ti^{4+} 被小颗粒的活性炭置换,活性炭进入层间,取代了原先进入的部分 Ti^{4+},使得 AC/Ti-Mnt 的晶面间距减小,吸附性能也随之下降,故出现吸附量和去除率下降的现象。因此,综合考虑,在 $M_{AC}:M_{Ti-Mnt}=1:3$ 时所制备得到的 AC/Ti-Mnt 对镉离子的吸附效果最好,故后续的单因素实验均在 $M_{AC}:M_{Ti-Mnt}=1:3$ 的条件下进行。

9.4.2　焙烧温度对制备活性炭/钛柱蒙脱石的影响

将活性炭与钛柱撑蒙脱石按 $M_{AC}:M_{Ti-Mnt}=1:3$ 的条件制备的活性炭/钛柱撑蒙脱石分别在150、250、300、400 ℃和500 ℃的马弗炉中焙烧0.5 h,并分别称取0.1 g活性炭/钛柱撑蒙脱石加入20 mL 150 mg/L 的 Cd^{2+} 溶液中,在恒温振荡器中振荡2 h,取滤液测定水中 Cd^{2+} 的质量浓度,不同温度焙烧的 AC/Ti-Mnt 对吸附 Cd^{2+} 吸附量和去除率的影响见表9.2。

表 9.2 不同温度焙烧的 AC/Ti-Mnt 对吸附 Cd^{2+} 吸附量和去除率的影响

温度	150 ℃	250 ℃	300 ℃	400 ℃	500 ℃
吸附量/(mg·g^{-1})	10.96	15.42	19.1	5.94	0.84
去除率/%	36.5	51.4	63.5	19.8	2.8

由表 9.2 可知,随着焙烧温度的升高,AC/Ti-Mnt 对 Cd^{2+} 的吸附量和去除率均呈现出先上升后下降的趋势。当焙烧温度从 150 ℃升高到 300 ℃时,吸附量从 10.96 mg/g 提高到 19.1 mg/g,相应的去除率从 36.5% 上升到 63.5%。当焙烧温度从 300 ℃升高到 500 ℃时,吸附量从 19.1 mg/g 下降到 0.84 mg/g,相应的去除率从 63.5% 下降到 2.8%。

将经过同样制备步骤制备但未经过焙烧的 AC/Ti-Mnt 作为空白对照实验,经计算,未焙烧之前的吸附量及去除率分别为 9.4 mg/g 和 31.3%,经过比较发现,在温度为 300 ℃以下条件下焙烧之后的 AC/Ti-Mnt 对 Cd^{2+} 的吸附量和吸附率均得到了显著的提升,这是由于在高温条件下活性炭得以活化,孔径虽然变小但是变化不大,比表面积增大数倍从而提高了材料表面的吸附位点数量,从而增大了吸附量和去除率。而焙烧温度在 400 ℃以后 AC/Ti-Mnt 对 Cd^{2+} 的吸附量和吸附率出现下降现象,是因为随着焙烧温度的持续上升,在有氧条件下,活性炭发生燃烧灰化,失去吸附能力;钛柱撑蒙脱石在高温条件下发生微孔烧结,导致比表面积下降,因此对 Cd^{2+} 的吸附量和吸附率也随之下降。

综合以上分析考虑,在焙烧温度为 300 ℃时焙烧得到的 AC/Ti-Mnt 吸附效果最好,故后续的单因素实验焙烧温度均在 300 ℃条件下进行。

9.4.3 焙烧时间对制备活性炭/钛柱蒙脱石的影响

将活性炭与钛柱撑蒙脱石按 $M_{AC}:M_{Ti-Mnt}=1:3$ 混合,调节焙烧温度为 300 ℃,分别在马弗炉中焙烧 0.5 h、1 h、1.5 h、2 h、2.5 h、3 h、4 h,制备活性炭/钛柱撑蒙脱石,并分别称取 0.1 g 活性炭/钛柱撑蒙脱石加入 20 mL 150 mg/L

的 Cd^{2+} 溶液中，在恒温振荡器中振荡 2 h，取滤液测定水中 Cd^{2+} 的质量浓度，不同焙烧时间制备的 AC/Ti-Mnt 对吸附 Cd^{2+} 吸附量和去除率的影响见表 9.3。

表 9.3 不同焙烧时间制备的 AC/Ti-Mnt 对吸附 Cd^{2+} 吸附量和去除率的影响

焙烧时间	0.5 h	1 h	1.5 h	2 h	3 h	4 h
吸附量/($mg \cdot g^{-1}$)	19.1	19.2	19.5	19.6	19.7	19.9
去除率/%	63.5	64.1	65	65.5	65.9	66.4

由表 9.3 可知，随着焙烧时间的增加，AC/Ti-Mnt 对 Cd^{2+} 的吸附量和去除率呈现出缓慢上升趋势，当焙烧时间从 0.5 h 增加到 4 h 时，吸附量仅增加了 0.86 mg/g，相应地去除率从 63.5% 升高到了 66.4%。这说明焙烧时间对活性炭/钛柱撑蒙脱石的制备影响不大，焙烧时间越长，制备的成本相应增加，而吸附效果没有明显增加，考虑到焙烧的能源消耗问题，确定制备活性炭/钛柱撑蒙脱石复合吸附剂的焙烧时间为 0.5 h。

综上所述，确定制备活性炭/钛柱撑蒙脱石复合吸附剂的最佳条件为：活性炭与钛柱撑蒙脱石的质量配比为 1∶3，焙烧温度为 300 ℃，焙烧时间为 0.5 h。后续材料表征分析及吸附实验的材料均在该条件下制备所得。

9.5 活性炭/钛柱撑蒙脱石复合材料的表征

9.5.1 XRD 分析

活性炭在 20°~30°有强度较大的碳衍射峰。活性炭与钛柱撑蒙脱石复合后，衍射峰强度被削弱，但物相组成基本上没有发生变化，主要矿物为蒙脱石和石英。Ti-Mnt、AC 和 AC/Ti-Mnt 的 XRD 图如图 9.1 所示。

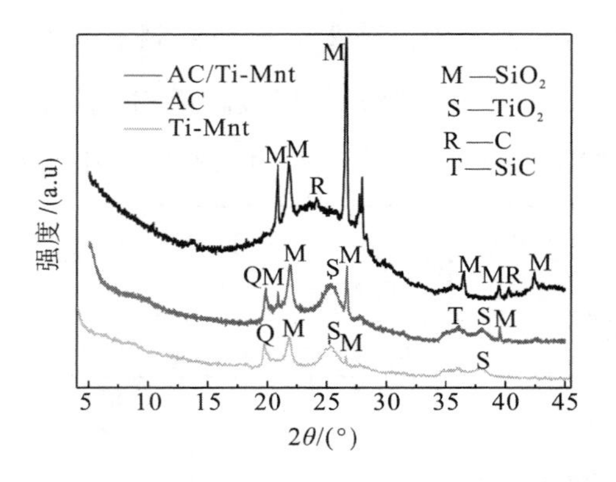

图 9.1 Ti-Mnt、AC 和 AC/Ti-Mnt 的 XRD 图

9.5.2 傅里叶红外光谱分析

图 9.2 是 AC/Ti-Mnt、AC 和 Ti-Mnt 的红外光谱。3 种材料有着不同的吸收峰,AC 和 AC/Ti-Mnt 都在 3 437.51 cm^{-1}、1 384.16 cm^{-1}、1 088.24 cm^{-1}、1 042.19 cm^{-1} 位置出现了吸收峰,这些吸收峰是活性炭表面官能团所对应的特征峰[54],其中 3 437.51 cm^{-1} 处为水分子 H—O 键的伸缩振动峰及—OH 吸收峰,1 384.16 cm^{-1} 处的峰可能与芳香环中的—C=C 和 C—O—C 伸缩振动有关,1 088.24 cm^{-1} 和 1 042.19 cm^{-1} 附近的峰可能是 C—H 的伸缩振动峰。Ti-Mnt 与 AC/Ti-Mnt 在 915.80 cm^{-1}、792.97 cm^{-1}、622.41 cm^{-1}、467.54 cm^{-1} 处出现共同的吸收峰。3 626 cm^{-1}、3 437 cm^{-1} 处分别是钛柱撑蒙脱石羟基振动和层间水伸缩振动,1 038 cm^{-1}、467.54 cm^{-1} 处分别代表 Si—O—Si 的面内伸缩振动和 Si—O 弯曲振动,915.80 cm^{-1} 处归属于钛柱撑蒙脱石八面体 Al—O—(OH)—Al 的平移振动,607 cm^{-1} 处的振动峰代表 Ti—O 键。在 1 043 cm^{-1} 附近的峰为 Si—O 振动吸收峰,AC/Ti-Mnt、AC 和 Ti-Mnt 中含有一定量的 SiO_2,这与 XRD 表征结果吻合。3 种吸附剂在 1 640 cm^{-1} 处的吸附峰归属于 AC/Ti-Mnt 上的 C=O 振动峰[55],也可能为吸附剂层间水的伸缩振动峰。AC/Ti-Mnt 在 1 569.26 cm^{-1} 处出现一个新的吸收峰,这可能是硅烷偶联剂生成的铵盐所对应的特征峰[56],

AC/Ti-Mnt 保留了 AC 和 Ti-Mnt 所具有的特征官能团,这说明复合后 AC 和 Ti-Mnt 的骨架得到了保持。

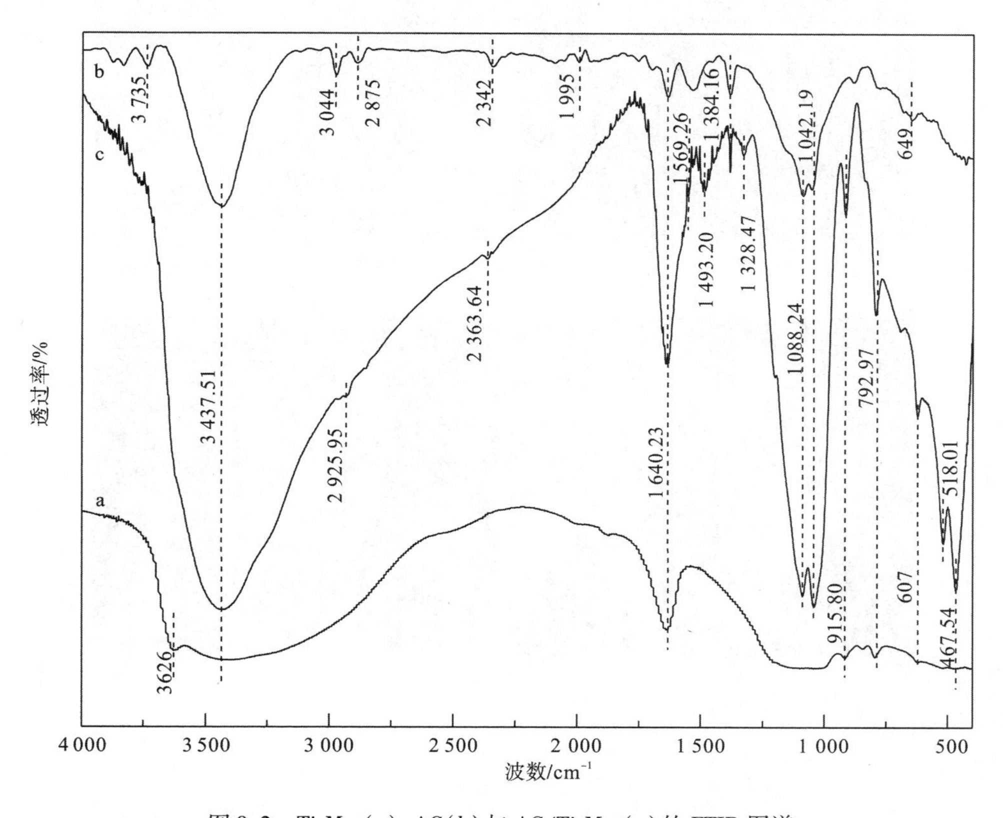

图9.2　Ti-Mnt(a)、AC(b)与 AC/Ti-Mnt(c)的 FTIR 图谱

9.5.3　扫描电子显微镜分析

图9.3为 AC、Ti-Mnt 和 AC/Ti-Mnt 的 SEM 图。活性炭表面凹凸不平,大孔小孔随机分布,表面呈颗粒堆积状[57]。钛柱撑蒙脱石多以片层状结构分布,片层之间多以面-面相互结合在一起。活性炭与钛柱撑蒙脱石复合后,表面结构蓬松,具有一定的分散性,活性炭附在钛柱撑蒙脱石表面,形成较大且形状不均匀的孔洞及孔隙结构,比表面积增大。

AC、 Ti-Mnt

AC/Ti-Mnt

图 9.3　AC、Ti-Mnt 和 AC/Ti-Mnt 的 SEM 图

9.5.4　TG-DTA 分析

TG-DTA 为热重分析-差热分析法，主要用来研究活性炭、钛柱撑蒙脱石和 AC/Ti-Mnt 材料的热稳定性和组分。图 9.4 为 AC 的 TG-DTA 图。图 9.5 为 Ti-Mnt 的 TG-DTA 图。图 9.6 为 AC/Ti-Mnt 的 TG-DTA 图。

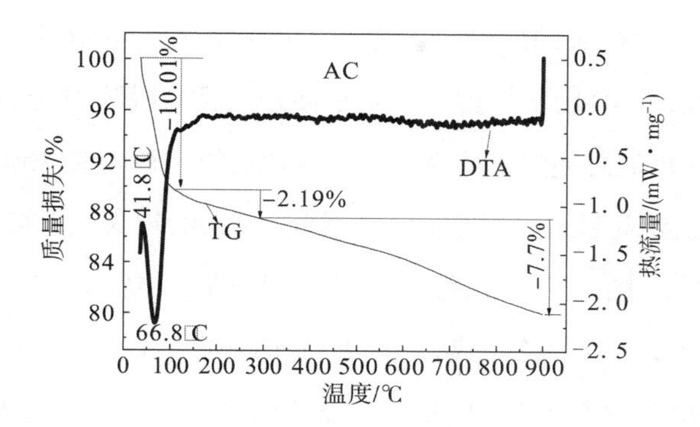

图9.4　AC的TG-DTA图

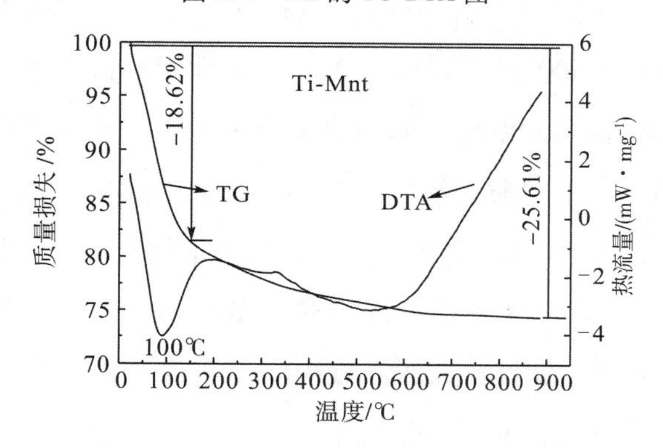

图9.5　Ti-Mnt的TG-DTA图

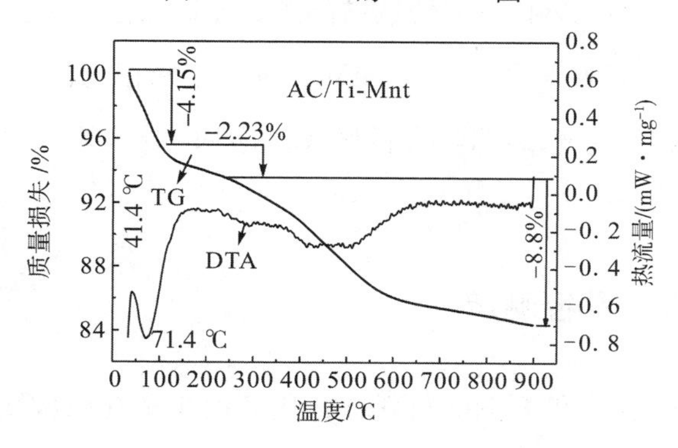

图9.6　AC/Ti-Mnt的TG-DTA图

由图9.4中TG曲线可知,从室温到150 ℃时,活性炭的质量损失为10.01%,该阶段质量损失是物理吸附水脱水引起的[58],150~300 ℃,活性炭处于缓慢质量损失阶段,质量损失为2.19%,为化学结合水和吸附的有机物的失重。当温度高于 300 ℃时,活性炭的质量损失为 7.7%,可能是连接在炭结构六元环上的羰基分解所导致,也可能是六元环上残留的链状烃的脱除所导致[59],整个热重分析实验中活性炭的总质量损失为 19.9%;钛柱撑蒙脱石在 150 ℃时的质量损失为 18.62%,主要是钛柱撑蒙脱石的层间吸附水的损失,在 900 ℃时,总的质量损失为 25.61%(图 9.5)。活性炭与钛柱撑蒙脱石复合后得到的 AC/Ti-Mnt 材料的热重分析分三个阶段完成,从室温到 104 ℃左右,其质量损失为 4.4%,明显比活性炭和钛柱撑蒙脱石的质量损失少了很多,在复合过程中,部分细粒的活性炭进入钛柱撑蒙脱石的层间,使钛柱撑蒙脱石层间吸附水减少[51](图 9.6)。温度为 104 ~ 300 ℃时,AC/Ti-Mnt 与活性炭和钛柱撑蒙脱石的质量损失接近,为 2.23%,说明此温度区间的质量损失主要是发生氧化反应所导致的质量损失,AC/Ti-Mnt 的总质量损失为 15.43%,比活性炭和钛柱撑蒙脱石的总质量损失少,说明 AC/Ti-Mnt 比钛柱撑蒙脱石的结构更稳定。另外,从 DTA 曲线可知,活性炭在低温 41 ℃处有一个放热分解峰,在 66.8 ℃处有一个吸热峰为活性炭吸附水脱除。钛柱撑蒙脱石在 100 ℃处有一个吸热峰属于蒙脱石脱层间吸附水的热效应,在 340 °C 附近出现了一个小的放热峰,该温度为钛柱撑蒙脱石层间的无定型二氧化钛向锐钛矿晶型转变温,在该温度下钛柱撑蒙脱石层间开始形成锐钛矿晶型[60]。AC/Ti-Mnt 的吸热峰相比活性炭向右移动,为 71.4°C,其吸热峰形变宽,表明复合材料 AC/Ti-Mnt 比表面积变大,与比表面积测定结果一致。

9.5.5 比表面及孔径测定

对 AC/Ti-Mnt、AC 和 Ti-Mnt 材料进行比表面积及孔结构测定,AC/Ti-Mnt、AC 和 Ti-Mnt 材料的比表面积和孔结构参数见表 9.4,AC/Ti-Mnt、AC 和 Ti-Mnt 材料的 N_2 吸附/脱附曲线和孔径分布如图 9.7 所示。

表9.4　AC/Ti-Mnt、AC和Ti-Mnt材料的比表面积及孔结构参数

样品	S^B /($m^2 \cdot g^{-1}$)	S^S /($m^2 \cdot g^{-1}$)	S^L /($m^2 \cdot g^{-1}$)	S^E /($m^2 \cdot g^{-1}$)	D^A/ nm	V^B /($cm^3 \cdot g^{-1}$)
AC/Ti-Mnt	400.24	404.6	211.09	248.26	4.04	0.35
AC	130.21	126.65	125.99	129.48	5.46	0.22
Ti-Mnt	118.7	115.2	165.2	28.4	4.81	0.12

注：S^B：BET比表面积；S^S：单点比表面积；S^L：朗缪尔比表面积；S^E：外比表面积；D^A：吸附平均孔径；V^B：BJH吸附孔累积体积。

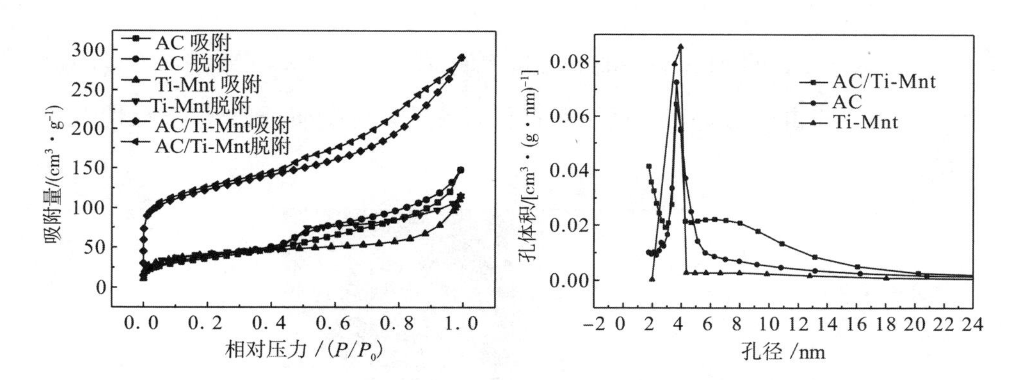

图9.7　AC/Ti-Mnt、AC和Ti-Mnt材料的N_2吸附/脱附曲线和孔径分布

由表9.4可知，AC、Ti-Mnt和AC/Ti-Mnt的BET比表面积分别为130.21 m^2/g、118.7 m^2/g、400.24 m^2/g，AC/Ti-Mnt具有最大的比表面积和孔容，分别为404.6 m^2/g和0.35 cm^3/g，表明AC与Ti-Mnt复合后，形成了比表面积较大的多孔结构材料，使得AC/Ti-Mnt具有更高的活性。根据IUPUC六类等温线类型，AC/Ti-Mnt、AC和Ti-Mnt材料的N_2吸附/脱附等温线均属于第Ⅳ种类型，其特点是有明显滞后回线，在较高和较宽分压范围保持一恒定吸附量，起初开始部分类似于Ⅱ型吸附等温线，由中孔的单层到多层吸附。这种等温线表明AC/Ti-Mnt具有二维介孔结构[54]。吸附/解吸等温线在较低压力下迅速升高($P/P_0 \leq$ 0.01)，表明AC/Ti-Mnt材料中有小于2 nm的微孔或者较小的中孔结构[61]。根

据 IUPAC 的标准,孔径分微孔、中孔和大孔,d<2 nm 的为微孔,d 分布在 2 ~ 50 nm 的为中孔,d>50 nm 的为大孔[62],以微孔、中孔为主的材料具有较大的表面积。由孔径分布曲线可看出,AC/Ti-Mnt、AC 和 Ti-Mnt 的平均孔径分别为 4.04 nm、5.46 nm、4.81 nm,AC/Ti-Mnt 和 AC 的孔径分布以中孔为主,也存在小于 2 nm 的微孔结构,说明 AC/Ti-Mnt 是由微孔和介 孔构成的。AC 和 Ti-Mnt 的孔径分布在 2 ~ 20 nm,由中孔构成。AC/Ti-Mnt、AC 和 Ti-Mnt 3 种材料的孔径曲线都只有一个最高峰,这表明颗粒的孔径分布比较均匀。

9.5.6 EDS 分析

图 9.8 为 AC 的 EDS 图。能谱分析表明,C、O、Al 和 Si 元素是活性炭的主要元素,C 含量占比 79.31%,活性炭存在石英矿物等杂质,属于煤质活性炭的性质[63]。

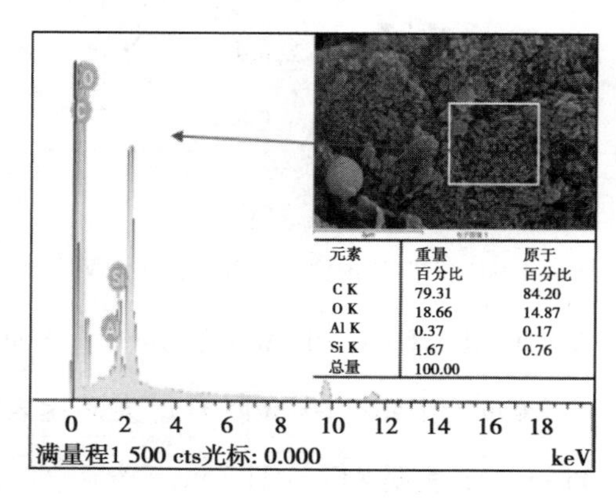

图 9.8 AC 的 EDS 图

图 9.9 为 AC/Ti-Mnt 吸附 Cd^{2+} 前的 EDS 图。从图 9.9 可以看出,C、O、Si 和 Ti 元素是 AC/Ti-Mnt 的主要组成元素,吸附前的 EDS 图谱上没有 Cd 峰,即 AC/Ti-Mnt 材料不含 Cd 元素。图 9.10 为 AC/Ti-Mnt 吸附 Cd^{2+} 后的 EDS 图,在 2 ~4 keV 出现 Cd 峰,说明 AC/Ti-Mnt 材料吸附 Cd^{2+} 后出现 Cd 元素,进一步证明了 Cd^{2+} 成功吸附在 AC/Ti-Mnt 表面或进入 AC/Ti-Mnt 的孔内。

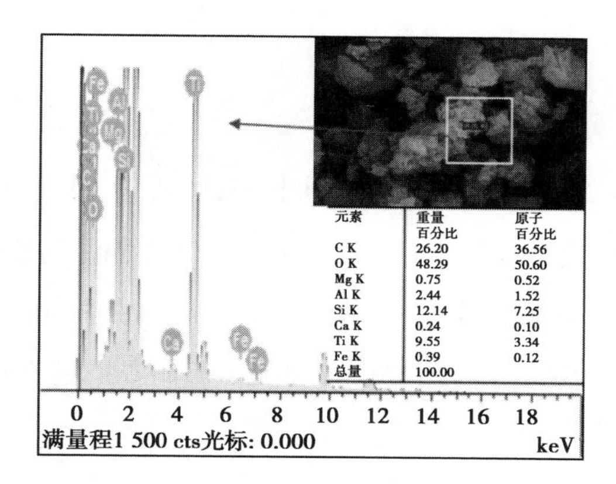

图 9.9　AC/Ti-Mnt 吸附 Cd^{2+}前的 EDS 图

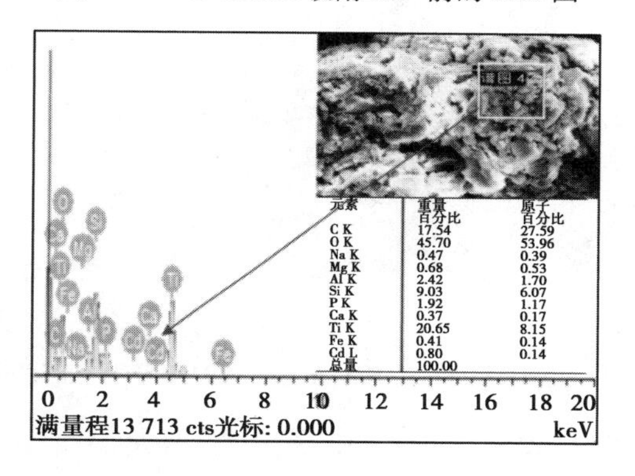

图 9.10　AC/Ti-Mnt 吸附 Cd^{2+}后的 EDS 图

9.6　活性炭/钛柱撑蒙脱石复合材料对 Cd^{2+} 的吸附

镉(Cd)是元素周期表第 48 号元素,位于第五周期与锌、汞组成 $Ⅱ_B$ 族(锌分族),属于亲硫元素,自然界中主要以硫化物形式存在于闪锌矿中,作为原料或催化剂用于塑料、颜料和试剂生产等工业中。但镉不是人体必需元素,对身体有害,因此必须严格控制地表水和地下水中镉元素的含量。本章主要研究了活性炭/钛柱撑蒙脱石吸附镉离子的影响因素及吸附机理。

9.6.1 溶液 pH

分别称量 0.1g AC/Ti-Mnt、AC、Ti-Mnt 材料，加入 20 mL 质量浓度为 150 mg/L 的 Cd^{2+}溶液中，调节不同的 pH，在 20 ℃条件下，采用恒温振荡器振荡吸附 120 min，过滤，取滤液测其剩余质量浓度，计算 AC/Ti-Mnt、AC、Ti-Mnt 对 Cd^{2+}溶液的吸附量和去除率，pH 对 AC/Ti-Mnt、AC 及 Ti-Mnt 吸附 Cd^{2+}的影响如图 9.11 所示。

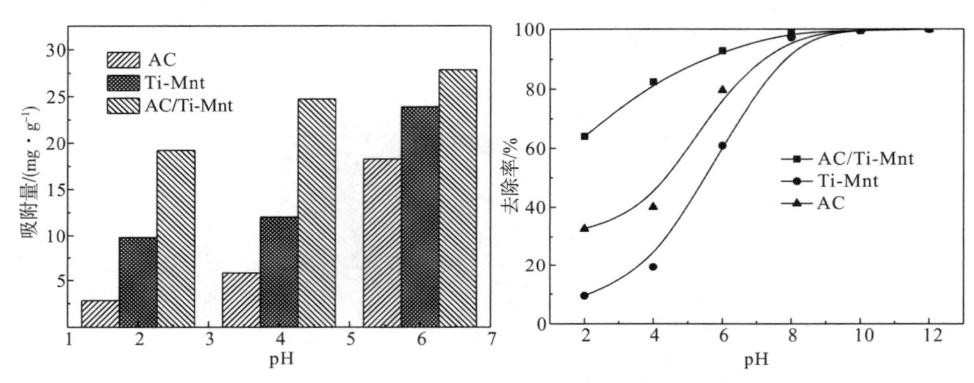

图 9.11　pH 对 AC/Ti-Mnt、AC 及 Ti-Mnt 吸附 Cd^{2+}的影响

由图 9.11 可知，在酸性条件下，随着 pH 的增大，AC、AC/Ti-Mnt、Ti-Mnt 对 Cd^{2+}的吸附量和去除率均增大，是由于溶液 pH 较小，溶液中存在大量的 H^+离子与重金属 Cd^{2+}形成竞争吸附。在碱性条件下，去除率为 100%，是因为在碱性条件下 Cd^{2+}与 OH^-生成 $Cd(OH)_2$ 沉淀，堵塞了 AC、AC/Ti-Mnt 和 Ti-Mnt 吸附材料表面的孔道，阻碍溶液中的 Cd^{2+}向吸附剂内部扩散，即出现吸附后的溶液中几乎没有剩余的 Cd^{2+}，而 3 种吸附剂对重金属 Cd^{2+}的吸附量为零的现象。Cd^{2+}与 OH^-生成沉淀的过程如下：

$$Cd^{2+} + 2OH^- = Cd(OH)_2 \tag{9.2}$$

$$K_{sp}[Cd(OH)_2] = c[Cd^{2+}] \cdot c[OH^-]^2 \tag{9.3}$$

式(9.2)和式(9.3)中，K_{sp} 是沉淀积常数，$K_{sp}[Cd(OH)_2]=5.27\times10^{-15}$；$c$ 为溶液中离子摩尔浓度，$c[Cd^{2+}]=2\times10^{-5}\sim25\times10^{-5}$ mol/L，当溶液中 $OH^-\geqslant1\times10^{-9}$

时,反应向生成沉淀方向移动,故溶液 pH 大于等于 7 时,$c[OH^-]=1\times10^{-9}$,Cd^{2+}与 OH^-生成 $Cd(OH)_2$ 沉淀附在吸附剂表面,不利于吸附。因此,确定最佳 pH 为 6。对比 AC、AC/Ti-Mnt、Ti-Mnt 对 Cd^{2+}的吸附效果,AC/Ti-Mnt 的吸附效果最好,Ti-Mnt 其次,AC 吸附效果最差,是因为 AC/Ti-Mnt 的比表面积较大,对 Cd^{2+}的吸附位点较多,所以 AC/Ti-Mnt 对 Cd^{2+}的吸附量和去除率均比 AC 和 Ti-Mnt 大。

9.6.2　吸附温度

分别称量 0.1g AC/Ti-Mnt、AC、Ti-Mnt 材料,加入 20 mL 质量浓度为 150 mg/L 的 Cd^{2+}溶液中,调节 pH=6,在不同温度条件下,采用恒温振荡器振荡吸附 120 min,过滤,取滤液测其剩余质量浓度,计算 AC/Ti-Mnt、AC、Ti-Mnt 对 Cd^{2+}溶液的吸附量和去除率,温度对 AC/Ti-Mnt、AC 及 Ti-Mnt 吸附 Cd^{2+}的影响如图 9.12 所示。

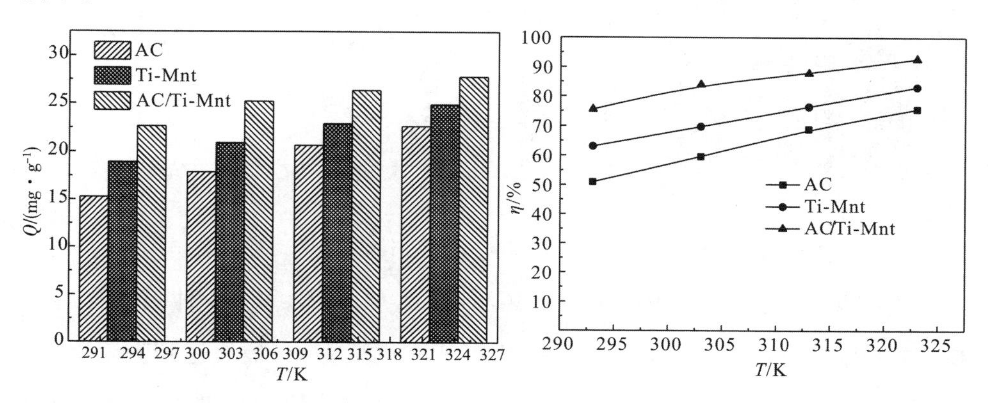

图 9.12　温度对 AC/Ti-Mnt、AC 及 Ti-Mnt 吸附 Cd^{2+}的影响

由图 9.12 可知,AC、Ti-Mnt 和 AC/Ti-Mnt 材料对 Cd^{2+}的吸附,其吸附量和去除率均随温度的上升而增大,即升温有利于对 Cd^{2+}的吸附。当吸附温度为 50 ℃时,AC/Ti-Mnt 的最大吸附量为 27.82 mg/g、去除率为 92.76%;AC 的吸附量和去除率分别为 22.68 mg/g、75.6%;Ti-Mnt 的吸附量和去除率分别为 24.93 mg/g、83.09%。在温度增加的情况下,吸附剂上的部分结合物开始裂解,吸附位点增

多,吸附效率提高[64],在温度升高时,吸附剂的活性增强,Cd^{2+}在水中的运动速率增大,与吸附剂发生碰撞的概率增加,从而使吸附量增加。吸附过程不仅包含物理吸附过程,也包含化学吸附过程。

9.6.3 吸附时间及动力学研究

分别称取 0.1g AC/Ti-Mnt、AC 和 Ti-Mnt,加入 20 mL 质量浓度为 150 mg/L 的 Cd^{2+}溶液中,调节 pH=6,溶液温度为 50 ℃,在恒温振荡器上振荡吸附,然后过滤,取滤液测其剩余质量浓度,计算 AC/Ti-Mnt、AC 和 Ti-Mnt 对 Cd^{2+}溶液的吸附量和去除率,吸附时间对 AC/Ti-Mnt、AC 及 Ti-Mnt 吸附 Cd^{2+}的影响如图 9.13 所示。

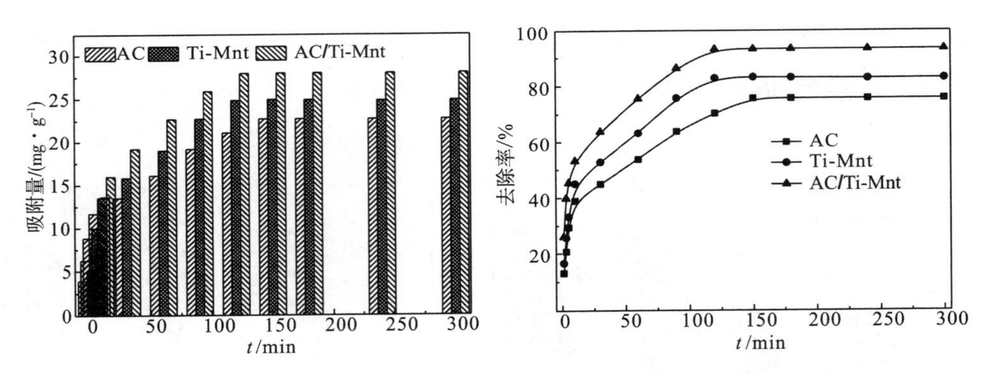

图 9.13 吸附时间对 AC/Ti-Mnt、AC 及 Ti-Mnt 吸附 Cd^{2+}的影响

由图 9.13 可知,0 ~ 10 min 内,AC/Ti-Mnt、AC 和 Ti-Mnt 3 种吸附材料对 Cd^{2+}的吸附速率均很快,10 min 之后,吸附速率逐渐变小,最后达到吸附平衡。AC/Ti-Mnt 材料对 Cd^{2+}的吸附速率均比 AC 和 Ti-Mnt 快,AC/Ti-Mnt 和 Ti-Mnt 对 Cd^{2+}的吸附平衡时间为 120 min,饱和吸附量分别为 27.97 mg/g、24.84 mg/g,去除率分别为 93.25%、82.81%;AC 在吸附时间为 150 min 左右达到吸附平衡,其饱和吸附量和去除率分别为 22.67 mg/g、75.57%。在 AC/Ti-Mnt、AC 和 Ti-Mnt 吸附 Cd^{2+}的过程中,溶液中 Cd^{2+}先是与吸附剂表面的基团发生反应,从而被吸附,该反应速率较快;随着振荡吸附时间的增加,Cd^{2+}沿着吸附剂的孔道

向孔径内部扩散,此阶段反应速率相对降低,吸附剂逐渐达到吸附平衡状态。

为了更好地理解 AC/Ti-Mnt、AC 和 Ti-Mnt 对 Cd^{2+} 的吸附过程,对吸附时间实验数据进行动力学拟合。吸附过程的动力学研究主要是用来描述吸附剂吸附溶质的速度快慢,通过动力学模型对数据进行拟合,从而探讨其吸附机理[65]。主要采用吸附动力学一级模型、吸附动力学二级模型及颗粒内扩散模型来拟合 AC/Ti-Mnt、AC 和 Ti-Mnt 对 Cd^{2+} 的吸附过程。

1)吸附动力学一级模型

吸附动力学一级模型采用 Lagergren 方程[66]计算吸附率,应用于液相的吸附动力学机制研究,其线性方程表达式为

$$\lg(Q_e - Q_t) = \lg Q_e - \frac{k_1 t}{2.303} \tag{9.4}$$

式中,Q_e 为吸附平衡时的吸附量,mg/g;Q_t 为吸附 t 时间的吸附量,mg/g;k_1 为拟一级吸附速率常数,mg/(g · min);t 为吸附时间, min。

图 9.14 为 AC/Ti-Mnt、AC 和 Ti-Mnt 吸附 Cd^{2+} 的动力学一级模型拟合曲线,活性炭吸附 Cd^{2+} 的动力学一级模型拟合图中,拟合度 R^2 为 0.86,说明吸附动力学一级模型不能用来描述活性炭对重金属 Cd^{2+} 的吸附行为。钛柱撑蒙脱石吸附的 Cd^{2+} 的一级动力学拟合度为 0.75,则钛柱撑蒙脱石对 Cd^{2+} 的吸附行为不符合动力学一级模型。活性炭/钛柱撑蒙脱石复合吸附剂材料对 Cd^{2+} 的吸附

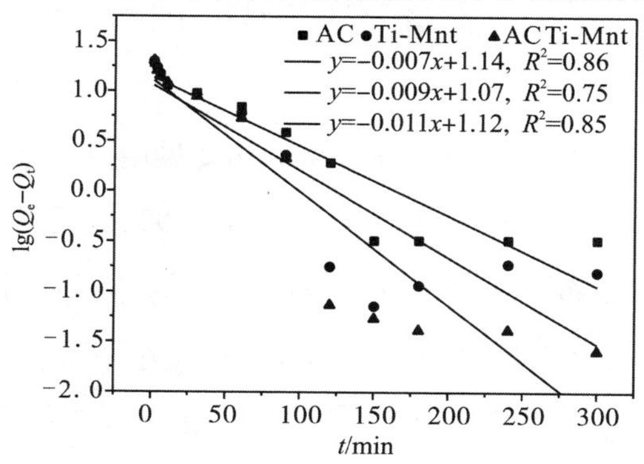

图 9.14　AC/Ti-Mnt、AC 和 Ti-Mnt 吸附 Cd^{2+} 的动力学一级模型拟合曲线

一级动力学模型拟合度为 0.85,与活性炭和钛柱撑蒙脱石一致,从整个吸附过程来说,主要的吸附行为不属于物理吸附。

若将该吸附过程分阶段来看,0 ~ 10 min,$\lg(Q_e-Q_t)$ 与时间呈线性关系,说明在吸附开始的 10 min 之内,吸附剂吸附 Cd^{2+} 的过程是物理反应,Cd^{2+} 与吸附剂表面可能以静电吸引的方式被吸附在吸附剂表面。而吸附 10 min 以后,Cd^{2+} 逐渐往吸附剂孔道或层间扩散,或离子交换过程中发生化学反应。这是因为一级动力学线性图是由 $\lg(Q_e-Q_t)$ 对时间作图,必须先达到吸附平衡才能得到平衡吸附量 Q_e 值,但在实际的吸附过程中,吸附过程太慢,所需要达到吸附平衡的时间太长,从而不能准确无误地测得吸附平衡时的吸附量 Q_e 值,因此,吸附动力学一级模型可能只适合吸附初始阶段的动力学描述,而不能准确地描述吸附的全过程。

2)吸附动力学二级模型

吸附动力学二级模型采用 McKay 方程[67]来描述,是基于假定吸附速率受化学吸附机理的控制,这种化学吸附涉及吸附剂与吸附质之间的电子共用或电子转移,其线性方程表达式为

$$\frac{t}{Q_t}=\frac{t}{Q_e}+\frac{1}{k_2 Q_e^2} \tag{9.5}$$

式中,k_2 为拟二级吸附速率常数,g/(mg · min)。

图 9.15 为 AC/Ti-Mnt、AC 和 Ti-Mnt 吸附 Cd^{2+} 的动力学二级模型拟合曲线。

由图 9.15 可知,对 AC/Ti-Mnt、AC 和 Ti-Mnt 采用拟二级动力学模型拟合的决定系数分别为 0.994、0.996 和 0.998,均大于 0.99,表明吸附动力学二级模型能很好地描述 AC/Ti-Mnt、AC 和 Ti-Mnt 对 Cd^{2+} 的吸附过程,根据建立动力学二级模型的假设可知,3 种吸附剂对 Cd^{2+} 的吸附反应速率限制步骤可能是受化学作用力控制,而不是受物质传输步骤所控制,吸附剂与吸附质之间有化学键形成或者发生了离子交换过程,吸附过程主要为化学吸附[68]。

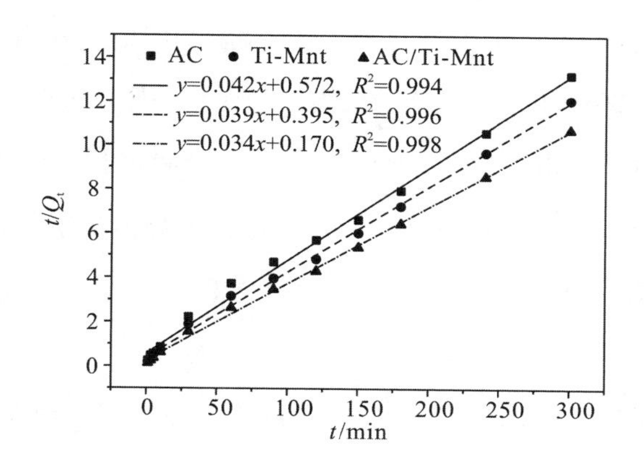

图 9.15　AC/Ti-Mnt、AC 和 Ti-Mnt 吸附 Cd^{2+} 的动力学二级模型拟合曲线

3）颗粒内扩散模型

颗粒内扩散模型是 Weber and Morris 模型[69]，常用来分析反应中的控制步骤，计算吸附剂的颗粒内扩散速率常数，其线性表达式为

$$Q_t = k_p t^{0.5} + C \tag{9.6}$$

式中，k_p 为颗粒内扩散速率常数，mg/(g · $min^{0.5}$)；C 为常数。

以 Q_t 对 $t^{0.5}$ 作图进行拟合得到直线，截距为 C，斜率为 k_p，进而得到 k_p 参数值，若存在颗粒内扩散，Q_t 对 $t^{0.5}$ 为线性关系，且若直线通过原点，则速率控制过程是仅由内扩散的单一速率控制[70]。图 9.16 为 AC/Ti-Mnt、AC 和 Ti-Mnt 吸附 Cd^{2+} 的颗粒内扩散方程拟合曲线。

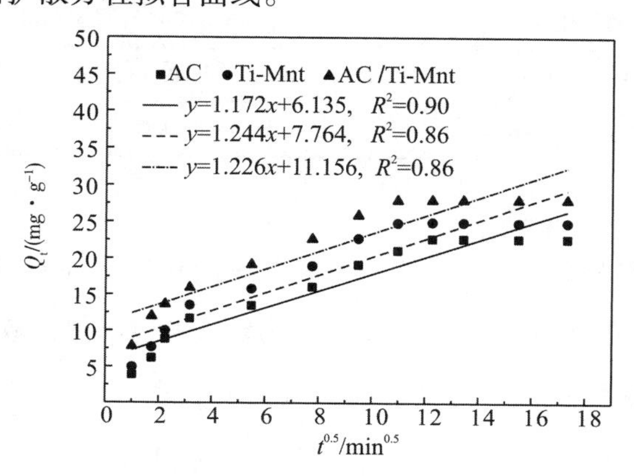

图 9.16　AC/Ti-Mnt、AC 和 Ti-Mnt 吸附 Cd^{2+} 的颗粒内扩散方程拟合曲线

由图 9.16 可知，AC、Ti-Mnt、AC/Ti-Mnt 吸附 Cd^{2+} 的颗粒内扩散模型拟合度 R^2 分别为 0.9、0.86 和 0.86，拟合系数均小于 0.99，则 Weber and Morris 模型不能较好地描述 AC、Ti-Mnt、AC/Ti-Mnt 对 Cd^{2+} 的吸附过程。Q_t 与 $t^{0.5}$ 为非线性关系，说明这 3 种吸附剂材料在吸附 Cd^{2+} 的过程中分为吸附剂表面吸附和孔道缓慢扩散两个吸附过程，整个吸附过程 AC/Ti-Mnt 的吸附速率大于 AC 和 Ti-Mnt。

理论上，Q_t 对 $t^{0.5}$ 的线性拟合分 4 个阶段，即边界层扩散及颗粒在大孔、中孔和微孔中的扩散[71]。而图 9.16 中，Q_t 对 $t^{0.5}$ 的线性拟合图主要包含 3 个区段，对吸附过程进行分段拟合，AC/Ti-Mnt、AC 及 Ti-Mnt 对 Cd^{2+} 的吸附按内扩散模型分段拟合结果见表 9.5。

表 9.5　AC/Ti-Mnt、AC 及 Ti-Mnt 对 Cd^{2+} 的吸附按内扩散模型分段拟合结果

吸附剂	吸附时间	参数	R^2
AC/Ti-Mnt	0～10 min	C=3.69，k_{p1}=4.84 mg/(g · $min^{0.5}$)	0.93
	10～120 min	C=10.56，k_{p2}=1.56 mg/(g · $min^{0.5}$)	0.97
	120～300 min	C=27.86，k_{p3}=−0.007 mg/(g · $min^{0.5}$)	0.81
AC	0～10 min	C=0.18，k_{p1}=3.67 mg/(g · $min^{0.5}$)	0.98
	10～120 min	C=7.20，k_{p2}=1.23 mg/(g · $min^{0.5}$)	0.92
	120～300 min	C=19.86，k_{p3}=0.18 mg/(g · $min^{0.5}$)	0.98
Ti-Mnt	0～10 min	C=0.93，k_{p1}=3.99 mg/(g · $min^{0.5}$)	0.99
	10～120 min	C=8.18，k_{p2}=1.49 mg/(g · $min^{0.5}$)	0.93
	120～300 min	C=24.94，k_{p3}=−0.006 mg/(g · $min^{0.5}$)	0.82

AC/Ti-Mnt 材料对 Cd^{2+} 的吸附过程在开始的 0～10 min 是吸附速率较快的膜扩散控制阶段，在 10～120 min 经历了较为缓慢的颗粒内扩散控制阶段，120～300 min 达到吸附平衡，$k_{p1}>k_{p2}>k_{p3}$，表明微孔扩散是吸附速率控制过程，第二阶段和第三阶段中 Q_t 对 $t^{0.5}$ 的线性拟合图不经过原点，说明颗粒内扩散模型并不

是唯一的控速步骤，同时还受到液膜扩散及表面吸附的控制。k_{p3} 为负值，说明 AC/Ti-Mnt 材料对 Cd^{2+} 吸附达到平衡后，出现解吸现象。

9.6.4　吸附质浓度及吸附等温线研究

称取0.1～1g C/Ti-Mnt，加入20 mL质量浓度为50～600 mg/L的 Cd^{2+} 溶液中，调节pH=6，溶液温度为50 ℃，在恒温振荡器上振荡吸附，然后过滤，取滤液测其剩余质量浓度，计算C/Ti-Mnt对 Cd^{2+} 溶液的吸附量和去除率，吸附质质量浓度对 AC/Ti-Mnt、AC及Ti-Mnt吸附 Cd^{2+} 的影响如图9.17所示。

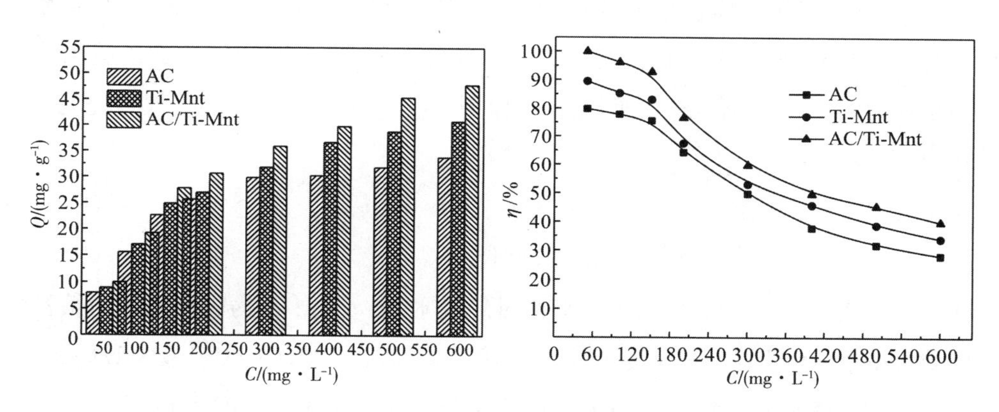

图9.17　吸附质质量浓度对AC/Ti-Mnt、AC及Ti-Mnt吸附 Cd^{2+} 的影响

由图9.17可知，随着溶液中 Cd^{2+} 的初始质量浓度增大，AC/Ti-Mnt、AC、Ti-Mnt对 Cd^{2+} 的吸附量逐渐增大并趋于平衡。当 Cd^{2+} 的初始质量浓度值大于150 mg/L时，AC/Ti-Mnt对 Cd^{2+} 的吸附速率变缓慢，逐渐趋于平衡，因为溶液中 Cd^{2+} 质量浓度的增加，吸附剂与碰撞接触的概率增大，吸附平衡向吸附的正方向移动，吸附量增加，由于吸附剂含量一定，则吸附容量不变，当吸附达到饱和时，吸附达到吸附平衡，吸附量不再增加，去除率随着质量浓度的增加而降低。而AC、Ti-Mnt吸附 Cd^{2+} 是一个缓慢的过程，去除率由开始的79.85%、89.46%下降至26.55%、34.03%，在整个吸附的过程中随质量浓度的增大，Cd^{2+} 在AC和Ti-Mnt表面的解吸作用在逐渐增强。

吸附等温线是指在一定温度下吸附剂在溶液中对吸附质进行的吸附过程达到平衡时,它们在两相中质量浓度之间的关系曲线[72]。在一定温度下,分离物质在液相和固相中的质量浓度关系可用方程式来表示[73]。本章主要采用 Langmuir 吸附等温线、Freundlich 吸附等温线和 Temkin 吸附等温线 3 种模型进行拟合分析。

1)Langmuir **吸附等温线**

Langmuir 吸附模型是等温线模型中应用最广泛的分子吸附模型,分子间力随距离的增加而迅速下降,分子或离子只有碰撞固体表面与固体接触时才可能被吸附,既可以用于描述物理吸附,也可以描述化学吸附[72]。Langmuir 吸附模型有 3 种假说:①气体只能在固体表面呈单分子层吸附;②固体表面的吸附作用是均匀的;③被吸附分子之间无相互作用。Langmuir 模型[74]的线性方程表达式为

$$C_e/Q_e = C_e/Q_m + 1/(Q_m b) \tag{9.7}$$

$$R_L = 1/(1 + bC_0) \tag{9.8}$$

式(9.7)和式(9.8)中,Q_e 为吸附平衡时的吸附量,mg/g;C_e 为吸附平衡时溶液的质量浓度,mg/L;Q_m 和 k 为 Langmuir 模型的特征常数,Q_m 代表最大吸附量,mg/g;b 为 Langmuir 常数,与吸附热相关;C_0 为 Cd^{2+}的初始质量浓度。

对 AC/Ti-Mnt、AC 及 Ti-Mnt 对 Cd^{2+} 的吸附数据进 Langmuir 模型拟合,AC/Ti-Mnt 的 Langmuir 模型如图 9.18 所示,Ti-Mnt 的 Langmuir 模型如图 9.19 所示,AC 的 Langmuir 模型如图 9.20 所示。

根据图 9.8—图 9.20,AC/Ti-Mnt 吸附 Cd^{2+}的 Langmuir 相关参数见表 9.6,Ti-Mnt 吸附 Cd^{2+}的 Langmuir 相关参数见表 9.7,AC 吸附 Cd^{2+}的 Langmuir 相关参数见表 9.8。

由图 9.18、图 9.19 和图 9.20 可知,Langmuir 模型能更好地描述 AC/Ti-Mnt、AC 及 Ti-Mnt 对 Cd^{2+} 的吸附等温线,该吸附是多层吸附[6]。R_L 用于描述 Langmuir 等温线的类型:$R_L=0$,不可逆吸附;$0<R_L<1$,易吸附;$R_L=1$,线性吸附;$R_L>1$,吸附较困难。表 9.6、表 9.7 和表 9.8 中,3 种吸附剂材料的 R_L 均为 0 ~

1,表明该吸附是易吸附过程。在相同温度下,AC/Ti-Mnt 的 R_L 值最小,说明在同种实验条件下 AC/Ti-Mnt 材料对 Cd^{2+}的吸附性能优于 AC 和 Ti-Mnt 材料。

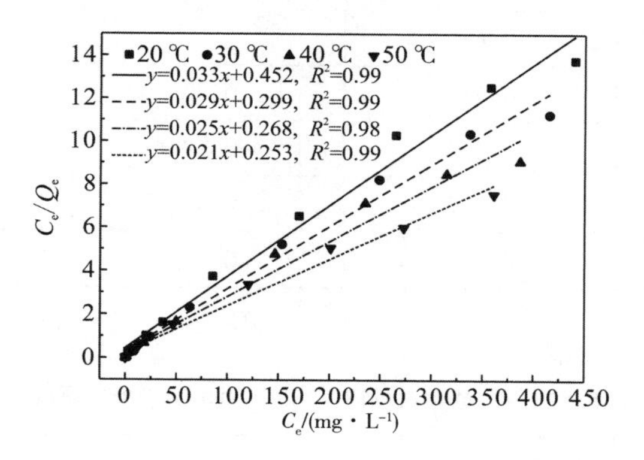

图 9.18　AC/Ti-Mnt 的 Langmuir 模型

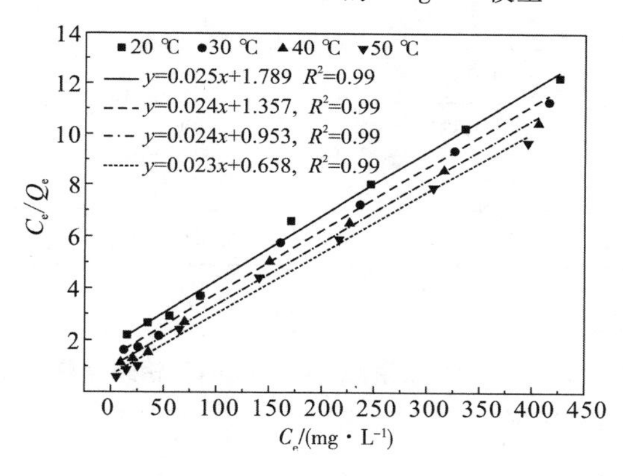

图 9.19　Ti-Mnt 的 Langmuir 模型

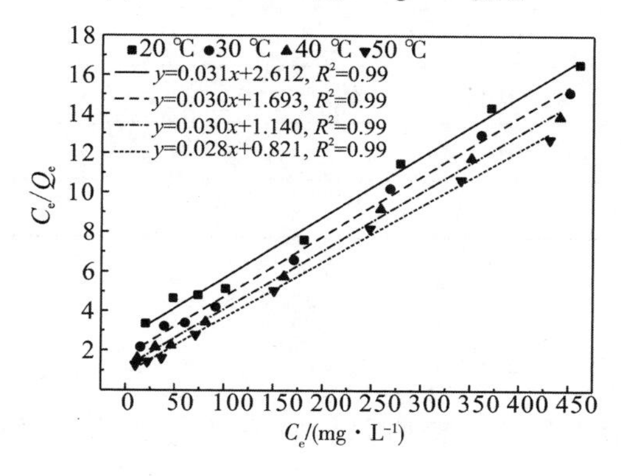

图 9.20　AC 的 Langmuir 模型

表 9.6 AC/Ti-Mnt 吸附 Cd^{2+} 的 Langmuir 相关参数

T/K	Langmuir		
	b	R^2	R_L
293 K	0.015	0.99	0.049 ~ 0.377
303 K	0.009	0.99	0.054 ~ 0.408
313 K	0.007	0.98	0.062 ~ 0.444
323 K	0.005	0.99	0.074 ~ 0.489

表 9.7 Ti-Mnt 吸附 Cd^{2+} 的 Langmuir 相关参数

T/K	Langmuir		
	b	R^2	R_L
293 K	0.045	0.99	0.062 ~ 0.444
303 K	0.033	0.99	0.065 ~ 0.455
313 K	0.023	0.99	0.065 ~ 0.455
323 K	0.015	0.99	0.068 ~ 0.456

表 9.8 AC 吸附 Cd^{2+} 的 Langmuir 相关参数

T/K	Langmuir		
	b	R^2	R_L
293 K	0.081	0.99	0.051 ~ 0.392
303 K	0.051	0.99	0.053 ~ 0.400
313 K	0.034	0.99	0.053 ~ 0.400
323 K	0.023	0.99	0.056 ~ 0.417

2) Freundlich 吸附等温线

Freundlich 吸附等温线是基于吸附剂在多相表面上的吸附建立的经验吸附平衡模型,假定在非均匀表面上发生吸附。Freundlich 模型[75]的线性方程表达

式为

$$\lg Q_e = \frac{1}{n}\lg C_e + \lg K_f \times 10 \tag{9.9}$$

式中，Q_e 为吸附达到平衡时的吸附量，mg/g；C_e 为吸附平衡时溶液中 Cd^{2+} 的质量浓度，mg/L；K_f 为 Freundlich 模型的特征常数——吸附平衡常数，K_f 值越大，其吸附性能越好；n 为 Freundlich 模型的特征常数，与吸附体系相关，其值决定了等温线的形状，当 $1/n=1$ 时为线性吸附，当 $1/n>1$ 时为吸附较困难，$0.1<1/n<1$ 时为优惠吸附。

对 AC/Ti-Mnt、Ti-Mnt 及 AC 对 Cd^{2+} 的吸附数据进 Freundlich 模型拟合，AC/Ti-Mnt 的 Freundlich 模型如图 9.21 所示，Ti-Mnt 的 Freundlich 模型如图 9.22 所示，AC 的 Freundlich 模型如图 9.23 所示。

根据图 9.21—图 9.23，AC/Ti-Mnt 吸附 Cd^{2+} 的 Freundlichr 相关参数见表 9.9，Ti-Mnt 吸附 Cd^{2+} 的 Freundlichr 相关参数见表 9.10，AC 吸附 Cd^{2+} 的 Freundlichr 相关参数见表 9.11。

AC/Ti-Mnt、Ti-Mnt 及 AC 吸附 Cd^{2+} 的 Freundlichr 模型拟合系数 R^2 均小于 0.99，n 值代表吸附溶液程度，3 种吸附剂的 $1/n<1$，表示吸附过程为优惠吸附，即 Cd^{2+} 容易被 AC/Ti-Mnt、Ti-Mnt 及 AC 吸附。吸附常数 K_f 表明金属离子与体系的吸附亲和力，K_f 随温度的升高而增大，说明 Cd^{2+} 与吸附剂的吸附亲和力随温度升高而增强，升温有利于吸附。

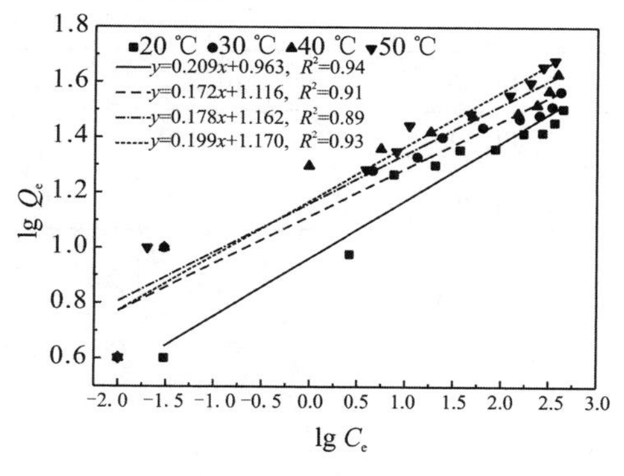

图 9.21　AC/Ti-Mnt 的 Freundlich 模型

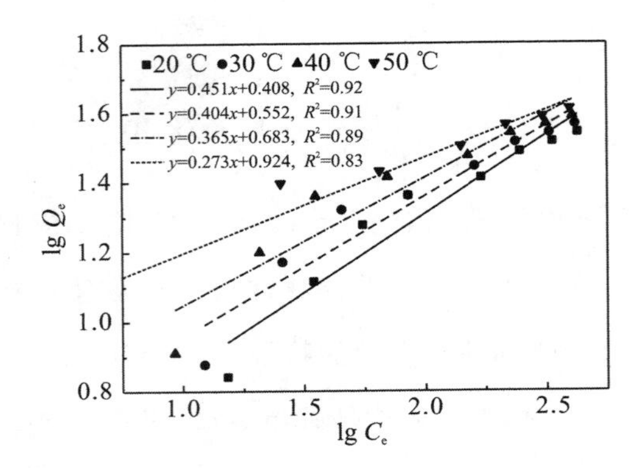

图 9.22 Ti-Mnt 的 Freundlich 模型

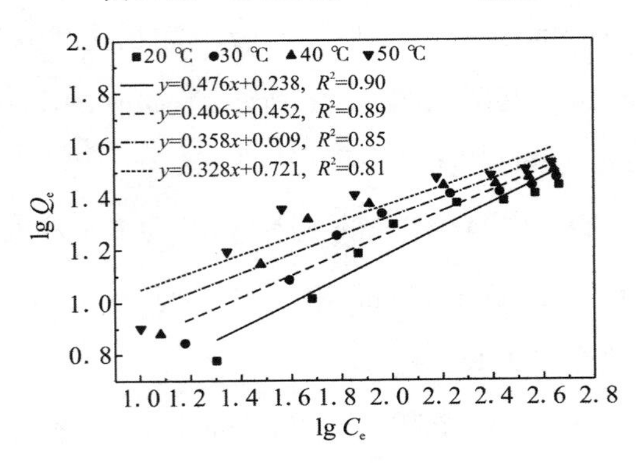

图 9.23 AC 的 Freundlich 模型

表 9.9 AC/Ti-Mnt 吸附 Cd^{2+} 的 Freundlichr 相关参数

T/K	Freundlichr		
	K_f	$1/n$	R^2
293 K	9.18	0.209	0.94
303 K	13.06	0.172	0.91
313 K	14.52	0.178	0.89
323 K	14.79	0.199	0.93

表9.10 Ti-Mnt 吸附 Cd^{2+} 的 Freundlichr 相关参数

T/K	Freundlichr		
	K_f	$1/n$	R^2
293 K	2.55	0.451	0.92
303 K	3.56	0.404	0.91
313 K	4.82	0.366	0.89
323 K	8.39	0.273	83

表9.11 AC 吸附 Cd^{2+} 的 Freundlichr 相关参数

T/K	Freundlichr		
	K_f	$1/n$	R^2
293 K	1.73	0.476	0.90
303 K	2.83	0.406	0.89
313 K	4.06	0.358	0.85
323 K	5.26	0.328	0.81

3)Temkin 吸附等温线

Temkin 吸附等温线将吸附剂与溶质之间的相互作用纳入考虑范围,假设表面层的所有分子吸附热的减少是线性的,吸附特征是结合能的均匀分布。Temkin 模型[76,77]的线性方程表达式为

$$Q_e = B_T \ln A_T + B_T \ln C_e \tag{9.10}$$

$$B_T = RT/b_T \tag{9.11}$$

式(9.10)和式(9.11)中,Q_e 是吸附达到平衡时的吸附量,mg/g;A_T 是平衡结合常数;b_T 是 Temkin 等温线常数;C_e 是吸附平衡时溶液中 Cd^{2+} 的质量浓度,mg/L;T 是绝对温度,K;R 是理想气体常数(8.314×10^{-3}kJ/mol)。

AC/Ti-Mnt 吸附 Cd^{2+} 的 Temkin 等温线模型拟合曲线如图9.24 所示,Ti-Mnt

吸附 Cd^{2+} 的 Temkin 等温线模型拟合曲线如图 9.25 所示，AC 吸附 Cd^{2+} 的 Temkin 等温线模型拟合曲线如图 9.26 所示。

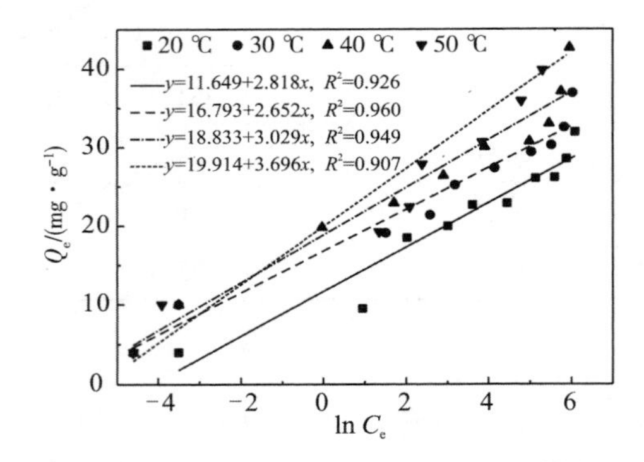

图 9.24　AC/Ti-Mnt 吸附 Cd^{2+} 的 Temkin 等温线模型拟合曲线

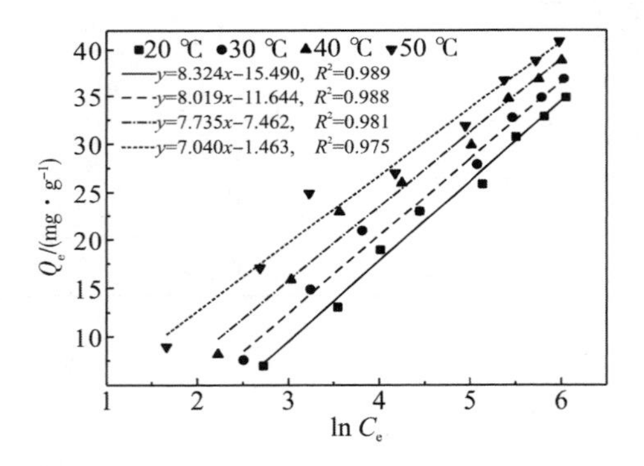

图 9.25　Ti-Mnt 吸附 Cd^{2+} 的 Temkin 等温线模型拟合曲线

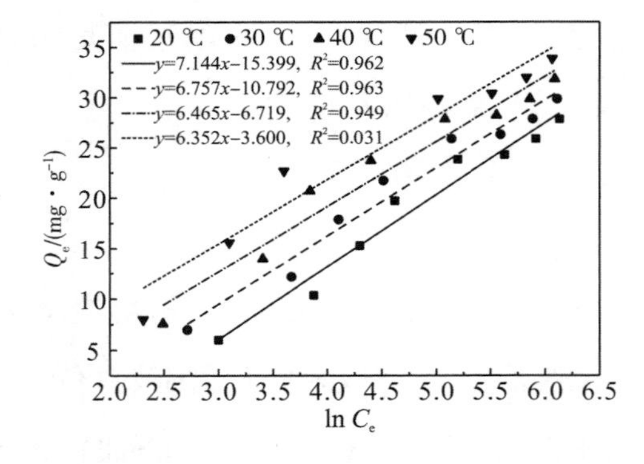

图 9.26　AC 吸附 Cd^{2+} 的 Temkin 等温线模型拟合曲线

AC/Ti-Mnt 吸附 Cd^{2+}的 Temkin 等温线模型拟合参数见表 9.12，Ti-Mnt 吸附 Cd^{2+}的 Temkin 等温线模型拟合曲线见表 9.13，AC 吸附 Cd^{2+}的 Temkin 等温线模型拟合曲线见表 9.14。

表 9.12　AC/Ti-Mnt 吸附 Cd^{2+}的 Temkin 等温线模型拟合参数

T/K	Temkin		
	b_T	A_T	R^2
293	864.44	62.414	0.926
303	949.90	562.394	0.960
313	841.62	441.810	0.949
323	726.56	218.763	0.907

表 9.13　Ti-Mnt 吸附 Cd^{2+}的 Temkin 等温线模型拟合曲线

T/K	Temkin		
	b_T	A_T	R^2
293	292.65	0.156	0.989
303	314.15	0.234	0.988
313	336.43	0.381	0.981
323	381.45	0.794	0.975

表 9.14　AC 吸附 Cd^{2+}的 Temkin 等温线模型拟合曲线

T/K	Temkin		
	b_T	A_T	R^2
293	340.99	0.116	0.962
303	372.82	0.202	0.963
313	402.52	0.354	0.949
323	422.77	0.567	0.931

Temkin 常数中 b_T 与 AC/Ti-Mnt、Ti-Mnt 及 AC 吸附 Cd^{2+}的吸附热有关,b_T 值越大,吸附剂与吸附质之间发生的反应越强烈[78]。由表 9.12、表 9.13 和表 9.14 可知,AC/Ti-Mnt 吸附 Cd^{2+}的 b_T 值均比 AC 及 Ti-Mnt 大,说明 AC/Ti-Mnt 与 Cd^{2+}的反应更剧烈。Temkin 吸附等温模型拟合效果较差,活性炭/钛柱撑蒙脱石吸附 Cd^{2+}的过程中吸附表面层的所有分子吸附热的变化是非线性的,吸附特征的结合能是非均匀分布,表明 Temkin 吸附等温模型不能用于描述活性炭/钛柱撑蒙脱石对 Cd^{2+}的等温吸附过程。

9.6.5 热力学参数分析

通过对热力学参数的计算能更好地理解温度对吸附过程的影响。AC/Ti-Mnt、AC 及 Ti-Mnt 材料对 Cd^{2+}的吸附过程中,热力学参数焓变 ΔH(kJ/mol)、熵变 ΔS(J · mol^{-1} · K^{-1})、吸附自由能 ΔG(kJ/mol)可根据以下方程式计算得到[7,79]:

$$\Delta G = -RT \ln K_d \tag{9.12}$$

$$\Delta G = \Delta H - T\Delta S \tag{9.13}$$

$$\ln K_d = \Delta S/R - \Delta H/(RT) \tag{9.14}$$

式(9.12)—式(9.14)中,K_d 是 Langmuir 模型常数(L/mol),相当于 Langmuir 模型中的 b;R 是摩尔气体常数(8.31 J · mol^{-1} · K^{-1});T 是热力学温度 K;ΔS 和 ΔH 根据 Van't Hoff 方程中 $\ln K_d$ 对 $1/T$ 的截距和斜率计算得到,Van't Hoff 方程中 $\ln K_d-1/T$ 关系图如图 9.27 所示,AC/Ti-Mnt、AC 和 Ti-Mnt 吸附 Cd^{2+}的热力学参数见表 9.15。

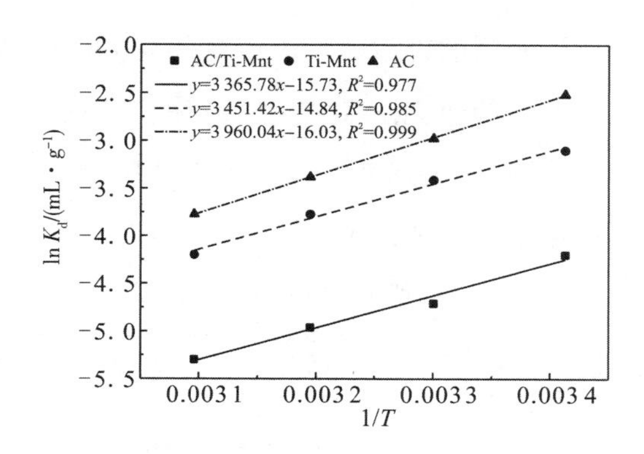

图 9.27　Van't Hoff 方程中 $\ln K_d$-$1/T$ 关系图

表 9.15　AC/Ti-Mnt、AC 和 Ti-Mnt 吸附 Cd^{2+} 的热力学参数

吸附剂	ΔH /(kJ·mol^{-1})	ΔS /(J·mol^{-1}·K^{-1})	ΔG/(kJ·mol^{-1})			
			293 K	303 K	313 K	323 K
AC/Ti-Mnt	−29.983	−130.820	10.230	11.866	12.912	14.228
AC	−28.292	−122.117	6.123	7.507	8.784	10.132
Ti-Mnt	−29.855	−133.067	7.569	8.627	9.831	11.254

由表 9.15 可知，AC/Ti-Mnt 吸附 Cd^{2+} 的等温过程中，吸附焓 $\Delta H=-29.98$ kJ·mol^{-1}，吸附熵变 $\Delta S=-130.82$ kJ/mol，$\Delta G>0$，则该吸附过程是熵减少的非自发放热反应，本实验的吸附反应需要借助恒温振荡器的搅拌作用才能进行。各种作用力的吸附热范围见表 9.16。由表 9.16 可知，吸附过程中各种吸附热范围所对应的作用力分别为范德瓦耳斯力（4～10 kJ/mol）、偶极间作用力（2～29 kJ/mol）、氢键力（2～40 kJ/mol）、化学键力（大于 60 kJ/mol）、配位基交换力（约 40 kJ/mol）、疏水键力（约 5 kJ/mol）。AC/Ti-Mnt 对 Cd^{2+} 的吸附热为 2～29 kJ/mol，则该吸附作用力以偶极间作用力为主，AC/Ti-Mnt 材料在低温条件下存在范德瓦耳斯力和氢键力。AC 和 Ti-Mnt 对 Cd^{2+} 的吸附热为 4～10 kJ/mol，则该吸附以范德瓦耳斯力为主。吸附自由能是吸附驱动力和优惠吸附的体现，ΔG 值可以反映吸附过程的推动力大小，ΔG 绝对值越大，吸附过程推动力越

大[80],AC/Ti-Mnt 对 Cd^{2+}吸附的吉布斯自由能变随着温度的增加而增大,温度升高有利于促进化学吸附的进行。AC/Ti-Mnt 对 Cd^{2+} 的吸附反应的焓变为 −29.983 kJ/mol,由于物理吸附的焓变一般小于 25 kJ/mol[81],说明该吸附过程既存在物理吸附,也存在化学吸附。

表 9.16　各种作用力的吸附热范围[23]

作用力	范德瓦耳斯力	偶极间作用力	氢键力	化学键力	配位基交换力	疏水键力
吸附热 /($kJ \cdot mol^{-1}$)	4 ~ 10	2 ~ 29	2 ~ 40	>60	40	5

9.6.6　模拟实际废水吸附

模拟某电镀厂含镉废水[82],其主要成分 Cd 含量为 26 mg/L、Pb 为 0.054 mg/L、Zn 为 1.16 mg/L、Cr 为 0.183 mg/L,pH 为 5 ~ 6。称取 0.1g 活性炭/钛柱撑蒙脱石加入 20 mL 模拟镉废水中,调节温度为 50 ℃,在恒温振荡器中振荡吸附 120 min,过滤,取滤液测重金属离子的含量,AC/Ti-Mnt 吸附模拟镉废水中各离子的吸附量和去除率见表 9.17。

表 9.17　AC/Ti-Mnt 吸附模拟镉废水中各离子的吸附量和去除率

离子名称	Cd	Pb	Zn	Cr
吸附量/($mg \cdot g^{-1}$)	5.2	0.011	0.232	0.036
去除率/%	100	100	100	100

从表 9.17 中可以看出,经活性炭/钛柱撑蒙脱石吸附后的模拟镉废水中重金属离子含量为零,去除率达到 100%,表明活性炭/钛柱撑蒙脱石不仅能够吸附镉离子,也同时能吸附其他重金属离子,可用于多金属废水的吸附去除。

9.7 小结

本章节考察活性炭/钛柱撑蒙脱石的合成、表征及其对模拟污水中的 Cd^{2+} 的吸附，主要结论如下。

(1)通过活性炭/钛柱撑蒙脱石的制备因素实验可知，最佳的制备条件为 $M_{AC}:M_{Ti-Mnt}=1:3$，焙烧温度为 300 ℃，焙烧时间为 0.5 h。

(2)XRD 分析表明，蒙脱石经聚合羟基阳离子 Ti^{4+} 柱撑后在 101 晶面和 105 晶面形成 TiO_2 的特征峰，活性炭/钛柱撑蒙脱石的衍射峰强度被削弱，物相组成基本上没有发生变化，主要矿物为蒙脱石和石英。

(3)FTIR 分析表明，AC 和 Ti-Mnt 分别于 AC/Ti-Mnt 有共同的红外吸收带，这说明复合后 AC 和 Ti-Mnt 的骨架得到了保持。AC/Ti-Mnt 在 3 629 cm^{-1} 附近的—OH 伸缩振动吸收峰和 795 cm^{-1} 附近的—OH 弯曲振动谱峰变小，波数位于 1 632 cm^{-1} 处的峰归属于 AC/Ti-Mnt 上的 C ═O 振动峰，AC/Ti-Mnt 图谱中没有产生新的峰，表明活性炭与钛柱撑蒙脱石复合过程中没有生成新的晶体，是以非晶体形式结合。AC/Ti-Mnt 的峰形尖锐，材料结晶度有很大的提高。

(4)SEM 图像分析得知，活性炭表面凹凸不平，颗粒堆积状，钛柱撑蒙脱石多以片层状结构分布，片层之间多以面—面相互结合在一起。活性炭与钛柱撑蒙脱石复合后，表面呈蓬松和分散状，活性炭附在钛柱撑蒙脱石表面，形成较大且形状不均匀的孔洞及孔隙结构，比表面积增大。

(5)TG-DTA 分析表明，AC 在 22 ~ 900 ℃存在 3 个明显的失重过程，第一阶段是 22 ~ 100 ℃，活性炭的质量损失为 10.01%，是活性炭的物理吸附水脱水引起的；第二阶段是 150 ~ 300 ℃，活性炭处于缓慢质量损失阶段，质量损失为 2.19%，为化学结合水和吸附的有机物的失重；第三阶段是 300 ~ 900 ℃，活性炭的质量损失为 7.7%，可能是连接在炭结构六元环上的羰基分解所致，也可能是六元环上残留的链状烃的脱除所导致的。Ti-Mnt 存在两个失重过程，整个失重过程从开始直至 870 ℃左右基本完成，累计质量损失约为 25.61%。AC/Ti-Mnt 的总质量损失为 15.43%，比活性炭和钛柱撑蒙脱石的总质量损失少，AC/Ti-Mnt 比钛柱撑蒙脱石的结构更稳定，AC/Ti-Mnt 的吸热峰向右移动到 71.4 ℃，其吸热峰形变宽，复合材料 AC/Ti-Mnt 比表面积变大，与比表面积测定结果一致。

(6)比表面积及孔径结构分析表明，经 AC 与 Ti-Mnt 复合得到的 AC/Ti-Mnt 比表面积和孔容增大，分别为 404.6 m^2/g 和 0.35 cm^3/g，形成了比表面积较大的多孔结构材料，使得 AC/Ti-Mnt 具有更高的活性。根据 IUPUC 六类等温线类型，AC/Ti-Mnt、AC 和 Ti-Mnt 材料的 N_2 吸附/脱附等温线均属于第Ⅳ种类型，其特点是有明显滞后回线，在较高和较宽分压范围保持一恒定吸附量，起初开始部分类似于Ⅱ型吸附等温线，由中孔的单层到多层吸附。这种等温线表明 AC/Ti-Mnt 具有二维介孔结构，由孔径分布曲线可看出 AC/Ti-Mnt 除了介孔之外，也存在微孔。

(7)EDS 分析结果表明，活性炭存在石英矿物等杂质，属于煤质活性炭的性质。吸附前后的 AC/Ti-Mnt 的 EDS 图谱对比发现，吸附 Cd^{2+} 后的 AC/Ti-Mnt 的 EDS 图谱上，在 2 ~4 keV 出现 Cd 峰，说明 AC/Ti-Mnt 材料中有 Cd 元素，进一步证明了 Cd^{2+} 成功吸附在 AC/Ti-Mnt 表面或进入 AC/Ti-Mnt 的孔内。

(8)溶液 pH 对 Cd^{2+} 吸附的影响表明，在碱性条件下，Cd^{2+} 易与溶液中的 OH^- 生成 $Cd(OH)_2$ 沉淀，不利于吸附；在强酸条件下，溶液中存在大量的 H^+ 离子与重金属 Cd^{2+} 形成竞争吸附致吸附率低，因此，AC/Ti-Mnt、AC 及 Ti-Mnt 对 Cd^{2+} 的最佳吸附应在 pH=6 的弱酸环境下进行。

(9)溶液温度对 Cd^{2+} 吸附的影响表明，随着温度的升高，AC/Ti-Mnt、AC 及 Ti-Mnt 对 Cd^{2+} 的吸附量和去除率均增大，升温有利于吸附的进行，确定吸附温度为 50 ℃。

(10)吸附时间对去除 Cd^{2+} 的影响表明，在 0 ~ 10 min，AC/Ti-Mnt、AC 和 Ti-Mnt 3 种吸附材料对 Cd^{2+} 的吸附速率很快，10 min 之后，吸附速率逐渐变小，最后达到吸附平衡。AC/Ti-Mnt 材料对 Cd^{2+} 的吸附速率比 AC 和 Ti-Mnt 快。AC/Ti-Mnt 和 Ti-Mnt 对 Cd^{2+} 的吸附平衡时间为 120 min，饱和吸附量分别为 27.97 mg/g、24.84 mg/g，去除率分别为 93.25%、82.81%；AC 在吸附时间为 150 min 左右达到吸附平衡，其饱和吸附量和去除率分别为 22.67 mg/g、75.57%。

(11)吸附动力学模型拟合结果表明，AC/Ti-Mnt、AC 和 Ti-Mnt 对 Cd^{2+} 的吸附过程可以用动力学二级模型来描述，拟合系数均为 0.99～1，这 3 种吸附剂材料在吸附 Cd^{2+} 的过程中分为吸附剂表面吸附和孔道缓慢扩散两个吸附过程，整个吸附过程 AC/Ti-Mnt 的吸附速率大于 AC 和 Ti-Mnt。

(12)吸附质浓度对 Cd^{2+} 吸附的影响表明，随着 Cd^{2+} 的初始质量浓度增大，AC/Ti-Mnt、AC、Ti-Mnt 对 Cd^{2+} 的吸附量逐渐增大至趋于平衡。当 Cd^{2+} 的初始质量浓度值大于 150 mg/L 时，AC/Ti-Mnt 对 Cd^{2+} 的吸附速率变缓慢，逐渐趋于平衡，而 AC、Ti-Mnt 吸附 Cd^{2+} 是一个缓慢的过程，去除率分别由开始的 79.85%、89.46% 下降至 26.55%、34.03%。

(13)吸附等温线模型拟合结果表明，Langmuir、Freundlich 和 Temkin 3 种等温线模型中，Langmuir 模型的拟合效果最好，Temkin 其次，Freundlich 拟合最差。Langmuir 模型能更好地描述 AC/Ti-Mnt、AC 及 Ti-Mnt 对 Cd^{2+} 的吸附等温线，体现多层吸附的特征。

(14)3 种吸附剂在吸附 Cd^{2+} 的过程中，吸附焓 ΔH 值小于零，ΔG 大于零，吸附熵变 ΔS 小于零，因此该吸附过程是熵减少的非自发放热反应，AC/Ti-Mnt 对 Cd^{2+} 的吸附热为 2～29 kJ/mol，则该吸附主要以偶极间作用力为主；AC 及 Ti-Mnt 对 Cd^{2+} 的吸附热为 4～10 kJ/mol，则该吸附主要以范德瓦耳斯力为主，AC/Ti-Mnt 材料在低温条件下存在范德瓦耳斯力和氢键力。

(15)模拟实际废水吸附实验结果表明，当 Cd 含量为 26 mg/L 时，AC/Ti-Mnt 对模拟废水中的金属离子的去除率为 100%，AC/Ti-Mnt 不仅能够吸附镉离子，也同时能吸附其他重金属离子，可用于多金属废水的吸附去除。

参考文献

[1] 王靓,黄亚继,关正文,等.氨基和巯基修饰磁性吸附剂脱除汞离子和镉离子的试验[J].净水技术,2017,36(3):79-84.

[2] 环境保护部和国土资源部发布全国土壤污染状况调查公报[J].资源与人居环境,2014(4):26-27.

[3] 王荐,李仁英,何跃,等.凹凸棒石和海泡石对镉离子的吸附效果[J].生态与农村环境学报,2016,32(6):986-991.

[4] 王竞峰,王欣,成家杨,等.3种海洋硅藻藻粉吸附水中镉离子特性研究[J].环境科学学报,2017,37(12):4549-4561.

[5] El-Kady A A, Sharaf H A, Abou-Donia M A, et al. Adsorption of Cd^{2+} ions on an Egyptian montmorillonite and toxicological effects in rats[J]. Applied Clay Science, 2009, 44(1-2): 59-66.

[6] 吴佳林,鲍纬,程云雷,等.EDTA螯合树脂对镉离子的吸附性能探究[J].安徽化工,2017,43(4):28-30.

[7] Deng Y Y, Huang S, Laird D A, et al. Adsorption behaviour and mechanisms of cadmium and nickel on rice straw biochars in single- and binary-metal systems[J]. Chemosphere, 2019, 218:308-318.

[8] 陈凤英,常亮亮,谭立强.酰腙功能化MCM-41吸附尾矿废水中镉离子研究[J].商洛学院学报,2017,31(2):25-28.

[9] 邱廷省,成先雄,郝志伟,等.含镉废水处理技术现状及发展[J].四川有色金属,2002(4):38-41.

[10] 周进堂.破蔽-沉淀法处理氰化镀镉污水[J].材料保护,1981,14(4):37-39.

[11] 张荣良.处理硫酸生产含镉、砷废水的试验研究[J].硫酸工业,1997(5):18-19.

[12] 武占省,王雅言,孙喜房,等.活性白土对油脂溶液中β-胡萝卜素的吸附热力学及动力学研究[J].离子交换与吸附,2009,25(6):488-495.

[13] 刘应书,姜理俊,李子宜,等.低浓度萘在SBA-15上吸附等温线推算[J].工程科学学报,2016,38(6):853-860.

[14] 何鼎胜,马铭,王艳. 三正辛胺-二甲苯液膜迁移 Cd(Ⅱ)的研究[J]. 高等学校化学学报,2000,21(4):605-608.

[15] 薛福连. 微孔过滤处理含镉废水[J]. 内蒙古环境保护,1999,11(1):40-41.

[16] 李福勤,赵慧,任志宏,等. 络合-超滤技术深度处理矿山重金属废水[J]. 工业用水与废水,2013,44(5):14-17.

[17] 杨伊. 土壤 Cd-Zn 复合污染修复技术研究进展[J]. 湖南有色金属,2016,32(1):68-71.

[18] 付杰,李燕虎,叶长燊,等. DMF 在大孔吸附树脂上的吸附热力学及动力学研究[J]. 环境科学学报,2012,32(3):639-644.

[19] 贺传奇,刘小兰,罗玉龙. 概述生物修复法在农田重金属污染治理中的作用[J]. 科技视界,2015(11):108-300.

[20] 宋于依. 土壤重金属污染的生物修复法研究[J]. 广东化工,2011,38(9):123-134.

[21] 晁文彪. 重金属污染土壤的修复专利技术综述[J]. 农家参谋,2018(19):241.

[22] 张涛. 放射治疗在皮肤科蕈样肉芽肿的应用[D]. 北京:北京协和医学院,2012.

[23] 陈国华. 应用物理化学[M]. 北京:化学工业出版社,2008.

[24] 杨智宽,单崇新,苏帕拉. 羧甲基壳聚糖对水中 Cd^{2+} 的絮凝处理研究[J]. 环境科学与技术,2000,23(1):10-12.

[25] 李贞,何少先. 利用硅藻土处理含镉废水机理的初步研究[J]. 环境科学进展,1993(6):64-67.

[26] 康维钧,刘满英,李兴发,等. 染着棉交换纤维对水中镉的吸附研究[J]. 离子交换与吸附,1993,9(1):59-61.

[27] 魏瑞霞,陈金龙. 硫辛酸在3种不同树脂上的吸附热力学和动力学研究[J]. 离子交换与吸附,2010,26(4):300-309.

[28] 池汝安,王丽艳,余军霞,等. 改性甘蔗渣对镉离子的吸附[J]. 武汉工程大学学报,2013,35(12):12-16.

[29] 冯宁川,范玮,朱美霖,等. 高锰酸钾改性黄芪废渣活性炭对 Cd^{2+} 的吸附(英文)[J]. Transactions of Nonferrous Metals Society of China,2018,28(4):794-801.

[30] 赵徐霞,庹必阳,韩朗,等. 钛插层蒙脱石对 Zn^{2+} 的吸附研究[J]. 矿冶工程,2018,38(6):151-155.

[31] 刘鹏. 活性炭和石墨对金的吸附性能的影响研究[J]. 世界有色金属,2019(2):222-223.

[32] 李晓峰,陈光奇,白杨,等. 分子筛在低温低压下的吸附特性试验研究[J]. 真空,2019,56(2):45-50.

[33] 庹必阳,龙森,赵徐霞,等. Zr/Ti 柱撑蒙脱石的制备及对硝基苯的吸附[J]. 硅酸盐学报,2019,47(4):450-457.

[34] 张蕊. 改性活性炭吸附染料及稻壳基活性炭吸附重金属研究[D]. 南京:南京农业大学,2011.

[35] 刘超,于荟,于清跃. 活性炭改性方法的研究进展[J]. 化学工程与装备,2018(2):253-254.

[36] 曾晓希. 抗重金属微生物的筛选及其抗镉机理和镉吸附特性研究[D]. 长沙:中南大学,2010.

[37] 庞维亮,胡柏松,程丹丹,等. 酸、碱改性活性炭对甲醇、甲苯吸附性能[J]. 化学工业与工程,2018,35(6):48-53.

[38] 祁振,于淑艳,刘璐,等. 石墨烯对四环素的吸附热力学及动力学研究[J]. 山东大学学报(工学版),2013,43(3):63-69.

[39] 张珂,郑宾国,曾晓羲,等. 改性污泥活性炭的制备及吸附性能探讨[J]. 化工时刊,2017,31(9):4-5.

[40] 胡绳,刘云,董元华,等. 改性长石对磷的吸附热力学和动力学研究[J]. 环境工程学报,2009,3(11):2100-2104.

[41] 薛丽梅,赵楷文. 氧化铜改性活性炭的制备及表征[J]. 炭素,2017(3):24-32.

[42] 石贵余. 洁净饮用水处理技术研究[J]. 西北水资源与水工程,2003,14(2):14-16.

[43] 马培忠,董典同. 饮用水深度处理技术探讨[J]. 青岛建筑工程学院学报,2003,24(2):33-38.

[44] 石伟. 活性炭负载亚铁离子和纳米零价铁去除水中高氯酸盐的研究[D]. 赣州:江西理工大学,2016.

[45] 李洲,建伟伟,贾冯睿,等. 活性炭改性及其对 SO_2 的吸附动力学与吸附平衡研究[J]. 应用化工,2018,47(8):1688-1694.

[46] Xu J N, Liu Y W, Tao F, et al. Kinetics and reaction pathway of Aroclor 1254 removal by novel bimetallic catalysts supported on activated carbon[J]. Science of The Total Environment, 2019, 651: 749-755.

[47] 刘刚伟. 蒙脱石复合颗粒吸附剂的制备及处理含重金属废水的研究[D]. 武汉: 武汉理工大学, 2009.

[48] 田犀卓, 金兰淑, 应博, 等. 钢渣-蒙脱石复合吸附剂对水中 Cd^{2+} 的吸附去除[J]. 环境科学学报, 2015, 35(1): 207-214.

[49] Wu L M, Wang Q, Tang N, et al. Preparation of ionic liquids/montmorillonite composites and its application for diclofenac sodium removal[J]. Journal of Contaminant Hydrology, 2019, 220: 1-5.

[50] Ghaedi M, Ansari A, Habibi M H, et al. Removal of malachite green from aqueous solution by zinc oxide nanoparticle loaded on activated carbon: kinetics and isotherm study[J]. Journal of Industrial and Engineering Chemistry, 2014, 20(1): 17-28.

[51] 韩朗, 庹必阳. 活性炭负载锆柱撑蒙脱石对丁基黄药的吸附性能[J]. 金属矿山, 2017(3): 172-177.

[52] 赵徐霞, 庹必阳, 韩朗, 等. 钠基蒙脱石对 Cu^{2+} 的吸附研究[J]. 金属矿山, 2018(3): 182-186.

[53] 龙森, 庹必阳, 谢飞, 等. 钛柱撑蒙脱石的制备及对亚甲基蓝的光催化降解研究[J]. 化工新型材料, 2018, 46(7): 198-201.

[54] 肖佳楠. 活性炭负载纳米零价铁的制备及其对难降解有机物去除性能的研究[D]. 济南: 山东大学, 2015.

[55] 高秀清, 刘俊峰, 樊慧菊, 等. 五乙烯六胺改性活性炭对 Cd 离子的吸附效能[J]. 复合材料学报, 2019, 36(7): 1769-1775.

[56] 冯猛, 赵春贵, 巩方玲, 等. 氨基硅烷偶联剂对蒙脱石的修饰改性研究[J]. 化学学报, 2004, 62(1): 83-87.

[57] 蒋明. 改性活性炭吸附净化低浓度 HCN 废气的研究[D]. 昆明: 昆明理工大学, 2009.

[58] 李芬, 张彦平, 杨莹, 等. 活性炭负载纳米 ZnO 的结构及常温脱除 H_2S 的性能[J]. 硅酸盐学报, 2012, 40(6): 800-805.

[59] 李国峰,陈梅,孔瑛,等. 表面改性活性炭负载催化剂 Pt-Sn/AC 的制备及其催化性能[J]. 合成化学,2017,25(10):827-831,835.

[60] 陈建军. 纳米 TiO_2 光催化剂的制备、改性及其应用研究[D]. 长沙:中南大学,2001.

[61] Duan X L,Yuan C G,Jing T T,et al. Removal of elemental mercury using large surface area micro-porous corn cob activated carbon by zinc chloride activation[J]. Fuel,2019,239:830-840.

[62] 刘俊科,孙章,樊丽华,等. 多孔活性炭孔径调控研究现状[J]. 功能材料,2019,50(3):3059-3063.

[63] 赵波. 活性炭结构和表面性质及其负载钌基氨合成催化剂的研究[D]. 杭州:浙江工业大学,2004.

[64] 宋小伟. 活性炭对重金属离子镉锰的吸附研究[J]. 广东化工,2018,45(16):76-77.

[65] 庹必阳. 含 Ti 蒙脱石纳米复合材料的研制—钛柱撑蒙脱石焙烧性能研究[D]. 武汉:武汉科技大学,2005.

[66] Fan H W,Zhou L M,Jiang X H,et al. Adsorption of Cu^{2+} and methylene blue on dodecyl sulfobetaine surfactant-modified montmorillonite[J]. Applied Clay Science,2014,95:150-158.

[67] Ren X H,Zhang Z L,Luo H J,et al. Adsorption of arsenic on modified montmorillonite[J]. Applied Clay Science,2014,97-98:17-23.

[68] 孙莹莹. 活性炭纳米纤维的制备及染料脱色性能研究[D]. 大连:大连理工大学,2014.

[69] 周育智. 钛酸盐基吸附材料的制备及其对水中铀和铯的吸附行为研究[D]. 武汉:武汉理工大学,2021.

[70] 张继义,王利平,常玉枝. 麦草对水中苯胺的吸附平衡、热力学和动力学研究[J]. 农业系统科学与综合研究. 2011,27(3):335-343.

[71] Zhang B,Shi W X,Yu S L,et al. Adsorption of anion polyacrylamide from aqueous solution by polytetrafluoroethylene (PTFE) membrane as an adsorbent:kinetic and isotherm studies[J]. Journal of Colloid and Interface Science,2019,544:303-311.

[72] 周学永. 由 Langmuir 方程计算液-固吸附平衡常数的理论分析[C]//中国化学会第三届全国热分析动力学与热动力学学术会议暨江苏省第三届热分析技术研讨会论文集.

2011:189-192.

[73] 吴焕领,魏赛男,崔淑玲. 吸附等温线的介绍及应用[J]. 染整技术,2006,28(10):12-14.

[74] 李玲,单爱琴,蔡静. 粉煤灰负载壳聚糖对磷吸附的热力学研究[J]. 污染防治技术,2011,24(2):35-38.

[75] He J,Guo J S,Zhou Q H,et al. Adsorption characteristics of nitrite on natural filter medium: kinetic,equilibrium,and site energy distribution studies[J]. Ecotoxicology and Environmental Safety,2019,169:435-441.

[76] 王辉,谈世韶,郭汉贤. 羰基硫水解的吸附等温线模型优选[J]. 太原工业大学学报,1990,21(3):55-61.

[77] Benedini L,Placente D,Ruso J,et al. Adsorption/desorption study of antibiotic and anti-inflammatory drugs onto bioactive hydroxyapatite nano-rods[J]. Materials Science & Engineering C Materials for Biological Applications,2019,99:180-190.

[78] 张君丽,于芳,马同森,等. 改性膨润土对孔雀石绿的吸附研究[J]. 河南大学学报(自然科学版),2017,47(6):708-714.

[79] Goswami M,Das A M. Synthesis and characterization of a biodegradable Cellulose acetate-montmorillonite composite for effective adsorption of Eosin Y[J]. Carbohydrate Polymers,2019,206:863-872.

[80] 马明海,彭书传,朱承驻,等. LDO吸附水中苯甲酸钠的热力学研究[J]. 合肥工业大学学报(自然科学版),2007(10):1233-1236.

[81] 唐文清,曾荣英,冯泳兰,等. 烟秸秆生物碳对铬(Ⅵ)废水的吸附动力学和热力学[J]. 环境工程学报,2015,9(11):5161-5166.

[82] 代淑娟,魏德洲,白丽梅,等. 生物吸附-沉降法去除电镀废水中镉[J]. 中国有色金属学报,2008,18(10):1945-1950.